国家科技支撑计划课题《物联网社区服务集成方案研究》(2012BAH15F02)

国家智能化养老基地建设导则

张永刚　谢后贤　于大鹏　主　编

中国建筑工业出版社

图书在版编目（CIP）数据

国家智能化养老基地建设导则/ 张永刚，谢后贤，于大鹏
主编 . 一北京：中国建筑工业出版社，2015.5
ISBN 978 - 7 - 112 - 18051 - 6

Ⅰ.①国… Ⅱ.①张… ②谢… ③于… Ⅲ.①养老—社会
服务—基地工程—工程施工 Ⅳ.①TU2

中国版本图书馆 CIP 数据核字（2015）第 082526 号

责任编辑：张幼平
责任设计：王国羽
责任校对：党 蕾 姜小莲

国家智能化养老基地建设导则

张永刚 谢后贤 于大鹏 主 编

*

中国建筑工业出版社出版、发行（北京西郊百万庄）
各地新华书店、建筑书店经销
北京永峥有限责任公司制版
北京圣夫亚美印刷有限公司印刷

*

开本：787×1092 毫米 1/16 印张：13¾ 字数：323 千字
2015 年 5 月第一版 2015 年 5 月第一次印刷
定价：48.00 元
ISBN 978 - 7 - 112 - 18051 - 6
(27258)

《国家智能化养老基地建设导则》编委会

前　言

　　发展我国养老事业，在《中共中央国务院关于加强老龄工作的决定》（中发［2000］13号）作为党和国家决策确定下来。党的十七大确立了"老有所养"的战略目标，十七届五中全会提出"优先发展社会养老服务"的要求。"十一五"时期是老龄事业快速发展的五年，养老保障体系逐步完善。"十二五"时期，随着第一个老年人口增长高峰到来，我国人口老龄化进程进一步加快。自2011年起国务院和各部委针对养老事业发布了规划、指导意见和通知等几十个文件，大力提升了老龄事业发展的推动强度，对于养老服务事业的政策、措施和实施要求提出了明确的规定。

　　2013年9月6日国务院下发《关于加快发展养老服务业的若干意见》（国发［2013］35号），指出我国已经进入人口老龄化快速发展阶段，积极应对人口老龄化，加快发展养老服务业，不断满足老年人持续增长的养老服务需求，是全面建成小康社会的一项紧迫任务，有利于保障老年人权益，共享改革发展成果，有利于拉动消费、扩大就业，有利于保障和改善民生，促进社会和谐，推进经济社会持续健康发展。2014年5月28日，为了贯彻落实国务院《关于加快发展养老服务业的若干意见》精神，民政部等四部门联合印发了《关于推进城镇养老服务设施建设工作的通知》（民发［2014］116号）。《通知》要求由各地民政部门牵头，住房城乡建设、国土资源、财政等部门积极配合，在2014年12月20日前，完成一次对《通知》下发以前居住（小）区配建居家和社区养老服务设施情况的全面清理检查，并自《通知》下发之日起1年内完成整改方案制定并启动整改工作，限期落实。

　　这是向全国各级政府部门发出的行动号令，随即在全国上下出现了一个养老服务建设的热潮，各有关部门和各地方出台了落实养老建设的指导意见和具体措施。

　　我国的养老模式除了养老院、老年公寓之外，大多数老人都采取居家养老的方式，开展居家养老服务相对于机构养老，更为适应我国老年人的生活习惯和心理特征，我国各地很多城市已经普遍建设起了"居家养老服务中心"，并制定了自己的地方规范。上海民政系统在所有的街道办（镇）或社区都开办了"街道居家养老服务中心"或"社区居家养老服务中心"，各个区县还设有"××区居家养老服务指导中心"，并给出了明码实价的服务内容和收费标准。

与此同时，我国的养老事业也在加速走向市场化。老龄化的加剧带来的是养老产业的爆发。现在各地均有房地产商在策划将房地产业与养老事业相结合的新模式——居家养老智慧社区的发展模式。上海世虹投资控股集团 2013 年 5 月 9 日并购美国上市公司——全球老年产业控股集团，欧美成熟的老年产业正在向市场巨大的中国转移。老年产业的市场正在迅速成长为一个可以预见的朝阳产业，这个庞大的养老市场正在随着中国的快速发展而逐步形成。

2014 年 6 月 20 日民政部发布《关于开展国家智能养老物联网应用示范工程的通知》（民办函〔2014〕222 号）。决定要在养老机构开展国家智能养老物联网应用示范工程试点工作。提出要在养老机构应用物联网技术，开展智能化服务，形成一批技术应用成果，促进智能养老物联网相关产业健康发展。为了配合试点工作的进行，《住建部 2013 年科学技术项目计划》设立了《智能化养老基地建设关键技术研究》课题（项目编号：2013 - K8 - 43），由全国智能建筑及居住区数字化标准化技术委员会组织，中国勘察设计协会工程智能设计分会智慧家庭（居住区）建设专业委员会承担，共同组建课题组，要求在完成智能化养老基地建设关键技术研究的同时编写《国家智能化养老基地建设导则》。

课题组经历了 6 个月的工作，在智能化建设领域 30 多位专家和 20 多家企业的支持和积极参与下，提出了《智能化养老基地建设关键技术研究报告》，并在此基础上编写出了《国家智能化养老基地建设导则》。

课题的研究表明：智能化养老社区是一种具有特殊要求的"智慧社区"，它们的运行理念是相同的，都是物联网的应用系统，都要有事物的自动感知和信息采集，并经过数据的集成、整合，达到智慧化的决策和运用，同样要利用大数据和云计算的强大功能。

根本区别在于采集对象和服务目标不一样。智慧社区的对象和控制目标主要是社区的基础设施和设备，而智能化养老的对象是老年人，是人的各种表象，即人的各种器官的物理参数采集，并利用历史数据（健康史）和相关数据的集成分析推理，参照人的经历和历史环境等，采用决策系统推断出老人的健康状况及发展趋势，包括老人的生理和心理状况，以便对老龄对象进行分类看护，给以不同的生活照料，康复监护和医疗措施。

这两种系统可以采用类似的基础平台，但是其感知探测终端设备不一样，数据分析决策系统不一样。因此在建设智慧社区综合信息服务平台时，把智能化养老信息服务系统作为智慧社区服务平台的子系统，它们共享云端的服务器。智能化养老服务管理终端是一个虚拟化的养老信息服务平台。

智能化养老基地建设的主要问题在于它的智能化关键技术。首先是体征参数实时探测终端设备和位置感知设备，特别是要求穿戴式设备和体域网，实现跟踪老人的健康状况、定位、行为智能分析；其次是养老对象的健康评价系统，由于老年人的健康状况是相当复杂的系统，目前还没有综合判断老年人口健康评价的标准。尽管不少学者提出了"中国老年人口健康评价指标"研究成果，但要成为公认的共识还要作出更多的努力。

本导则提出了智能化养老基地建设的体系框架及智能化养老基地建设的指标体系，并详细地描述了它们建设的要点和有关标准。尤其是阐明了智能化养老基地建设的关键技术，这些内容可成为基地建设的重点内容和对智能化基础设施开发的指导意见。

本导则可作为智能化养老基地建设的规划、设计、建设、运营与服务领域的系统集成、产品研发等相关人员的参考材料。

本课题得到了住房和城乡建设部与全国老龄化工作委员会的支持和指导，中国勘察设计协会工程智能设计分会、中关村乐家智慧居住区产业技术联盟、中国电子工程设计院、建设综合勘查研究设计院有限公司、中国科学院计算技术研究所、广州智慧家庭技术标准促进中心、中关村标准创新服务中心、贵州省新技术研究所、深圳市安恩达科技有限公司、北京合福永文化发展有限公司、北京乐老汇养老服务有限公司、万科企业股份有限公司、招商局物业管理有限公司、中外建设信息有限责任公司、北京睿思玛特科技发展有限公司、保利安平养老产业投资管理有限公司、青岛亿联信息科技有限公司、泰康养老保险股份有限公司、北京交通大学、中国科学院大学、北京纵通科技有限公司等单位积极参与，工业和信息化部电子技术标准化研究院、航天科技集团公司北京航天情报与信息研究所、天津市建筑设计院、解放军信息工程大学、北京航天华宇电子系统工程有限公司、广东国信物联信息科技有限公司、北京易豪伟业弱电系统工程技术有限公司、浙江达峰科技有限公司、福建正扬科技有限公司、珠海亿联德源信息技术有限公司、绿建智慧科技（北京）有限公司等单位给予支持并参与编写。

　　科研成果转换为导则，内容中难免有不足之处，敬请读者指正！

目　　录

第一章 概 述

1.1 智能化养老基地

　　智能化养老是指运用现代科学技术与养老服务有机结合的养老模式。它是以物联网、大数据、云计算、移动互联网等为依托，集合运用新一代信息通信技术和智能控制技术，为老年人提供安全、便捷、健康、舒适的服务。

　　智能化养老基地是专为失能、失智及"三无"老人提供生活照料、康复护理、文体娱乐、精神慰藉、日间照料、短期托养、紧急救援等服务的智能化养老服务机构。通过对相关核心关键技术进行集成创新，采用设备感知、健康感知、地理位置感知等先进技术，针对老年人养老的智能化系统要求，建立健康数据集成和智能化养老综合服务平台，有效满足老年人多样化、多层次的养老服务需求。保障老年人老有所养、老有所医、老有所教、老有所学、老有所为、老有所乐的实现，结合传统文化，引入中医养生保健机制，打造包括"养生、养心"的养老环境，落实和执行国家养老服务体系工作目标的示范工程。

　　智能化养老基地在以居家为基础、社区为依托、机构为支撑的养老服务体系中，起着社区和机构养老服务网络的指导和示范作用，并辐射社区居家养老服务。智能化养老基地规范化的建设将为建立健全老龄战略规划和工作体系提供标准化的示范作用。

1.2 智能化养老基地建设国内外发展现状

　　"十二五"时期，随着第一个老年人口增长高峰到来，我国人口老龄化进程将进一步加快。当前，我国已经进入人口老龄化快速发展阶段，2012 年底我国 60 周岁以上老年人口已达 1.94 亿，2020 年将达到 2.43 亿，2025 年将突破 3 亿。从 2011 年到 2015 年，全国 60 岁以上老年人将以平均每年增加 860 万；老年人口比重将由 13.3% 增加到 16%，平均每年递增 0.54 个百分点。老龄化进程与家庭小型化、空巢化相伴随，与经济社会转型期的矛盾相交织，社会养老保障和养老服务的需求将急剧增加。未来 20 年，我国人口老龄化日益加重，到 2030 年全国老年人口规模将会翻一番，老龄事业发展任重道远。我们必须深刻认识发展老龄事业的重要性和紧迫性，充分利用当前经济社会平稳较快发展和社会抚养比较低的时机，着力解决老龄工作领域的突出矛盾和问题，从物质、精神、服务、政策、制度和体制机制等方面打好应对人口老龄化挑战的基础。

　　长期以来，党和政府十分关心老年群体，不断采取积极措施，推动老龄事业发展进步，取得了举世瞩目的成就，为老龄事业持续发展奠定了很好的基础。但是，在快速发展的老龄化进程中，老龄事业和老龄工作相对滞后的矛盾日益突出。主要表现在：社会养老保障制度尚不完善，公益性老龄服务设施、服务网络建设滞后，老龄服务市场发育不全、供给不足，老年社会管理工作相对薄弱，侵犯老年人权益的现象仍时有发生。对此，我们必须高度重视，认真解决。

"十一五"时期老龄事业得到快速的发展：养老保障体系逐步完善，覆盖范围进一步扩大，企业职工基本养老保险制度实现全覆盖，企业退休人员养老金水平连续五年提高，基本养老保险实现了省级统筹，新型农村社会养老保险开始试点并逐步扩大范围。职工和城镇居民基本医疗保险制度实现全覆盖，新型农村合作医疗参合率稳步提高。老年社会福利和社会救助制度逐步建立，城乡计划生育家庭养老保障支持政策逐步形成。老龄服务体系建设扎实推进，在城市深入开展并逐步向农村延伸，养老服务机构和老年活动设施建设取得较大进步。老年教育、文化、体育事业较快发展，老年精神文化生活更加丰富。全社会老龄意识明显增强，敬老爱老助老社会氛围日益浓厚，老年人权益得到较好保障。老龄领域的科学研究、国际交流与合作取得了新的进展。广大老年群众坚持老有所为，积极参与经济社会建设和公益活动，在构建社会主义和谐社会中发挥了重要作用。

"十二五"时期老龄事业面临的形势："十二五"是我国全面建设小康社会的关键时期，也是老龄事业发展的重要机遇期。积极应对人口老龄化，加快发展养老服务业，不断满足老年人持续增长的养老服务需求，是全面建成小康社会的一项紧迫任务，有利于保障老年人权益，共享改革发展成果，有利于拉动消费、扩大就业，有利于保障和改善民生，促进社会和谐，推进经济社会持续健康发展。

1. 国外发展现状

人口老龄化是社会经济发展和科学技术进步的必然。1965 年，法国成为第一个老年型国家，之后是瑞典。20 世纪后，欧美一些发达国家相继步入此行列。

由于有经济实力的支撑和西方居家形态诸多方面的因素，这些国家养老对策的共同之处是依赖"社会养老"功能：在社会保障体制中，老年人被赋予了独立生活的经济能力；在福利设施、服务体系以及居住环境等方面，针对老年人的生理情况，采用不同层次、不同类别的设计。以美国为例，老年人的居住设施大致分为五类：独立式住宅、老年公寓、养老院、护理院、老年养生基地，每一类辅以相应的服务管理体制。

亚洲国家中，日本、新加坡等也逐步进入了老年型国家之列。因为有较雄厚的经济实力，这些国家一方面汲取了西方社会福利养老的特点，充分赋予老年人优厚的社保；另一方面，基于传统东方家庭观念的延续，它们还致力于开发家庭养老的功能，如提倡和鼓励"多代同居"（例如"两代居"集合住宅和"多代同堂组屋"等）。

1) 国外智能化养老基地

世界上较早进入"银发"时代的英国，对老年人采取了基地照顾的模式，取得了相当不错的成效。这一模式，对于逐渐步入老龄化的中国，有相当大的借鉴意义。

现在，英国 65 岁以上的老年人超过 1000 万，约占全国总人口的 18%，75 岁以上的老年人亦有 370 万。英国人的平均寿命，男性已增至 71 岁，女性更是增至 77 岁。如今英国已出现了一些"老年人城市"，如贝克斯希尔、海斯汀、伊斯特邦等，这些度假城市风景如画，退休的老年人纷纷迁入安度晚年，城市中老龄人口已占 20% ~ 50%。从 20 世纪 90 年代开始，英国就将养老问题纳入基地，对老年人采取了基地照顾的模式。

日本的老龄人的生活质量是在良好的社会保险保障体系的基础上实现的，如提供无障碍设施的老龄人住宅产品、具有看护性质的老龄人住宅产品、能和家人共同生活（二代居）的住宅产品。老年人住宅产品与其他租售性质的住宅产品混合设计在一个生活基地内，突出自助自理。

在新加坡，一般兴建在成熟的基地中。公寓户型一般分为 35 平方米和 45 平方米，为一位或两位老年人提供生活空间，住宅的户型设计及内部结构设计标准都经过特殊化考虑。

在建造中国特色的智能化养老基地上应考虑两方面内容：一方面，基地必须为老年人提供基本的养老设施与硬件配套，基地乃至老人居住的空间必须是特别为老年人设计、符合老年设计规范的居住设施和服务；另一方面，提出适合老人养老的健康环境以及为老年人配套的软性服务。

2）其他养老模式

在丹麦，目前最流行是自助智能化养老基地。在那里，老人们可以做自己想做的事，可以约上老友或是志趣相同的伙伴住在一起，一块儿钓钓鱼、养养花，共同建设属于自己的家园，独享的公寓，共享的餐饮、花园，个性化的小手工艺车间、小农场等，老人们只要想到的，在这儿都能得到充分的满足，他们还可共同租用特别的照料服务。这种基地在哥本哈根郊区每月要 1000 欧元。

旧的养老方式的打破，意味着为企业创造了新的发展机遇。一些国际大公司已经嗅到了世界养老产业发展的巨大商机。Sanyres Mediterrane 公司计划沿西班牙海岸建设了大型智能化养老基地，配套建设商场、剧院、医院、24 小时安保等，每月费用在 2000 欧元左右，于 2008 年正式开业，基地不仅吸引了西班牙老年人，而且吸引了北欧国家众多喜欢阳光的老人。

异地养老、跨国发展养老产业在欧洲渐成潮流。挪威的卑尔根、奥斯陆、贝鲁姆等市已经先后在西班牙南部开设了大型养老公寓，那里低廉的地产价格、充足的阳光，吸引着越来越多的企业和老年人。北欧其他国家的老人到西班牙养老，看中的不仅是那里自然环境，还有功能齐全的养老设施、良好的公共医疗卫生服务、保险服务等。与此同时，西班牙的实业家们也盯紧了那些希望来西班牙养老的北欧人的"钱口袋"，异地养老实在是一项互利双赢的好事情，已经被越来越多的国家、企业和老年人所认可。

欧洲养老产业的巨大发展潜力不仅仅吸引了欧洲的企业，许多美洲一流的大公司也开始抢滩登陆。全美最大的老年人生活服务提供商加国安老院，已在德国开办 9 家联合企业，在英国开办了 15 家，目前正在开发西欧市场。该公司在伦敦附近开设的一家老年公寓，每月的费用虽高达 4000 英镑，但仍客源不断，经营业绩一路飘升。

独居老人增多，智能化养老基地服务发展强盛，多数为私人控股公司所掌握。据欧盟和美国退休者协会 2006 年的一份报告，在挪威、荷兰和丹麦，96% 的老人独居，智能化养老基地服务需求巨大。在英国，智能化养老基地服务是老龄产业最活跃的一个因素，价值 110 亿英镑的智能化养老基地服务产业，多数被大公司控制。这个市场在德国也很强盛，目前有 10000 多家养老院为体弱的老人提供智能化养老基地服务，近 8 年内上升了 23%。

美国社会非常发达，其养老模式还是家庭养老为主。真正进入机构养老院的只有 20%，其余都是家庭养老。很多美国老人都拿着退休金到风景优美、适宜养老的国度、地区去养老，如美国的退休老人到佛罗里达、夏威夷、墨西哥海滨购房长住，安度晚年。

目前在美国一些地方，"以房养老"已被许多人认为是一种最有效的养老方式。美国是"以房养老"模式的鼻祖。许多美国老年人在退休前 10 年左右就为了自己养老而购买了房子，然后把富余的部分出租给年轻人使用，利用年轻人支付的房租来维持自己退休后的生活。由于美国的房屋出租业比较发达，美国人支出的房租大约占个人支出的 1/4 到 1/3，因而房屋出租的收益也是比较可观的。

除此之外，美国政府和一些金融机构向老年人推出了"以房养老"的"倒按揭"贷款，至今已有 20 多年的经验。"倒按揭"发放对象为 62 岁以上的老年人，有三种形式，前两种与政府行为相关，后一种则由金融机构等办理，不需政府的认可手续。除美国之外，加拿大也是倒按揭贷款业务发展比较快的国家之一。

在日本，据日本总务省 2001 年 6 月公布的人口统计，日本 65 岁以上的老人达 2227 万，占总人口的 17.5%。而随着社会的发展，养老方式也逐渐由家庭走向社会，其中，把智能化养老基地与社会养老结合起来，是目前日本流行的养老方式。

企业在养老方面也在作出各种尝试。松下国际电子公司已经设立了专门的养老部门，准备在大阪建造一所具有高科技含量的综合型养老院。在那里，老年人可以和机器宠物玩耍，还能通过互联网与亲朋好友保持联系。韩国三星等公司也在积极开拓针对不同消费层的老年公寓。

2. 国内养老事业发展状况

面对老年人口的现状，党和政府十分关心老年群众，不断采取积极措施，推动老龄事业发展进步，加快解决老龄问题。养老正在突破传统家庭养老模式，形成家庭、社区、市场化养老并存的局面，出现了异地养老、以房养老、"候鸟式"养老以及生态养老等新模式。养老产业开始走出一条与国际经验接轨的社会化、市场化的道路。

当前我国老年消费市场开发仍处于初级阶段，养老服务产品供给不足、比重偏低、质量不高，不能满足老年人日益增长的服务需求。从国内市场来看，养老产业尚处于初级阶段，很多商机有待开发。

长期以来，一些地方围绕构建"9073"养老服务格局的目标，聚焦机构养老床位和社区居家养老服务体系建设，逐步完善服务补贴、需求评估等制度，基本形成了以老年人生活照料、医疗服务、精神慰藉、紧急援助等需求为导向，以机构养老、居家养老、家庭自我照顾为主，以医疗服务等公共服务为支撑的社会养老服务体系。但随着深度老龄化加速，养老服务格局是否适应今后老龄化挑战，需要进一步深化研究。党的十八大明确提出要"积极应对人口老龄化，大力发展老龄服务事业和产业"，《国务院关于加快发展养老服务业的若干意见》（国发〔2013〕35 号）也指出，要充分发挥市场在资源配置中的基础性作用，逐步使社会力量成为发展养老服务业的主体。当前，老年人养老服务需求日益多样化、多层次性，而现有的养老服务供给依旧面临总量不足，以及结构性矛盾，需要进一步加大养老事业投入，尤其是政府基本养老服务之外的社会投入。

虽然我国社会养老服务体系建设仍然处于起步阶段，2010 年全国有 5700 多万 65 岁以上老年人接受免费健康检查并建立了健康档案。截至 2010 年底，全国各类收养性养老机构达 4 万个，养老床位达 314.9 万张。《2010 年度中国老龄事业发展统计公报》显示：到 2010 年末，全国共有各级老年人协会 40 多万个，参加人数 4389 万人，其中村（居）老年人协会 335480 个，乡（镇、街道）老年人协会 30413 个，市（县）级老年人协会 6672 个。此外，其他各类老年社团组织共有 37193 个，参加人数 456 万人。我国老龄事业实现历史性跨越。

2011 年 12 月，国务院办公室印发《社会养老服务体系建设规划（2011—2015 年）》（国办发［2011］60 号）。该《规划》提出"到 2015 年，基本形成制度完善、组织健全、规模适度、运营良好、服务优良、监管到位、可持续发展的社会养老服务体系"。

至 2012 年 3 月，中国已经初步建立了适度普惠的老年福利制度。至 2012 年 5 月，中国已全面建立了城乡孤老国家供养制度，凡属于无劳动能力、无生活来源又无法定赡养、扶养义务人的老年人，均由政府无偿供养。全国已有 15 个省份建立了 80 岁以上高龄老年人补贴制度，14 个省份建立了养老服务补贴制度。

2012 年 6 月 26 日，老年人权益保障法修订草案首次提请全国人大常委会审议。法律专家表示，中国将通过大幅修改法律，提高 1.85 亿老年人养老保障和养老服务水平，从而提升他们的"晚年幸福指数"。

2012 年 8 月 16 日，在全国老龄工作委员会全体会议上，中共中央政治局委员、国务院副总理、全国老龄工作委员会主任回良玉强调，要全面实施有中国特色的积极应对人口老龄化战略，推动我国老龄事业又好又快发展。会议决定编制《国家中长期老龄事业发展规划纲要》。

2012 年 8 月 30 日，国家发展和改革委员会、卫生部、财政部、人力资源和社会保障部、民政部、保险监督管理委员会正式公布《关于开展城乡居民大病保险工作的指导意见》（发改社会［2012］2605 号）。

与此同时我国的养老事业也在加速走向市场化。2013 年 5 月 9 日，上海世虹投资控股集团并购美国上市公司——全球老年产业控股集团，欧美成熟的老年产业正在向市场巨大的中国转移。这个全球老年产业控股集团，是由国内外华人华侨企业家联合组建成立的国际性跨国投资集团，主营老年城投资、土地、旅游、建筑工程、仓储、物流、老年用品、医疗养生、保健产品、技术学校等。其旗下的中华国际老年城投资集团预计在未来 6 ~ 8 年时间内，在中国及全球范围选择适宜养老养生的地区新建及并购国内 50 座、国际 200 座以上国际老年城及特色疗养院。国际老年城占地要求 1500 ~ 2000 亩以上，可容纳 3 ~ 5 万人，特色疗养院要求占地 200 亩以上，可容纳 3000 ~ 10000 人，届时将建成一系列设施完善、配套齐全、服务周到、具有国际化及现代化管理模式的国际老年城连锁产业集群。今后国际老年城连锁系统将贯穿中国南北，也将遍及台港澳地区和欧美国家等，国内规划或建设中的有：广东惠州大亚湾阳光老人城，占地3000亩、投资60亿元，可容纳3~4万人；广东普宁颐乐园老年城，占地1000亩、投资3亿元，包含养老、养生、旅游、休闲、度假一条龙服务；山东菏泽国际老年城，占地1200亩、可容纳2万人入住，总投资12亿元等。

上海正计划洽谈中的是崇明岛的老年城项目，投资200亿元以上，将建造一个顶级养老院，包括老年别墅、停车场、游艇码头甚至直升机机场等。届时，生活在这里的老人将能享受到不同以往的高品质养老生活。为了不使这一项目仅打造"有钱老人"的生活，他们还会成立老龄产业基金会，帮助困难老人。目前普陀区现有的一家养老院将和他们采取战略合作的方式，改建成一个符合老年城规划的护理院形式。今后国际老年城项目的规划依据国际标准的规划和建设，除保障老年人的医、食、行、乐、安、养等生活外，更配备了国际双语中小学、幼儿园、专业技工学校、管理学院、科技大学等。这些教育体系的配套建设，为老年人享天伦之乐提供必要的便利条件，一家人可以在老年城三代同堂的同时，孙辈的教育等问题也可以一并解决。不仅如此，老年城将配套建设灵骨塔。为尽到社会公益责任，灵骨塔位将会对孤老、流浪老人，或是部分无经济能力的老人开放。由于连锁老年城的项目将遍及全球，这意味着我国老人今后将有望通过老年城内的"换房旅游"、"分时度假"等方式，前往全球各地度假养老。目前已有美国新泽西州和加拿大的两个老年城项目，预计今后老人可以每月用一万元以内的费用去国外养老。

目前各地均有地产商在酝酿，将房地产业与养老事业相结合的新模式——居家养老智慧社区的发展模式。

老年社区是指以老年人为主要居住对象，符合老年人生理和心理特征，成片开发、建设的老年住宅楼栋的集合体，配置有老年人辅助设施，并应具备一定城市功能或配套功能的居住区。养老产业的出发原点是让经历人生最后阶段的老年人们过上健康、有保障、有尊严的生活。在现行中国的房地产大环境下，"养老"事业还是变成了以"地产"为主的房地产项目。

居家养老社区是一种创新型的养老模式，它是在现代住宅小区的开发兴建过程中，置入养老的理念及功能，创造住宅小区养老功能附加值，它是一种全新的养老模式和住宅开发新理念。它既是一个具有养老功能的社区，同时又是一个全龄化居住社区。综合各养老社区发展模式的特点和适应情况的不同，考虑到我国的社会特点，以及中国老年人的生活习惯、心理特征和养老传统，大多数老年人不愿离开自己的家庭或社区，居家养老社区的发展模式比较适合中国现阶段的国情，可以最大限度满足老年人需求，客户基础广泛，市场风险小，市场价值最大。

与此同时，社会上也出现了其他类型养老相关产业模式，如广西太和·自在城——综合颐养旅游服务产业项目。该项目地处南宁市北郊36公里处的广西——东盟经济技术开发区，规划总用地约6475亩，其中农林用地约3667亩，建设用地计划约2808亩（含旅游、养老养生、教育、医疗、商业、会议中心、职工住宅、景观等性质用地），总投资约107.2亿元。计划建成全国规模最大的集旅游、生态农林、东盟民俗民居博览园、文化、养生、养老、科研、医疗护理等一体的综合型颐养旅游服务产业平台。该项目6475亩分为三个阶段推动建设：一阶段 1468 亩以"养老"为核心，发展养老产业，大力建设配套设施，解决南宁甚至是广西的养老问题；二阶段以"养生"为核心，借鉴全球先进养生目的地的建设经验，打造具有南宁本土特色的养生核心驱动力；三阶段以"养心"为核心，结合传统文化，打造环境养心、设备养心、整体疗愈为三大目标的养心系统。

1.3 智能化养老基地建设目的及意义

智能化养老基地建设的目标是在以居家为基础、社区为依托、机构为支撑的养老服务体系中形成一个示范基本中心环节，以综合发挥社区公共服务多种设施的养老服务功能，成为各社区的居家养老服务中心的示范机构，为老年人提供规范化、个性化服务；引入社会组织和家政、物业、企业等实体，兴办或运营老年供餐、社区日间照料、老年文体娱乐活动、医疗保健服务等形式多样的养老服务项目；协助地方政府，支持企业运用互联网、物联网等技术手段建立智能化养老综合服务平台，发展社区网络信息服务和老年电子商务，提供紧急救援、家政预约、健康咨询、物品代购、服务缴费等老年人服务项目。

智能化养老基地将不断拓展养老服务内容，落实医疗与养老两者服务的融合，健全养老服务网络，成为社区或区域性的居家养老服务中心的示范模式。

智能化养老基地的建设是建设专业化的居家养老服务信息平台的一种探索。它有效地解决了由于养老需求与服务资源对接缺乏信息技术手段，缺乏信息交互的平台，以致老年人无法准确地将自己的需求信息传递给服务机构，从而制约了社区养老服务产业的发展的问题。

智能化养老基地建设的规范化，将为建立健全老龄战略规划和工作体系提供标准化的示范作用。

空巢既是社会的进步，也是人口老龄化当中特别是人们的生活方式、观念转变过程中产生的一种客观必然的现象。据统计，我国城市空巢老人 49.7%，国外有的已高达 80%，甚至更高。从趋势讲，这是必然，像过去那种多子女家庭来共同照顾老人是不可能的。因此随着老人年龄增长，身体功能退化，需要人照顾而身边无人照顾，这就体现了社区养老服务的意义所在。身边无子女或者子女照顾不过来，从这个角度，社区对老人、对家庭成员的支援就显得尤为重要。发展智能化养老基地是对这一现象所作出的一个正确选择。

智能化养老基地服务适合我国国情，符合我国"未富先老"的社会特点。我国人口老龄化是在经济还不够发达、物质条件尚不充裕的情况下到来的，因此，单靠政府的力量来发展养老福利事业是不现实的。社区智能化养老服务与机构养老服务相比，具有成本较低、覆盖面广、服务方式灵活等诸多优点，它可以用较小的成本满足老年人的服务需求。更为重要的是，通过社区智能化养老服务，可以让一部分家庭经济有困难但又有养老服务需求的老年人得到精心照料，从而对稳固家庭、稳定社会起到良好的支撑作用。

智能化养老基地服务适应我国老年人的生活习惯和心理特征。受中华民族传统的家庭伦理观念影响，我国大多数老年人不愿离开自己的家庭和社区到新环境去养老。智能化养老基地服务采取让老年人在自己家里和社区接受生活照料的服务形式，适应老年人的生活习惯，满足了老年人的心理需求，有助于他们安度晚年。

1.4 智能化养老基地建设需求分析

近年来，在党和政府的高度重视下，各地出台政策措施，加大资金支持力度，我国的社会养老服务体系建设取得了长足发展。养老机构数量不断增加，服务规模不断扩大，老年人的精神文化生活日益丰富。截至2010年底，全国各类收养性养老机构约4万多个，养老床位达314.9万张。社区养老服务设施进一步改善，社区日间照料服务逐步拓展，已建成含日间照料功能的综合性社区服务中心1.2万个，留宿照料床位1.2万张，日间照料床位4.7万张。以保障三无、五保、高龄、独居、空巢、失能和低收入老人为重点，借助专业化养老服务组织，提供生活照料、家政服务、康复护理、医疗保健等服务的社区和居家养老服务网络初步形成。养老服务的运作模式、服务内容、操作规范等也不断探索创新，积累了有益的经验。

但是，我国社会养老服务体系建设仍然处于起步阶段，还存在着与新形势、新任务、新需求不相适应的问题，主要表现在：缺乏统筹规划，体系建设缺乏整体性和连续性；社区养老服务和养老机构床位严重不足，供需矛盾突出；设施简陋、功能单一，难以提供照料护理、医疗康复、精神慰藉等多方面服务；布局不合理，区域之间、城乡之间发展不平衡；政府投入不足，民间投资规模有限；服务队伍专业化程度不高，行业发展缺乏后劲；国家出台的优惠政策落实不到位；服务规范、行业自律和市场监管有待加强等。

我国的人口老龄化是在"未富先老"、社会保障制度不完善、历史欠账较多、城乡和区域发展不平衡、家庭养老功能弱化的形势下发生的，加强社会养老服务体系建设的任务十分繁重。

加强社会养老服务体系建设，是应对人口老龄化、保障和改善民生的必然要求。目前，我国是世界上唯一一个老年人口超过1亿的国家，且正在以每年3%以上的速度快速增长，是同期人口增速的五倍多。截至2014年底，全国60岁以上老年人口为2.12亿，占总人口的15.5%，2020年预计达到2.43亿，约占总人口的18%。随着人口老龄化、高龄化的加剧，失能、半失能老年人的数量还将持续增长，照料和护理问题日益突出，人民群众的养老服务需求日益增长，加快社会养老服务体系建设已刻不容缓。

加强社会养老服务体系建设，是适应传统养老模式转变、满足人民群众养老服务需求的必由之路。长期以来，我国实行以家庭养老为主的养老模式，但随着计划生育基本国策的实施，以及经济社会的转型，家庭规模日趋小型化，"4-2-1"家庭结构日益普遍，空巢家庭不断增多。家庭规模的缩小和结构变化使其养老功能不断弱化，对专业化养老机构和社区服务的需求与日俱增。

加强社会养老服务体系建设，是解决失能、半失能老年群体养老问题、促进社会和谐稳定的当务之急。目前，我国城乡失能和半失能老年人约3300万，占老年人口总数的19%。由于现代社会竞争激烈和生活节奏加快，中青年一代正面临着工作和生活的双重压力，照护失能、半失能老年人力不从心，迫切需要通过发展社会养老服务来解决。

加强社会养老服务体系建设，是扩大消费和促进就业的有效途径。庞大的老年人群体对照料和护理的需求，有利于养老服务消费市场的形成。据推算，2015年我国老年人护理服务和生活照料的潜在市场规模将超过4500亿元，养老服务就业岗位潜在需求将超过500万个。

在面对挑战的同时，我国社会养老服务体系建设也面临着前所未有的发展机遇。加强社会养老服务体系建设，已越来越成为各级党委政府关心、社会广泛关注、群众迫切期待解决的重大民生问题。同时，随着我国综合国力的不断增强，城乡居民收入的持续增多，公共财政更多地投向民生领域，以及人民群众自我保障能力的提高，社会养老服务体系建设已具备了坚实的社会基础，应该成为现阶段重要发展方向和重点扶植的内容。概括如下九个方面：

1. 监测技术在提早发现健康风险方面可以发挥关键性作用。由于独居老人数量的增长速度将超过护理人员数量的增长速度，没有相濡以沫伴侣的细心观察，独居老人生理上的细微变化主要还是依靠智能技术。发达国家的实践表明，居家智能网络可以在老人重大健康问题出现之前10天到两周之内监测到异常变化。英国的有关数据表明，早诊断、早干预将节省大量医疗费用。

2. 远程照看和远程医疗技术在帮助老年人独立居住方面可以发挥关键性作用。这一智能技术体现在多种设备上，从呼叫器、定位感应仪，到远程血糖、血压测量等。相关数据表明，远程技术试验可以显著降低糖尿病、心脏病患者的住院日、急诊次数和死亡率。

3. 日常生活辅助技术能帮助失能、半失能者甚至痴呆症患者完成一些日常生活，如按开关、进食乃至消除孤独。

4. 安全管理服务为老年人提供紧急呼救、一氧化碳监测、坠床监测、走失救助、出行行踪监护、安全活动范围监护、心脑血管异常报警、夜间生理安全监测、运动安全报警、健康风险报警等系列服务，保障老年人居家养老的安全性，即发生意外或危险时能够得到及时的帮助和救治。

5. 健康管理提供运动监护、睡眠监护、饮食营养保健、生活习惯监护、心脑血管疾病风险评估与保健、心理护理、用药提醒等服务，并在专业医师的建议下，提供健康体检、视频会诊、健康顾问、预约挂号、陪同就医等。借助高血压套餐（血压仪、体脂称、计步器）、高血糖套餐（血压仪、体脂称、血糖仪、计步器）、冠心病套餐（心电仪、血氧仪、计步器）和亚健康套餐（体脂称、计步器）的智能终端产品，针对老人及家庭的需要，提供慢性病个性化的健康管理服务，通过及时监测老年人的健康状况，依据慢性病防治指南，协同专业医疗机构、健康保健机构对其进行个性化健康管理，实现老年人健康长寿的愿望。

6. 生活帮助服务，建立为老服务热线、紧急救援系统、数字网络系统等多种求助和服务形式，建设便捷有效的为老服务信息系统，为老年人提供家政服务、居家维修、远程导游、出行导航、生活提醒、居家环境安全检测、购物消费咨询、消费投诉处理等服务。

7. 亲情关爱服务为老年人提供代视频点播、视频心理辅导、社区活动推荐、旅游推荐、电视节目推荐功能，让老年人感受到亲情温暖，享受精彩丰富、充实愉快的养老生活。

8. 在社会养老服务体系建设中，中医养生保健工程非常重要，现在健康长寿已成为社会关注的热点。我国政府提倡建设节约型社会，健康的节约就是巨大的节约。2000 年中国卫生资源消耗 6140 亿元（占 GDP 的 6%）；2011 年中国卫生资源消耗 24269 亿元（占 GDP 的 5.1%）。健康又是和谐和幸福的基础，一个老人得病，搞得全家鸡犬不宁。世界卫生组织早就提出"健康是金子，健康是财富"。谈到健康就要讲养生，中医养生保健最好。国家研究表明：花一块钱保健，医药费节省 8.59 元。老年人 60 岁前不得病、80 岁前不衰老，轻轻松松一百岁，唯一的办法就是靠养生。21 世纪，健康新观念就是中医养生。2006 年 8 月由中国老年保健协会主办的"健康进社区，中医养生保健工程"在北京人民大会堂隆重启动。2014 年 11 月 5 日中国老年保健协会在武汉田汉大剧院召开了中医养生保健工程第四次全国会员代表大会，充分肯定了中医养生保健工程在中老年养生保健事业中作出的突出贡献。在社区养老服务工作中，引入中医养生保健服务，开展经络养生，保持经脉气血通畅，心情舒畅和拍打经脉等，是老年人少病治病，康复保健，延缓衰老的有效途径。

9. 临终关怀是社会养老服务体系中不可或缺的部分。自 20 世纪 80 年代起，北京、上海、天津等中国大城市率先有所尝试，可是经过近 30 年的发展，中国的临终关怀事业依然处于初级阶段，目前全国仅有 100 多家相关机构，难以满足日益庞大的社会需求，因为除了每年上百万的癌症晚期患者，大批罹患慢性疾病的高龄老人也期待尽可能地改善生活质量。鉴于此，中国一些城市酝酿探索社区医院临终关怀与居家养老相结合的新模式，以满足大多数老人对"家"的依恋。临终关怀是典型的护理重于治疗的领域，必须让护理的功能体现应有的价值，作为养老服务的最后一站，临终关怀这种特殊的养老机构将会有广阔的发展空间。

1.5 智能化养老服务产业发展前景展望

根据《社会养老服务体系建设规划》（2011~2015 年）的要求：到 2015 年，将基本形成制度完善、组织健全、规模适度、运营良好、服务优良、监管到位、可持续发展的社会养老服务体系；每千名老年人拥有养老床位数达到 30 张；以社区居家养老服务中心作为智能化养老基地的居家养老和社区养老服务基本覆盖与基本健全。

改善居家养老环境，健全居家养老服务支持体系。以社区居家养老服务中心和专业化养老机构为重点，通过新建、改扩建和购置，提升社会养老服务设施水平；充分考虑经济社会发展水平和人口老龄化发展程度，"十二五"期间，增加日间照料床位和机构养老床位 340 余万张，实现养老床位总数翻一番；改造 30% 现有床位，使之达到建设标准。

在居家养老层面，支持有需求的老年人实施家庭无障碍设施改造。扶持居家服务机构发展，进一步开发和完善服务内容和项目，为老年人居家养老提供便利服务。

在城乡社区养老层面，重点建设老年人日间照料中心、托老所、老年人活动中心、互助式养老服务中心等社区养老设施，推进社区综合服务设施增强养老服务功能，使日间照料服务基本覆盖城市社区和半数以上的农村社区。

在机构养老层面，重点推进供养型、养护型、医护型养老设施建设。县级以上城市至少建有一处以收养失能、半失能老年人为主的老年养护设施。在国家和省级层面，建设若干具有实训功能的养老服务设施。

加强养老服务信息化建设，依托现代技术手段，为老年人提供高效便捷的服务，规范行业管理，不断提高养老服务水平。

运用现代科技成果，提高服务管理水平。以社区居家老年人服务需求为导向，以社区养老服务中心为依托，按照统筹规划、实用高效的原则，采取便民信息网、热线电话、爱心门铃、健康档案、服务手册、社区呼叫系统、有线电视网络等多种形式，构建社区养老服务信息网络和服务平台，发挥社区综合性信息网络平台的作用，为社区居家老年人提供便捷高效的服务。在养老机构中，推广建立老年人基本信息电子档案，通过网上办公实现对养老机构的日常管理，建成以网络为支撑的机构信息平台，实现居家、社区与机构养老服务的有效衔接，提高服务效率和管理水平；加强老年康复辅具产品研发，为家庭养老提供先进有效的网络服务终端产品，为居家老年人提供各种网络化的虚拟养老服务，老年人不出家门即可享受先进的社会服务。

第二章　智能化养老基地建设总体框架

2.1　养老服务总体框架

按照智能化养老基地建设的相关要求，做出社会养老服务总体框架图，见图2-1。

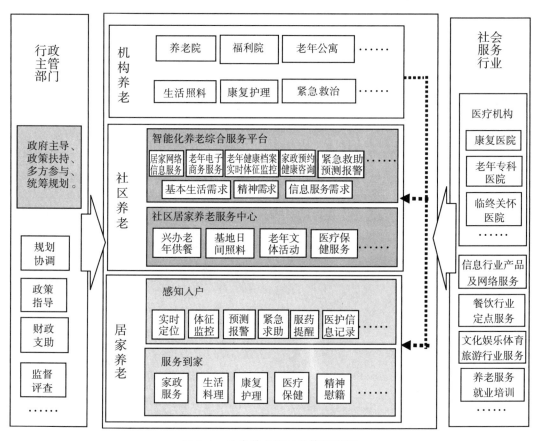

图2-1　社会养老服务总体框架图

以社区养老服务形式存在的智能化养老基地，是养老服务体系的中心环节，是构建整个养老服务体系的基础，对整个养老服务体系建设起着支撑作用。建设养老服务体系是一个复杂的系统工程，社区居家养老服务中心是系统工程的核心要素，它表述了社区、居家养老服务的功能、需求和作用。总体框架体现了养老服务体系的总体构成和相关要素、行业和专业的层次划分以及相互之间的关系，从而可方便描绘出养老服务总体架构和层次。

养老服务总体框架的作用表现为：

1. 总体框架有助于加强社会养老服务体系建设的指导作用；

2. 总体框架体现了总体的设计决策，这些决策对今后的所有工作有深远的影响，同时对系统作为一个可动态运行实体的最后成功有重要作用；

3. 总体框架构建了一个简明扼要的易于理解的模型，该模型描述了系统如何构成以及如何工作。

根据国家有关发展养老服务业的相关政策，其发展目标是全面建成以居家为基础、社区为依托、机构为支撑的，功能完善、规模适度、覆盖城乡的养老服务体系；其主要任务中要求大力发展居家养老服务网络，要支持建立以企业和机构为主体、社区为纽带、满足老年人各种服务需求的居家养老服务网络。积极培育居家养老服务企业和机构，上门为居家老年人提供助餐、助浴、助洁、助急、助医等定制服务；大力发展家政服务，为居家老年人提供规范化、个性化服务；支持社区建立健全居家养老服务网点，引入社会组织和家政、物业等企业，兴办或运营老年供餐、社区日间照料、老年活动中心等形式多样的养老服务项目；发展老年人文体娱乐服务；发展居家网络信息服务，运用互联网、物联网等技术手段创新居家养老服务模式；发展老年电子商务，建设居家服务网络平台，提供紧急呼叫、家政预约、健康咨询、物品代购、服务缴费等适合老年人的服务项目。

这些相关政策为我们勾画出了一个完整的养老服务体系，即覆盖城乡的以社区为依托、以社区为纽带的居家养老服务网络；同时要建设发展居家信息服务网络平台。这些覆盖城乡的养老服务网点，要引入社会组织和各种行业企业采用上门为居家老年人提供定制服务的方式，提供多样形式的养老服务项目。社会养老服务总体框架图（见图2-1）就是以满足以上这些要求为目标构建起来的。

图中居家养老是基础，是目前国内最为广泛最能接受的养老方式。但随着家庭规模日趋小型化，空巢家庭不断增多使其养老功能不断弱化，对专业化养老机构和社区服务的需求与日俱增，因而就出现了要求以社区服务为依托，专业养老机构为支撑的需求。最后形成了以社区的居家养老服务中心为纽带的养老方式，一方面将众多分散的家庭养老的需求集中起来，向社会养老机构和各个服务行业提出要求，另一方面又将社会上的各种行业的服务引入社区为居家老年人提供定制服务。随着现代信息通信技术的普及，为了向分散的家庭提供信息化的服务，要求组成信息网络并建立一个信息化的综合服务平台。这样就要求社区居家养老服务中心成为一个信息化的综合服务平台，即智能化养老基地的一种示范形式。

为了对众多的覆盖城乡的社区养老服务中心及养老机构，在分布上和需求上进行协调，以达到国家规划要求的全面建成布局合理、区域之间和城乡之间发展平衡的社会养老服务体系，必须要具有权威性的政府机构和行政主管部门进行规划协调、政策指导、财政支助和监督评查。因此在我们的社会养老服务体系的系统工程中还必须要有协调控制的要素，即行政主管部门，动态地协调各要素及其功能达到稳定持续的发展，实现目标的最优化。

2.2 智能化养老基地体系架构

按照智能化养老基地建设的相关要求，做出智能化养老基地体系架构图，见图2-2。

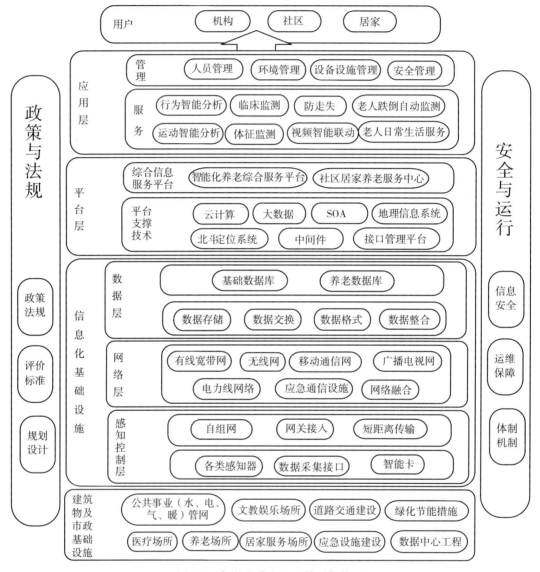

图2-2 智能化养老基地体系架构图

智能化养老基地是专为失能、失智及"三无"老人提供生活照料、康复护理、文体娱乐、精神慰藉、日间照料、短期托养、紧急救援等服务的养老服务机构，通过建立智能化养老综合信息服务平台，采用智能化的先进关键技术，按照智能化系统要求，有效满足老年人多样化、多层次的养老服务需求，保障老年人老有所养、老有所医、老有所教、老有所学、老有所为、老有所乐的实现。它是落实和执行国家养老服务体系工作目标的示范工程。

　　智能化养老基地体系架构，体现基地建设中各个专业层次的结构、作用及相互之间的关系。对于基地建设的规划模型，设计决策，构建了一个层次分明，易于理解的直观模型，对基地的建设起着指导作用。

　　下层为上层提供服务。

　　最下层的"建筑物及市政基础设施"是整个基地的实体物质基础。是保证实现上面各层功能的实体条件。基地的建筑物及市政基础设施建设，有明确的国家标准规定，包括其各部分的选址、规模、功能要求、质量标准和相互联系等，可参见相关国家标准《养老设施建筑设计规范》GB 50867—2013 等。

　　上面各层"信息化基础设施"、"平台层"和"应用层"均为智能化的功能层。其中综合信息服务平台是智能化功能的核心，它将"信息化基础设施"层提供的感知数据和池化数据进行分析处理，提供给应用组合服务与流程化服务，为应用系统需要进一步的挖掘和调用提供方便和服务。应用层软件则是一些根据应用需求编制的专题服务模块和服务接口，根据用户要求选用相应的组合服务和流程服务。

　　体系架构两边是两个辅助框，一是主体建设的政策法规标准体系是基地建设的依据，另一个安全和运行维护保障体系。它们是基地建设运行不可少的成分。

2.3　智能化养老基地建设指标体系

智能化养老基地建设指标体系表

（含一级指标 5 项，二级指标 12 项，三级指标 57 项）

一级指标	二级指标	三级指标	指标描述	等级
建筑物及市政基础设施建设	主体建筑建设	基地选址勘察	布局与选址、建筑布置、场地与道路、室外活动场地的建设应符合 GB 50867—2013《养老设施建筑设计规范》及相关标准规范要求	必选项
		配建布局	配建要求可参照 GB /T 29353—2013《养老机构基本规范》第 7 章环境与设施设备要求的规定执行	必选项
		医疗场所、养老场所、服务场所	医疗健康及养老场所是基地的主要服务场所应遵循 GB 50867—2013《养老设施建筑设计规范》的要求进行规划设计	必选项
	配套设施建设	公共事业管网建设	指水、电、气、暖、通信、道路等建设情况。无线网络的覆盖面、速度等方面的基础条件。可参照 GB 50867—2013《养老设施建筑设计规范》的第 7 章建筑设备各条的规定执行	必选项
		应急设施建设	指在紧急情况下，为疏散人群提供安全避难、满足基本生活保障及救援、指挥的场所或设施	必选项
		数据中心机房工程	是数据中心设备和应急指挥中心及其他智能化系统的设备机房，应符合《电子信息系统机房设计规范》GB 50174 的要求	必选项

续表

一级指标	二级指标	三级指标	指标描述	等级
建筑物及市政基础设施建设	环境建设	室外活动场地建设	应为老年人提供适当规模的休闲场地，包括活动场地及游憩空间。可参照 GB 50867—2013《养老设施建筑设计规范》的第 4 章，第 4.0.6 条的规定执行	必选项
		道路交通建设	道路交通是基地内部以及与周边地区进行互动交流的纽带。除要满足人车分流，消防救护方便，还应符合绿色交通的相关要求	必选项
		基地绿化节能措施	基地绿化和节能措施要求可参照 GB 50867—2013《养老设施建筑设计规范》的第 4 章第 4.0.7 条和第 7 章第 7.3.6 条的规定执行	必选项
信息化基础设施建设	感知控制层	各类感知器	利用佩带式或穿戴式仪器，体征参数感知仪及居家设备的感知，利用家庭智能终端和平台的数据采集系统实时收集老人及居家环境各类参数	必选项
		数据采集接口	数据采集接口主要把采集的各种物理量转换成数字序列上传给服务中心，以实现信息共享、协调互动和高效管理	优选项
		智能一卡通	建立了一卡通管理平台，实现统一管理。服务实行自动管理、自动计算费用	优选项
		自组网	提供一种强覆盖，大容量，低延时的局域网技术，解决感知网络无须人工组态，感知设备加电即可自动接入感知控制网络	优选项
		网关接入	借助无线通信网或有线网网关，接入互联网实现信息的远距离传输与遥控	优选项
		短距离传输	采用短距离传输技术，实现传感网自动组网，并与互联网和其他通信网络相连接	优选项
	网络层	有线宽带网	实现光纤或 xDSL 宽带入户，解决建立基地社区局域网网络，是实现基地信息化的基本条件	必选项
		无线网	基地主要公共活动区域实现无线局域网（Wifi）覆盖，采用居民身份的接入认证	优选项
		移动通信网	基地主要公共活动区域实现移动通信网覆盖。确保建筑内包括电梯、地下车库等区域内移动通信信号的覆盖	必选项
		广播电视网	基地社区有线电视传输和分配网，保证设置电视信号入户	必选项
		电力线网络	利用家庭现有的电力线路，实现因特网接入	可选项
		应急通信设施	建立卫星通信站，实现基地应急信息的采集、发送、反馈	可选项
		网络融合	建立基地统一的局域网，无缝支持多种网络接入技术，实现多种网络之间互联互通和资源共享	优选项

续表

一级指标	二级指标	三级指标	指标描述	等级
信息化基础设施建设	数据层	数据存储	将采集数据按需求的不同性质分门别类，进行编码、排序存入基础数据库或专题数据库，提供数据处理与整合	必选项
		数据交换	对不同的技术和体系结构构建的信息系统，实现跨平台数据共享与访问，解决不同业务系统的协同工作	必选项
		数据格式	制定智慧社区信息资源分类要求，统一数据元规范、信息标识编码	优选项
		数据整合	将分布的、异构数据源中的数据，抽取进行清洗、转换、集成，最后加载到数据仓库或数据池中，成为联机分析处理、数据分拣、数据挖掘的基础	必选项
		基础数据库	依托城市基础数据库和各行业数据库形成与基地密切相关的基础数据库	必选项
		养老档案库	建立社区老年健康档案系统，辖区老人在期间就医诊疗过程跟踪信息数据并实现与医院联网	必选项
平台层	平台支撑技术	云计算	云服务器必须高密度，低成本，服务器虚拟化的能力要强，云计算服务器要有好的横向扩展能力	优选项
		大数据	对基地相关数据进行数据挖掘、智能分析，提供辖区用户使用，提供辅助决策	优选项
		SOA	独立于实现服务的硬件平台、操作系统和编程语言。可重复使用，可组合型，构件化以及具交互操作性；符合开放标准（通用的或行业的）；形成整套面向服务的集成环境	优选项
		北斗定位系统与 GIS	提供各用户终端及各管理子系统间基于位置服务功能的实现。提供更进一步的基于位置的分析功能，从而提供合理的决策支持依据	优选项
		中间件	按照各用户终端及各管理子系统的标准和功能实现系统接口的转换。应满足 GB/T 28168—2011 的要求	优选项
		接口管理平台	要求对基地各种应用服务项目都要开发定制应用接口：包括各种医疗机构（医院）通道、养老机构通道、紧急救助通道、各行业服务通道、市级紧急报告等，保证各种通信联络畅通	优选项
	综合信息服务平台	智能化养老综合服务平台	它将用户需要的所有内容和智能养老基地的各项工作编制为服务项目索引，所有索引内容按 Web 对象的要求存储其全部属性和功能，以备用户调用	必选项
		社区居家养老服务中心	社区居家养老服务中心是一个面向为老服务，二十四小时都开通的服务热线，基地和辐射周边的居家老人随时随地都可以拨打电话或直接到服务台请求服务。服务内容及要求参见 GB/T 29353—2012《养老机构基本规范》	必选项

一级指标	二级指标	三级指标	指标描述	等级
应用层	服务	运动智能分析	是对老年人的行为进行检测、分类及轨迹追踪，由系统自动分析、判断运动目标的行为信息，并将信息输出到相关的系统平台，提供决策	优选项
		行为智能分析	要建立健康数据的系列化统计与分析的功能，如统计报表与统计图。更要提供单指标/多指标发展曲线（趋势曲线）、奇异性特征抽取与分析等功能	优选项
		临床监测	检测与诊断类设备包括体温、血压、心率/脉率、呼吸、血氧、各种生理记录仪等，通过医护人员专业操作进行医学指标的检测并上传	优选项
		体征监控	配备于家庭的健康终端完成人体的血压和脉率的测量。无线血糖仪、无线血氧仪、无线心电仪等，脑血管病患者还加配无线脑电仪	优选项
		防走失	利用移动通信基站和手机的无线信号，可做室外的定位系统，用于养老基地老人外出佩戴，预防外出走失跟踪定位	优选项
		老人跌倒自动监测	利用基于用户定位跟踪信息。用内置加速度传感器及其他体征传感器可以判断老年人是否跌倒晕厥，判断老年人是否处于紧急状态，支持自动报警和手动报警	优选项
		视频智能联动	在数据采集系统中的视频采集信息可以与多个视频终端或其他数据采集设备组成联动信息系统，经过对大量数据的智能分析成为报警或管理智能决策系统	优选项
		老人日常生活服务	基地通过养老服务中心接受老人的各种服务申请，其中日常生活服务占有的分量最多，也是基地服务的主要内容	必选项
	管理	人员管理	实现居民基础信息、扩展信息和专题信息的综合管理；对社区工作人员的信息、工作任务及其完成情况进行管理	必选项
		环境管理	严格按照《环境保护法》制定相关环境管理措施，加强社区环境教育	必选项
		设备设施管理	综合采集基地设施的基础数据和管养单位数据，分类建库，提供查询统计等功能	必选项
		安全管理	满足《住宅小区安全技术防范系统要求》GB 31/294 - 2010；建立基地社区应急管理系统	必选项

续表

一级指标	二级指标	三级指标	指标描述	等级
运维及保障管理体系	保障体系建设	总体规划设计	指基地建设规划纲要及实施方案的完整性和可行性。合理确定基地养老服务设施特别是居家养老服务设施、各类养老设施建设具体目标，逐年抓好落实	必选项
		政策法规标准评价	指保障基地建设和运行的政策法规，建设实施要遵循的相关标准的贯彻执行情况。是否提供老人查询、评价定制服务的功能，是否支持在线交互评价，是否与绩效挂钩	优选项
		社保服务管理	提供为失能老人、因健康原因造成失业的养老保险、医疗保险的服务管理是否具有管理机构和落实管理人员	优选项
		安全与运维管理	指基地建设和运行安全和可靠的保障措施。参照民政部标准 MZ／T 032-2012《养老机构安全管理》	优选项
	运维管理体系建设	运营维保服务体系	健全党政主导、老龄委协调、部门尽责、社会参与、全民关怀的老龄工作服务体系	优选项
		运维服务队伍建设	落实养老服务人员，特别是养老护理员、老龄产业管理人员的培养，大力发展为老服务志愿者队伍和社会工作者队伍	优选项
		智能物管队伍建设	借助信息化手段，对小区房屋建筑及其设备，市政公用设施、绿化、卫生、交通、治安和环境容貌等进行维护管理	优选项
		智能一卡通服务	利用一卡通管理系统设备与信息系统，以自动识别为辅助手段，自动控制和管理，并按预先设定的收费规定，对服务实行自动管理、自动计算费用、自动记录信息	优选项
		运维服务规范管理体系建设评价	严格执行养老服务设施建设标准，正确执行标准规定，提高从业人员技术能力。工程项目建设单位应严格执行有关标准；建设项目土地供应、城市规划行政许可、工程设计文件审查、工程质量安全监管、工程项目竣工备案等职能部门和机构，应按照法律法规和有关标准的规定把好审查关、监督关	优选项

智能化养老基地建设指标等级划分：

三个等级：必选项、优选项、可选项。

必选项：是规范智能养老基地建设的基本项，智能养老基地的建设首先要满足必选项的要求。

优选项：是智能养老基地建设的较高要求，是比较智能养老基地建设优秀与否的标志。

可选项：体现的是技术发展趋势以及技术的多样性，不作为主要考核和评价的参考性指标。

第三章　基地市政基础设施

3.1　总则

根据相关规定，要将养老服务相关设施建设纳入经济社会发展规划、土地利用总体规划和相关城乡规划；结合国务院提出的 2020 年养老服务业发展目标，合理确定本地区养老服务设施特别是居家和社区养老服务设施、各类养老机构建设具体目标，测算出建设规模、用地需求，按规划分解确定年度用地计划，逐年抓好落实；新建居住（小）区要将居家和社区养老服务设施与住宅同步规划、同步建设、同步验收、同步交付使用。大型住宅开发项目的居家和社区养老服务设施可以适当分散布局，小型住宅开发项目可在相邻附近适当集中配置。已建成居住（小）区要通过资源整合、购置、租赁、腾退、置换等方式，配置相应面积并符合建设使用标准的居家和社区养老服务配套设施。

根据《社会养老服务体系建设规划（2011～2015 年）》，我国的社会养老服务体系主要由居家养老、社区养老和机构养老等三个有机部分组成。本文主要针对机构养老和基地养老设施，机构养老主要包括老年养护院、养老院等，基地养老主要包括老年日间照料中心，老年人文体健身活动中心，居家社区生活照料和医疗护理等。

老年养护院是指为失能老年人提供生活照料、健康护理、康复娱乐、社会工作等服务的专业照料机构。养老院为自理、介助、介护老年人提供集中居住和综合服务，它包括社会福利院的老人部、敬老院等。老年日间照料中心（托老所）等，是一种适合介助老年人的"白天入托接受照顾和参与活动，晚上回家享受家庭生活"的基地居家养老服务新模式。

设施建筑可按其配置的床位数量进行分级，且等级划分符合表 3-1 的规定。

养老设施建筑等级划分 表 3-1

规模＼设施　等级	老年养护院（床）	老年院（床）	老年日间照料中心（人）
小型	≤100	≤150	≤40
中型	101～250	151～300	41～100
大型	251～350	301～500	—
特大型	>350	>500	—

注：摘自《养老设施建筑设计规范》GB 50867—2013。

3.2　基地选址勘察

1. 养老设施建筑基地应选择在工程地质条件稳定、日照充足、通风良好、交通方便、邻近公共服务设施且远离污染源、噪声源及危险品生产、储运的区域。

2. 抗震设防烈度等于或大于 7 度的重大工程场地应进行活动断裂（以下简称断裂）勘察。断裂勘察应查明断裂的位置和类型，分析其活动性和地震效应，评价断裂对工程建设可能产生的影响，并提出处理方案。宜选择有利地段，应避开不利地段。

3. 对规模较大、危害严重的不良地质作用和地质灾害，宜进行专门的勘察与评价工作，并提交相应的专题报告。条件许可时，应避开上述地段或采取必要的工程措施。

3.3　配建布局

作为智能化养老基地的社区居家养老服务中心建筑的配建布局，要以社区的规划功能，也即基地的预计服务内容和要求进行设计。

3.3.1　配建总平面要求

1. 养老设施建筑总平面应根据养老设施的不同类别进行合理布局，功能分区、动静分区应明确，交通组织应便捷流畅，标识系统应明晰、连续。

2. 养老设施建筑的主要出入口不宜开向城市主干道。货物、垃圾、殡葬等运输宜设置单独的通道和出入口。

3. 总平面内的道路宜实行人车分流，除满足消防、疏散、运输等要求外，还应保证救护车辆通常到达所需停靠的建筑物出入口。

4. 总平面内应设置机动车和非机动车停车场。在机动车停车场距建筑物主要出入口最近的位置上应设置供轮椅使用者专用的无障碍停车位，且无障碍停车位应与人行通道衔接，并应符合下列规定：

1）活动场地的人均面积不应低于 1.20m²；

2）活动场地位置宜选择在向阳、避风处，场地范围应保证有 1/2 的面积出于当地标准的建筑日照阴影之外；

3）活动场地表面应平整，且排水畅通，并采取防滑措施；

4）活动场地应设置健身运动器材和休息座椅，宜布置在冬季、向阳、夏季遮阴处。

5. 院内主要步行通道应平坦无高差、有无障碍设施，方便轮椅通行，配有夜间照明设施，标识明显。

6. 室外坡道应符合以下要求：

独立设置的坡道有效宽度不小于 1.50m，当坡道与台阶结合时，坡道有效宽度不应小于 1.20m。

坡度不大于 1/12，连续坡长不宜大于 6.00m，平台宽度不应小于 2.00m。不设扶手的坡道其坡度不得大于 1/20。

坡道的起止点有不小于 1.50m×1.50m 的轮椅回转面积。

坡道侧面临空时，在栏杆下端设高度不小于 50mm 的安全挡台。

坡道设置双侧扶手，坡道两侧至建筑物主要出入口安装连续扶手，设置双层扶手时，上层为 0.90m，下层为 0.65m，坡道起止点的扶手端部水平延伸至少 0.30m。

坡道应做防滑处理。

7. 室外安置健身器材的地面应平整、防滑，有防护措施。

8. 院内绿化覆盖率不应小于 30%。

9. 总平面布置应进行行场地景观环境和园林绿化设计。绿化种植宜乔灌木、草地相结合，并宜以乔木为主。

10. 总平面内设置观赏水景的水池水深不宜大于 0.6m，并应有安全提示与安全防护措施。

11. 老年人集中的室外活动场地附近应设置公共厕所，且应配置无障碍侧位。

12. 总平面内应设置专用的晒衣场地。当地面布置困难时，晒衣场地也可布置在上人屋面上，并应设置门禁和防护设施。

3.3.2 服务内容和用房设置

根据老年人的身体衰退状况、行为能力特征，根据国家现行有关标准，将养老设施的服务对象分为自理老人，介助老人和介护老人，并据此确定养老设施服务的内容，包括下列服务项目的部分或全部（注：具体内容详见《养老机构基本规范》GB/T 29353—2012）。

生活照料服务

膳食服务

清洁卫生服务

洗涤服务

老年护理服务

心理/精神支持服务

文化娱乐服务

咨询服务

安全保护服务

医疗保健服务

养老设施建筑应设置老年人用房和管理服务用房，其中老年人用房应包括生活用房、医疗保健用房、公共活动用房。不同类型养老设施建筑的房间设置宜符合表 3-2 的规定。

不同类型养老设施建筑的房间设置　　　　　　　　　　　　表3-2

房间类别			老年养护院	养老院	老年日间照料中心	备注
老年人用房	生活用房	居住用房 卧室	□	□	○	—
		起居室	—	○	△	—
		休息室	—	—	□	—
		亲情居室	△	△	—	附设专用卫浴、侧位设施
		生活辅助用房 自用卫生间	△	□	○	—
		共用卫生间	□	□	□	—
		公用沐浴间	□	□	□	附设侧位
		公用厨房	—	△	—	—
		公共餐厅	□	□	□	可兼活动室，并附设备餐间
		自助洗衣间	△	△	—	—
		开水间	□	□	□	—
		护理站	□	□	○	附设护理员值班室、储藏间，并设独立卫浴
		污物间	□	□	○	—
		交往厅	□	□	○	—
		生活服务用房 老年人专用浴室	—	△	—	附设侧位
		理发室	□	□	△	—
		商店	△/○	△/○	—	中型及以上宜设置
		银行邮电保险代理	△/○	△/○	—	中型、特大型宜设置
	医疗保健用房	医疗用房 医务室	□	□	○	—
		观察室	△	△	—	中型、大型、特大型应设置
		治疗室	△	△	—	大型、特大型宜设置
		检验室	△	△	—	大型、特大型宜设置
		药械室	□	□	—	—
		处置室	□	□	—	—
		临终关怀室	△	△	—	大型、特大型宜设置
		保健用房 保健室	□	□	△	—
		康复室	□	△	△	—
		心理疏导室	△	△	△	—
	公共活动用房	活动室 阅览室	○	△	△	—
		网络室	○	△	△	—
		棋牌室	□	□	□	—
		书画室	○	△	△	—
		健身室	—	□	△	—
		教室	○	△	△	—
		多功能厅	△	△	○	—
		阳光厅/风雨廊	△	△	—	—

续表

用房配置　养老设施　　房间类别		养老设施类型			备　　注
		老年养护院	养老院	老年日间照料中心	
管理服务用房	总值班室	□	□	—	—
	入住登记室	□	□	△	—
	办公室	□	□	□	—
	接待室	□	□	—	—
	会议室	△	△	○	—
	档案室	□	□	△	—
	厨房	□	□	□	—
	洗衣房	□	□	△	—
	职工用房	□	□	□	可含职工休息室、职工沐浴间、卫生间、职工食堂
	备品库	□	□	△	—
	设备用房	□	□	□	—

注：本表摘自《养老设施建筑设计规范》GB 50867—2013

　　　表中□为应设置；△为宜设置；○为可设置；—为不设置。

3.3.3　建筑物设计要求

基地的用地功能应遵守职住均衡发展原则，用地范围或其周边1km范围内可提供就业岗位数量与同区域居住总户数的比值宜控制在0.6～1.6。因此，基地应是遵循"新城市主义理论"和"阿瓦尼原则"的新型社区模式，在功能上实现居家、办公、休闲的融合。

1. 实现地块的功能混合。在地块开发中，不应单纯地将地块简单划分为商业、居住等割裂的功能区。在核心商业区，可以出现少部分的居住板块；在居住区内也可开发与之相应的服务业。这样不仅可以有效缓解社区居民在工作、交通上的压力，也有利于提高基地竞争力。

2. 建筑的功能混合。可以依托街区或组团，根据社区功能调节功能混合的内容和程度。可以在建筑的1～2层设置商业空间，中间作为办公空间，顶部设为住宅空间，使建筑成为商业、办公、住宅等多功能交织混合在一起的综合体。

3. 居家、办公与服务场所的建设应提高场地空间的利用率，并应做到场地内及周边的公共服务设施和市政基础设施的集约化建设与共享，有利于基地内自然资源和生态环境的保护以及可再生能源的开发利用。

4. 居家、办公与服务场所的具体数量设计应满足：住宅或公寓应作为基地的主体，其具体数量一般不低于50%。商业及综合服务设施比例相对现有的居住区要大大提高，根据周边设施的完成度变化，大概占到20%～40%。办公场所的设置要视周边环境而定，需要保证一定的比例，一般在20%～50%，灵活度相对较大。

5. 居家、办公与服务场所的屋顶绿化率不应低于30%。建筑层数少于12层，高度低于40m的非坡屋顶，均应实施屋顶绿化。

6. 居家场所的建设在符合《城市居住区规划设计规范》GB 50180—1993、《健康住宅建设技术规程》CECS 179—2009、《住宅建筑规范》GB 50386—2005 及其他现行国家相关标准、规范的规定外，还应满足：距 5 种以上公共服务设施的距离不宜超过 1000m；无障碍住房比例应大于 2%；节水节能达到现行国家相关标准、规范的要求。

3.3.3.1 医疗场所

基地医疗健康场所是以解决社区主要医疗卫生问题、满足社区基本卫生需求为目的，融健康教育、预防、保健、康复、技术服务和一般常见病、多发病的诊疗为一体，提供安全、有效、经济、便捷的公共卫生服务和基本医疗服务的场所。基地宜建立以社区养老服务中心和社区卫生服务站为主体，以综合医院及各专业防治机构为技术依托的新型医疗健康场所。

基地医疗健康场所的规划与设计，必须与社区人口规模相对应，并应与社区同步规划、同步建设和同时投入使用，其规划设计应严格遵循《城市居住区规划设计规范》GB 50180—93 及其他现行国家标准、规范中有关医疗卫生公共设施的相关规定。同时，还应：

1. 医疗健康场所的配建要求，应严格遵守国家现行相关标准、规范的要求。根据《健康住宅建设技术规程》（CECS 179:2009），人口在 3 万~5 万的大型住区应设立卫生服务中心；卫生服务中心难以覆盖的区域，宜设立卫生服务站或医疗救济站。卫生服务中心的业务用房使用面积不宜小于 400m²，卫生服务站或医疗急救站的业务用房面积不宜少于 60m²。基地作为未来社区发展的典范，医疗健康场所的配建下限应不低于该要求。

2. 基地医疗健康场所应方便住户进行一般性疾病治疗和健康咨询，有利于住户就近服务，因此要求其服务半径不宜太大。同时，为应对基地突发医疗事件的发生，医疗健康场所应能通过电话等通信方式取得快速联系。

3. 医疗健康场所一方面要住户就医方便，另一方面也要为患者提供一个安静的诊疗和休息场所，所以建议在患者就医方便、环境安静的位置设立医疗健康场所。同时由于患者生理机能较正常人稍低，对环境要求较高，因此，建议医疗健康场所避开污染源和易燃易爆物的生产、贮存场所。

4. 本着节约用地，提高土地利用效率的原则，医疗健康场所的建筑布局应紧凑，并满足基本功能的需要。为防止交叉感染的发生，医疗健康场所的功能分区应合理。

5. 为营造良好的诊疗和修养环境，医疗健康场所的建筑设计应符合现行国家相关标准、规范的要求。绿色建筑作为城市绿色生态发展的必然选择，在基地医疗健康场所建设时应予以考虑。为方便老、幼、残、孕等重点人员的诊疗，以及应急事件的突发救治，医疗健康场所的建筑设计应符合无障碍要求。

6. 绿化对于净化空气环境质量，营造良好的修养环境具有重要的作用。医疗健康场所相对一般住所来说，对环境质量的要求更高，因此要求医疗健康场所的绿化率高于一般住区的绿化率（30%）。根据《社区卫生服务中心和服务站》08SJ928，"新建（迁建）独立式社区卫生服务中心（站）的建筑密度宜为 25%~30%，绿地率不应低于 35%；改建、扩建社区卫生服务中心的建筑密度不宜超过 35%，绿地率不应低于 35%"。基地医疗健康场所的设置应不低于此要求。

7. WHO 曾宣布"人的健康60%取决于个人的生活方式，15%取决于遗传，10%取决于社会因素，8%取决于医疗条件，7%取决于气候和地理。"详细的个人健康档案，不仅帮助记录个人的健康状况，为个人的生理、心理和社会适应能力评估提供基础资料，而且可以帮助预防控制健康风险，进行个人健康的主动追踪服务和干预。同时社区健康档案管理系统的建立，是社区发展智慧医疗的先决条件。

医疗健康场所是基地公共服务设施的重要内容。伴随着我国医疗卫生体制改革的深化，社区医疗健康场所成为实现人人享有初级卫生保健目标的基本场所。配建社区医疗健康场所是解决居民常见病、多发病防治问题和应对突发公共卫生事件的有效途径。对于周边医疗健康场所等公共服务设施配建不是很健全的大型社区来说，在社区建设过程中，应配建与社区规模相当的医疗健康场所。当社区周边医疗健康场所等公共服务设施很健全，社区有与周边实现公共服务设施共享的条件下，应优先考虑与社区周边医疗健康场所的共享。因此，本研究体系将医疗健康场所作为基地的优选项指标。

3.3.3.2 养老场所

养老场所是为老年人提供居养、生活照料、医疗保健、康复护理、精神慰藉等方面专项和综合服务的养老建筑服务设施。按照养老设施的不同服务对象和服务内容可分为两类：一类是为老年人提供居养、护理服务的机构养老设施，包括老年护理院（老年养护院）、养老院（社会福利院的老人部、敬老院等）、养老公寓（老年公寓）和老年日间照料中心（托老所）等，另一类是为居家养老提供社区关助服务的养老设施，包括社区老年活动中心（站）、社区老年服务中心（站）、社区医疗服务中心（站）、老年学园（老年大学）等。基地养老场所的配建在符合《城市居住区规划设计规范》GB 50180—1993、《城镇老年人设施规划规范》GB 50437—2007 以及其他国家现行标准、规范规定的同时，还应达到社区养老和居家养老的要求：

1. 配建要求：应按老年人设施中养老院、老年公寓与老人护理院配置的总床位数不低于 1.5~3.0 床位/百老人的指标计算。

2. 布局与选址：养老场所应选择在地形平坦、自然环境较好、阳光充足、通风良好、基础设施条件良好、交通便捷、方便可达的地段布置，应远离污染源、噪声源及危险品的生产储运等用地，宜与基地公共中心集中设置，统一安排，并宜靠近医疗设施与公共绿地，但应避开对外公路及交通量大的交叉路口等地段。

3. 建筑布置：养老场所建筑应严格遵循《老年人居住建筑设计标准》GB/T50340、《养老设施建筑设计规范》GB 50867—2013 以及其他国家现行标准、规范的规定。养老场所的建筑应根据当地纬度及气候特点选择较好的朝向布置，日照标准不应低于冬至日日照2 小时的标准；建筑宜以低层或多层为主，建筑密度不应大于30%，容积率不宜大于0.8；大型养老场所建筑宜满足国家现行绿色建筑相关标准、规范的规定，如建筑设计使用年限、通风采光、抗震、保温、隔热、隔声、节能环保、施工等方面的要求。

4. 场地与道路：养老设施场地坡度不应大于3%；场地内交通应实行人车分行，并应设置适量的停车位；场地内步行道路宽度不应小于1.8m，纵坡不宜大于2.5%。当在步行道中设台阶时，应设轮椅坡道及扶手。

5. 场地绿化：养老场所范围内的绿地率不应低于40%，集中绿地面积应按每位老年人不低于2m²设置。植物配置以四季常青及乔灌木、草地相结合，不应种植带刺、有毒及根茎易露出地面的植物。

6. 室外活动场地：基地应为老年人提供适当规模的休闲场地，包括活动场地及游憩空间，可结合社区中心绿地设置，布局宜动静分区。老年人游憩空间应选择在向阳避风处，并宜设置花廊、亭、榭、桌椅等设施；老年人活动场地应有1/2的活动面积在标准的建筑日照阴影线以外，并应设置一定数量的适合老年人活动的设施。凡老年人设施场地内的水面周围、室外踏步、坡道两侧均应设扶手、护栏，以保证老年人行动的方便和安全。

我国已正式进入老年型社会，严峻的人口老龄化形势将给处于发展中的我国带来巨大的挑战。如何做到"老有所养、老有所为、老有所学、老有所乐"关系到我国政治和社会的稳定和发展。由于养老设施的投资大，我国现阶段的发展水平还不具备建立足够多的集中养老机构，以满足日益增长的老龄化对养老设施的需求，社区养老和居家养老将成为今后很长一段时间我国的主要养老方式。因此，养老场所的配置在社区建设过程中尤为重要。

1. 世界平均养老床位为1.5床位/百老人，发达国家为4.0～7.0床位/百老人，我国现状还不到1.0床位/百老人。《城镇老年人设施规划规范》GB 50437—2007将我国养老院、老年公寓与老人护理院配置的总床位数要求确定在1.5～3.0床位/百老人之间，基地作为我国信息化先进社区的先驱，养老场所的配建要求应不低于这一要求。

2. 从生理和心理需求考虑，为有利于老年人的安全和体能需要，养老场所应选在地形平坦的地段布置。老年人对自然，尤其是对阳光、空气有较高的要求，所以养老场所应尽可能选择绿化条件好、空气清新的环境地段。同时，由于体力有限和行动不便，为了保证老年人正常的日常生活和出行需要，养老场所尽量选择在基础设施条件良好、交通便捷、方便可达的地段。相对而言，老年人身体素质一般较差，对环境的敏感度很高，在选址时还应特别考虑周边环境情况，尽量远离污染物、噪声源及危险品生产及储运用地，并应处在以上不利因素的上风向。一般地，由于社区规模相对较小，养老场所可以与社区其他公共设施综合考虑，并尽量与医疗保健、绿地靠近，有利于方便使用、节约用地及设施的共享，但养老场所应相对独立，避开邻近对外交通、快速干道及交通量大的交叉路口路段，确保区域范围内环境的安静、安全。

3. 日照对老年人健康至关重要，对建筑物的朝向做具体规定，是为了保证老年人能够接收到充足的阳光照射。根据现行国家标准《老年人居住建筑设计标准》GB/T 50340-2003和《城市居住区规划设计规范》GB 50180—1993的明确规定，老年人居住用房日照不应低于冬至日2小时的标准，比普通住宅要求更高。为保证老年人设施场地内有足够的活动空间，对建筑密度、容积率提出了限制要求。另外，根据老年人的生理特点，提出养老场所的建筑高度应以低层或多层为主。同时，为保证老年人居住的舒适和安稳，并结合当前国家力推绿色建筑的政策形势，对大型养老场所的建筑给出了满足绿色建筑标准的规定。

4. 《城镇老年人设施规划规范》GB 50437—2007中给出"老年人设施场地坡度不应

大于3%"，本指标体系引用这一规定，以方便老年人活动，特别是为能够自理的老年人行动提供更好的条件。由于老年人行动较为迟缓，视力、听力较差，为防止老年人出行出现不必要的意外，养老场所内人行道和车行道应分设。随着小汽车的发展，本着方便老年人使用的原则，在养老场所内靠近入口处应考虑一定量的停车位。对养老场所内步行道宽度作出明确规定，是考虑到两辆轮椅交会的情景。根据国家现行标准《无障碍设计规范》GB 50763—2012 的相关规定，为方便轮椅行走，纵坡不宜大于2.5%；在步行道中遇有较大坡度需设台阶时，应在台阶一侧设轮椅坡度，并设扶手栏杆及提示标志。

5. 为有利于老年人生理和心理的健康，养老场所的绿化应明显高于一般居住区。根据养老场所建筑密度及容积率等要求，提出养老场所的绿化率不应低于40%。对于普通居住区，一般要求集中绿化面积的人均指标下限为 $1.5m^2$。对于养老场所，应明显高于这一指标下限，从而更好地营造环境效应。同时为确保场所范围内环境空气质量和较好的视觉效果，应精心考虑植物的配置，不应种植对老年人室外活动产生伤害的植物。

6. 老年人除了室内活动外更需要户外活动，因此在养老场所应设置一定的室外活动场地。根据老年人活动特点，场地布置宜动静分区，场址选择应要求冬日要有温暖阳光，夏日要有遮阳。从安全角度考虑，养老场所内的水面周围、室外踏步、坡道两侧均应设扶手、护栏，以保证老年人行动的方便和安全。

社区养老和居家养老将成为未来一段时间内我国社会养老的主流方式，基地作为信息化先进社区的先驱，其养老场所的配建应达到社区养老和居家养老的要求。同时老年人由于生理机能衰退，出现年老体弱、行动迟缓、步履蹒跚等生理特点和内心孤独的心理特征，为保证老年人生理和心理健康，确保老年人颐养天年，当社区配建养老场所时，应严格遵守2.4节所列各指标进行配建，即2.4节所列各类指标是社区配建养老场所的必选指标。但养老场所的设置在当前的形势下，很多还属于政府投资规划建设性质，是整个社会的行为。当社区周边配建有相应的养老场所时，基地内不一定必须配建相应的养老场所。因此对于基地来说，养老场所的配建可以作为优选项执行。

3.3.3.3 居家服务场所

基地的用地功能应遵守职住均衡发展原则，用地范围或其周边1km范围内可提供就业岗位数量与同区域居住总户数的比值宜控制在0.6~1.6。因此，基地应是遵循"新城市主义理论"和"阿瓦尼原则"的新型社区模式，在功能上实现居家、办公、休闲的融合。

1. 实现地块的功能混合。在地块开发中，不应单纯地将地块简单划分为商业、居住等割裂的功能区。在核心商业区，可以出现少部分的居住板块；在居住区内也可开发与之相应的服务业。这样不仅可以有效缓解社区居民在工作、交通上的压力，也有利于提高基地竞争力。

2. 建筑的功能混合。可以依托街区或组团，根据基地功能调节功能混合的内容和程度。可以在建筑的1~2层设置商业空间，中间作为办公空间，顶部设住宅空间，使建筑成为商业、办公、住宅等多功能交织混合在一起的综合体。

3. 居家、办公与服务场所的建设应提高场地空间的利用率，并应做到场地内及周边的公共服务设施和市政基础设施的集约化建设与共享，有利于社区内自然资源和生态环境的保护以及可再生能源的开发利用。

4. 居家、办公与服务场所的具体数量设计应满足：住宅或公寓应作为社区的主体，其具体数量一般不低于50%。商业及综合服务设施比例相对现有的居住区要大大提高，根据周边设施的完成度变化，大概占到20%~40%左右。办公场所的设置要视周边环境而定，需要保证一定的比例，一般在20%~50%左右，灵活度相对较大。

5. 居家、办公与服务场所的屋顶绿化率不应低于30%。建筑层数少于12层，高度低于40m的非坡屋顶，均应实施屋顶绿化。

6. 居家场所的建设在符合《城市居住区规划设计规范》GB 50180—1993、《健康住宅建设技术规程》CECS 179—2009、《住宅建筑规范》GB 50386—2005及其他现行国家相关标准、规范的规定外，还应满足：距5种以上公共服务设施的距离不宜超过1000m；无障碍住房比例应大于2%；节水节能达到现行国家相关标准、规范的要求。

7. 办公场所：大型办公场所建筑，应满足绿色建筑要求，达到现行国家绿色建筑相关标准、规范的规定；宜设置室内环境智能控制系统，实现室内温度、湿度、环境污染物如PM2.5、CO_2、甲醛等的在线监测及管理。

8. 服务场所的建设在符合《城市居住区规划设计规范》GB 50180—1993、《健康住宅建设技术规程》CECS 179—2009、《社区商业设施设置与功能要求》SB/T 10455—2008及其他现行国家相关标准、规范的规定外，还应满足：通过控制合理的建筑贴线率营造宜人的步行空间，建筑贴线率宜大于50%；大型服务场所建筑，也应满足绿色建筑要求，达到现行国家绿色建筑相关标准、规范的规定。

与传统的社区相比，基地应在功能上实现居家、办公与休闲的融合，体现"新城市主义理论"，满足住户在社区内居家、办公、商场、休闲的多层次需求。

1. 地块功能的融合，是实现基地功能融合的前提。结合社区内居家、办公与服务休闲等功能的需求特点，对社区内各地块进行统筹规划，可以在居住板块融入与其相适应的办公和服务业，在核心商业区，设置一定的居住板块，打破常规的居住和商业完全割裂的建设思路，从而缓解社区居民在工作、交通上的压力，提高社区的综合质量。

2. 建筑的功能混合是实现社区功能融合的一种新形式，可以有效改善人与建筑，人与人之间的关系。最早的柯布西耶马赛公寓、近期的柏林街区，到现在北京的建外SOHO、苹果社区等都在建筑的功能融合上作出了有意义的尝试。

3. 居家、办公与服务场所的融合，应根据一定的原则进行建设。提高场地空间的利用率，是新时期场地规划节地要求的体现。场地内及周边的公共服务设施和市政基础设施的集约化建设与共享，一方面实现了社区与周边环境的交流和互动；另一方面，节约了公共服务和市政基础设施的用地和费用投资。同时居家、办公与服务场所的选址，应对社区内外的自然资源进行调查与评估，宜保持和利用原有地形、地貌，当需要进行地形改造时，应采取合理的改良措施，保护和提高土地的生态价值，严禁破坏社区与周边原有水系的关系，并应采取措施，保持地表水的水量和水质。为确保社区可再生能源的开发利用，场所规划与设计时应对可利用的可再生能源进行调查与利用评估，确定合理的利用方式，避免可再生能源的开发利用对社区及其周边环境带来破坏或污染。

4. 社区的主要功能是居家，办公与服务场所是为社区住户工作、生活服务的，因此住宅或公寓仍是社区的主体。为实现居家、办公与服务休闲的功能融合，基地的办公与服务场所相较传统的社区，比例要大大提高。一般各类场所的具体数据设计应根据社区周边设施的完成度及环境而定。本研究体系根据《城市混合居住区发展策略研究》中对现有的典型功能混合社区的成功经验进行解读分析，给出了社区居家、办公与服务场所的数量设计的一般要求。

5. 屋顶绿化最显著的优势就是不占用土地，还能净化空气，降低扬尘，改善局部小气候，缓解城市热岛效应。实验表明，屋顶绿化能使屋面夏季温度下降 20~40℃，室内温度下降 4~6℃，降低城市热岛效应，节省空调 50% 的用电。因此，对屋顶绿化率进行限值，有利于缓解社区的热岛效应，节省各类场所的用电。

6. 居家场所的建设，在满足社区住户住家的基本要求外，为体现社区的特点，还应考虑其便捷性、方便社区养老以及节水节能等性能。对距公共服务设施距离的界定，有利于社区居民利用社区公共服务设施，提高公共服务设施的利用效率。无障碍住房为行动不便的老年人或残疾人提供了居家场所，有利于保证社区养老的实现。新时期下，住宅建筑应是节水节能的综合体，应积极利用各种节能和节水措施，达到现行相关标准、规范的要求。

7. 办公场所的建设，在满足社区职住守衡，符合相关场地选择要求的情况下，应满足绿色建筑要求，达到现行相关国家标准、规范的规定，如通风采光、抗震、保温、隔热、隔声、节能环保、施工等方面的要求。设置室内环境智能控制系统，有利于对建筑室内环境的在线监测与管理。

8. 服务场所，是社区住户是否享受到便利商品和休闲服务的关键，其设置在满足一般社区服务场所设置要求的基础上，应有利于社区环境的营造，促进住户享受社区服务内容。建筑贴现率一方面保证了社区沿街面的整齐度，另一方面，有利于步行空间的设计。绿色建筑是新时期下建筑发展的必然趋势，大型服务场所建筑达到绿色建筑要求，是基地绿色生态发展的重大举措之一。

与传统社区的居家、办公与服务场所相比，基地的居家、办公与服务场所，必须要实现功能上的融合，布局设置应有利于提高基地场地空间的利用率，基地公共服务设施和市政基础设施与周边的互动与共享，不应破坏社区自然资源环境和生态环境，同时应有利于社区可利用的可再生能源的开发利用；数量设计应符合社区发展要求，保证社区住户居住、办公与休闲的需求；制定屋顶绿化率的指标值，有利于减缓社区的热岛效应，促进各类场所的节能。功能混合、布局设置、数量设计以及屋顶绿化率的要求，是社区居家、办公与服务场所的基本要求，在建设时应以必选项执行。

无障碍住房比例大于 2% 是社区居家场所达到社区养老的基本要求；实行节水节能，是顺应节能减排政策，促进社区绿色生态发展的具体体现，因此对于居家场所，无障碍住房比例大于 2%，节水节能达到现行国家相关标准、规范的要求是必选项。距 5 种以上公共服务设施的距离不宜超过 1000m 的约定，是为了方便住户接近利用各类公共服务设施，在进行居家场所规划时，可以作为优选项执行。

　　绿色建筑是新时期建筑发展的必然趋势，也是社区走绿色生态发展的必然选择，大型办公与服务场所，是发展绿色建筑的首要选择。在基地建设过程中，大型的办公与服务场所建筑满足绿色建筑要求，应作为必选指标执行。为了提高办公建筑内环境，鼓励具备条件的场所设立室内环境智能控制系统，以便对室内环境的在线监测与管理。对于建筑贴线率的要求，社区可以根据自身特点而设定。该两项指标可以作为基地办公与服务场所的优选项指标。

3.3.3.4　应急设施建设

　　应急设施是指在紧急情况下，为疏散人群提供安全避难、满足基本生活保障及救援、指挥的场所或设施。与传统的社区应急设施相比，基地的应急设施更注重：缩短基地应对突发事件的反应时间以及预防和发现突发事件的能力。因此，基地应急设施的建设在符合现行国家相关标准、规范的要求外，还应突出其智能化和安全性。

　　1. 建立基地应急避难场所，明确避难场所位置、可安置人数、管理人员等信息；避难场所功能分区清晰，配备应急食品、水、电、通信、卫生间等生活基本设施。

　　2. 明确应急疏散路径，在应急场所、关键路口配备安全应急标识或指示牌。

　　3. 配备应急救助物资。基地配备了必要的应急物资，包括救援工具、通信设备、照明工具、急药品和生活类物资等；居民配备了减灾器材和救生工具，如收音机、手电、哨子、常用药品等。

　　4. 设置防灾减灾宣传教育场地和设施，开展防灾减灾教育和培训，提高居民减灾意识与技能。包括组织减灾宣传教育、开展防灾减灾活动、参加防灾减灾培训等，要居民清楚社区内各类灾害风险，知晓社区的避难场所和行走路径，掌握减灾自救互救基本方法。

　　5. 应设置基地灾害危险评估和报警系统。编制社区灾害危险隐患、灾害脆弱人群、灾害脆弱住房清单，并出具社区灾害风险地图，标示出灾害危险类型、灾害危险点或危险区的空间分布及名称、灾害危险强度及等级、灾害易发时间、范围等。当灾害发生时，通过社区的灾害报警系统，第一时间将突发事件通知到各住户，指导社区居民的紧急疏散。

　　基地应急设施是社区建设的重要组成部分，是社区在突发事件情况下，保障社区居民安全、维持居民基本生活需求的必备条件。

　　1. 应急避难场所是社区应急设施的基础，为应对突发事件，每个社区都应设有其常备的应急避难场所。避难场所的准确位置、容量、管理人员信息应清晰明确，以便在突发状况下作出正确的救助决策。同时，避难场所应具备明确的功能分区，配备齐全的供水、供电、应急厕所、应急通信、食品、急药品等生活基本设施和物资。

　　2. 清晰明确的应急疏散路径和安全应急标识或指示牌，是突发情况下，疏散人群的指明灯。因此，为确保突发情况下，社区人员的安全疏散，应设置明确的应急疏散路径，并在关键位置配备安全应急标识和指示牌。

　　3. 突发事件发生时，社区的日常生活将受到严重影响。应急物资的储备，可以在突发事件发生时，为社区的救援提供物质基础和工具支持。

　　4. 设置防灾减灾宣传教育场地和设施，开展防灾减灾教育和培训，能让社区居民清楚社区内安全隐患，清楚社区内的高危险区和安全区，知晓本社区的避难场所和灾害应急疏散的行走路线，掌握不同场合（家里、室外、学校等）地震、洪水、台风、火灾等灾害来时的逃生方法，掌握基本的互救方法（帮助脆弱人群、灾时受伤、被埋压、溺水等互救的方法）和基本的包扎方法。

5. 基地灾害危险评估是掌握社区灾害危险隐患和开展应急救援的基础。灾害危险隐患、灾害脆弱人群、灾害脆弱住房清单的编制和灾害风险地图的出具，有利于及时掌握社区应急的重点。灾害报警，通过设置在社区各个角落的应急广播系统或其他信息传达设施，第一时间将灾害信息传送至社区居民，并指导居民进行紧急疏散，尽量避免灾害带来的人身伤害。

社区应急设施是突发事件情况下，保障居民人身安全，维持基本生活需求的基础设施，是社区建设不可分割的一部分。在进行基地规划设计时，应及时考虑社区应急基础设施的布局和设计。配套的应急避难场所，明确的应急避难场所位置、容量、管理人员等信息，以及配备齐全的生活基本设施和物资和清晰的应急疏散通道和安全应急标识是社区应急设施的基础；设置防灾减灾宣传教育场地和实施，开展社区防灾减灾教育和培训，配备应急救助物资，设置社区灾害危险评估和报警系统，是提高社区应对突发事件能力，尽量减少突发事件造成的危害的重要前提。因此，基地的应急设施在符合传统社区应急设施建设要求的基础上，还应将上述指标要求作为必选项执行。

3.4 公共事业管网建设

建筑物是指供人居住、工作、学习、生产、经营、娱乐和储藏物品以及进行其他社会活动的工程建筑。在基地中，建筑物主要包括：居家、办公与服务场所、养老场所、医疗健康场所、文化、教育和体育场所。

市政基础设施是指由政府、法人或公民出资建造的公共设施，一般包括道路、轨道交通、供水、排水、燃气、热力、园林绿化、环境卫生、道路照明、生活垃圾处理设备、场地等设施及附属设施。在社区中，市政基础设施主要包括：道路交通、给水管网、排水管网、供热管网、供电网、供气管网、应急设施等。

建筑物和市政基础设施是智慧社区的支撑基础层，是智慧社区综合信息服务平台的应用和服务主体，因此其规划设计应满足社区绿色生态发展和智能化管理的要求。

首先，建筑物和市政基础设施的规划设计应以绿色生态为核心思想，满足《民用建筑绿色设计规范》JGJ/T 229—2010、《绿色建筑评价标准》GB/T 50378—2006 及其他现行国家相关标准、规范的规定。如，道路交通应满足绿色出行要求；各类场所的主要建筑应建设为绿色建筑；实现分质供排水，节水率不低于20%；优先发展可再生能源；通风采光不低于现行国家标准要求；热工设计和暖通空调设计应符合国家批准或备案的民用建筑节能标准的规定；绿地率不应小于30%，人均绿地率不低于1m²；合理确定植林地比例，优先栽植固碳能力强的植物，增加绿地碳汇等。

其次，建筑物和市政基础设施的设计要便于各类信息化设备的连接使用，以及对建筑物和市政基础设施的远程管理，如水、电、气、热分项计量设备的安装、远程抄表功能的实现等。

再次，对于给排水管网、供电管网、供气管网以及供热管网等市政基础设施，应设置专门的智能管控系统，实现对其运行状况的在线监控与管理，并能与综合信息服务平台实现信息对接。

3.4.1　给水与排水

1. 养老设施建筑宜供应热水，并应采用集中热水供应系统。热水配水点出水温度宜为 40~50℃。热水供应应有控温、稳压装置。有条件采用太阳能的地区，宜优先采用太阳能供应热水。

2. 养老设施建筑应选用节水低噪声的卫生洁具和给排水配件、管材。

3. 养老设施建筑自用卫生间、公用卫生间、公用沐浴间、老年人专用浴室等应选用方便无障碍使用与通行的洁具。

4. 养老设施建筑的公共卫生间宜采用光电感应式触摸式等便于操作的水嘴和水冲式坐便器冲洗装置。室内排水系统应畅通便捷。

3.4.1.1　给水管网

给水管网是社区给水工程中向用户输水和配水的管道系统，由管道、配件和附属设施组成，其布局与设计科学与否关系着基地供水质量。随着国家节水、节能政策越来越严格，基地的给水管网设计应在满足传统社区给水管网设计要求的同时，应便于基地节水和节能措施的开展。同时为给智慧供水提供必要的前期准备，基地给水管网的建设还应便于智能管理。

因此，基地给水管网的设计，在符合《城市给水工程规划规范》GB 50282—98、《室外给水设计规范》GB 50013—2006、《建筑给水排水设计规范》GB 50015—2003、《居住小区给水排水设计规范》CECS 57—1994 以及其他国家现行相关标准、规范的规定之外，还应满足节水、节能及便于智能管理的相关要求。

1. 应实行分质给水。分别设置自来水给水系统和中水给水系统。自来水给水系统负责为住户提供优质用水；中水给水系统提供住户冲厕、洗车、社区绿化景观用水，该部分中水可以来自社区自身的中水系统，也可以来自市政再生水系统。

2. 基地内给水水质应符合现行国家标准《生活饮用水卫生标准》GB 5749—2006 的有关规定。防水质污染措施应符合现行国家标准《建筑给水排水设计规范》GB 50015—2009 的有关规定。

3. 采用市政给水、市政再生水系统供水时应采用无负压供水设备，充分利用城市市政给水管网的水压。当需要加压供水时，应优先采用管网叠压供水等节能的供水技术。多层、高层建筑的给水、中水、热水系统应合理确定竖向分区，公共建筑应使各用水点处供水压力不大于 0.15MPa，住宅建筑保证用水点供水压力不大于 0.20MPa，且不应小于用水器具要求的最低压力。

4. 基地内宜设置合理的生活热水系统：热水用水量较小且用水点分散时，宜采用局部热水供应系统；热水用水量较大、用水点集中时，应采用集中热水供应系统，并应设置完善的热水循环系统。生活热水的热源宜优先选用太阳能、工业余热、废热和地热等。

5. 采用合理的节水方案，使基地节水率不低于20%；采取有效措施避免管网漏损，使管网漏损率不高于12%；应设置雨水回收利用装置和中水回用系统，加大非传统水源利用率，使住宅建筑非传统水源利用率不低于10%，办公楼、商场类建筑不低于20%，旅馆类建筑不低于15%；节水规划设计中平均日用水定额应采用《民用建筑节水设计标准》GB 50555 中用水指标的低值；水嘴、淋浴器、家用洗衣机、便器及冲洗阀等应符合现行行业标准《节水型生活用水器具》CJ 164 的要求，节水率不低于8%；基地绿化浇洒应100%采用喷灌、微灌等高效节水灌溉方式。

6. 应设置基地给水管网控制系统，实现水量计量。基地建筑的给水、热水、中水以及直饮水等给水管道应在下列位置设置水表计量：住宅建筑每个居住单元和景观、灌溉等不同用途的供水管，公共建筑不同用途和不同付费单位的供水管；水质监控。对给水管网各个供水口水质进行实时监测，保证社区供水安全；管网管理。及时掌握供水管网的现状资料，各管道的流量、供水水压，实时对需检查和改造管道进行预警，对存在漏水、出现突发性爆管、折断事故管段进行报警；用水管理，向住户、社区管理人员提供家庭、楼宇及公共场所用水明细查询、水费分析、用水构成等信息，并实现基地用水采集服务、用水互动服务、水的利用效率分析等功能；实现向综合信息服务平台的数据上传和信息对接。

基地给水管网的设置不仅要满足社区供水要求，而且还要体现节水、节能及便于智能管理的要求。

1. 分质给水，通过设置专门的自来水给水系统和中水给水系统，实现社区水资源的分质利用，大大提高了社区水资源利用率。

2. 在城镇供水和二次供水中，存在较多的生活饮用水水质二次污染的机会，因此应采取防水质污染的措施。

3. 从节能和减少供水污染的角度出发，基地宜采用直接供水、变频供水或无负压供水方式。当给水管网的水压、水量不足时，为体现节能节水，应优先采用管网叠压供水等供水技术。多层、高层建筑的给水、中水、热水系统进行竖向分区，不仅有利于供水过程中的节能，而且有利于保证建筑各用水点的供水压力。

4. 生活热水供应已成为居住者衡量社区性能的标准之一。因此基地宜设置合理的生活热水系统。为节约用能，基地应根据实际热水需求特点，选用合理的热水系统。生活热水热源的选择应充分考虑可再生能源的利用，以及废热余热的利用，以提高能源资源的利用率。

5. 随着阶梯水价政策的逐步实施，以及国家节能减排政策力度的进一步加大，基地节水率也成为评判社区性能的标准之一。减少管网漏损率，加大非传统水资源利用率，实行用水定额管理，选用节水型生活用水器具，采用高效绿化灌溉方式都成为社区节水的重要方面。各类措施的节水率数值主要依据《绿色建筑评价标准》、《北京市绿色建筑设计标准》（征求意见稿）及其他现行国家相关标准、规范所得。

6. 基地是现代化信息技术在社区生活和管理服务中应用的具体实例，建立社区给水管网控制系统，不仅是基地走向智慧化的基础前提，更是加强社区用水管理和提高社区用水率的必要保证。基地给水管网控制系统，应能实现对社区用水的分户计量和统计分析，进行供水水质的在线监测，供水管网现状和维修管理的实时报备和预警，对突发性供水事件进行报警，同时还应能满足住户、管理人员进行用水明细查询、水费分析、水利用构成和效率分析。同时，基地给水管网控制系统作为社区综合信息服务平台的基础层子系统，应具备向综合信息服务平台传输数据和信息对接的功能。

基地给水管网的规划设计在满足一般社区给水管网规划设计的相关要求之外，还应满足节水、节能和智能管理的要求。保证给水水质是给水管网的首要要求；实行分质供水，采用节水方案，是节水的必要保障；选用无负压供水、管网叠压供水、实行供水分区，是供水过程节能的必备条件；设置基地给水管网控制系统，是建设基地的必然要求。因此这些指标在进行基地给水管网规划设计时应作为必选指标执行。

对于生活热水系统，基地可以根据当地的实际情况自行选择，建议在条件许可的社区设置合理的生活热水系统，并根据当地的气候资源条件，选择合适的生活热水热源，鼓励可再生能源的利用，以及废热、余热的梯级利用。因此，设置合理的生活热水系统可以作为优选项执行。

3.4.1.2　排水管网

排水管网是基地处理和排除基地污水和雨水的工程设施管道，是基地公用设施的组成部分。对于基地，排水管网的建设在保证社区排水安全的前提下，还应便于社区污水的回收利用以及社区排水的智能化管理。

因此，基地排水管网的设计，在符合《城市排水工程规划规范》GB 50318—2000、《室外排水设计规范》GB 50014—2006、《建筑给水排水设计规范》GB 50015—2003、《居住小区给水排水设计规范》CECS 57—1994 以及其他国家现行相关标准、规范的规定之外，还应便于基地污水的回收利用和基地排水的智能化管理：

1. 基地内应采用生活污水和雨水分流制排水系统。

2. 建筑内生活污水排水系统的选择，应根据排水性质和污染程度，结合室外排水体系和有利于综合利用与处理等要求确定。

3. 宜建立雨水收集利用系统，建筑物应单独设置雨水收集与排放系统，宜采用外排水系统。

4. 步行路和小型场地铺装应采用透水、透气性材料及构造措施，车行道铺装宜采用透水材料及构造措施。基地室外透水地面面积比不应小于45%。

5. 基地的污水排放，应符合现行的《污水排放城市下水道水质标准》和《污水综合排放标准》规定。

6. 设有中水系统的基地，中水系统的设计和中水水质标准应符合现行国家标准《建筑中水设计规范》（GB 50336—2002）的有关规定。

7. 应设置基地排水管理系统，对基地排水水质水量进行在线监测；对基地排水设施进行运行维护，包括运行状态的监控、设备养护的及时预警等；以及与上级综合信息服务平台的信息对接。

基地排水管网的设置在保证社区排水安全达标的条件下，应有利于社区污水和雨水的回收利用。

1. 采用雨污分流，加强排水管理，可有效改善社区水环境，减小对市政污水管网的压力。同时雨污分流，有利于雨水的回收利用，为非传统水资源的利用提供基础。

2. 建筑内生活污水排水系统的选择，一般根据建筑内生活污水的水质，综合室外排水体系的水质进行设计，排水系统的选择应有利于生活污水的综合处理和利用。

3. 基地宜结合当地气候条件和社区地形地貌确定雨水收集及利用方案，建立完善配套的下渗或集水、处理、储存、再利用等设施。

4. 采用透水性材料进行路面铺装可有效改善路面积水和自洁问题，提高场地涵养雨水的能力，有利于雨水补充地下水。

5. 未经处理的生活污水不应直接排水自然水体。基地应合理确定社区污水排水形式、处理工艺，确定社区的污水排放，符合现行国家相关标准、规范的要求。

6. 设中水系统的社区，基地总体规划应包括污水、废水、雨水资源的综合利用和中水设施建设的内容。中水系统设计应进行水量平衡和技术经济分析，合理确定中水水质、系统形式、处理工艺和规模，必须防止发生误接、误用，严禁中水进入生活饮用给水系统。

7. 基地排水管理系统，一方面可以实现对社区排水水质水量的实时监测，防止污水超质超量的排放；另一方面对排水管网包括处理设备的运行状态进行实时监控，防止排水管网突发事件的发生。此外，基地排水管理系统，是建立社区综合信息服务平台的基础层，不仅要完成对综合信息平台的数据上传，还应能完成与信息平台的信息对接。

排水管网是确保社区生活污水、废水、雨水及时通畅外排的必要条件，其规划设计不仅要满足社区排水要求，而且应有利于社区污水、雨水的综合处理和回收利用，便于基地智能化管理的实施。实行雨污分流，依据排水性质和污染程度选用合适的建筑内生活污水排放系统，是保证生活污水和雨水便于综合处理和回收利用的前提；采用透水材料铺装路面，是防止雨洪积水，促进社区水环境良性循环的有力保障；社区污水的达标排放是排水系统的首要目的；中水系统设计和水质的达标，是社区进行中水回用的必要条件；设置社区排水管理系统，是实现社区排水管网智能化管理的基础前提；因此，基地排水管网规划设计时，应将这些指标作为必选指标进行考虑。

雨水收集利用系统，可在一定程度上补充社区用水。在缺水地区，建议将基地内屋面和路面的雨水收集、处理、储存，作为杂用水回用；或将径流引入社区中水处理站，作为中水水源之一。该指标在基地排水管网规划设计时可作为优选项进行考虑。

3.4.2 供暖与通风空调

供热管网是由供热热源向热用户输入和分配供热介质的管线系统，其规划设计应满足基地冬季采暖要求。随着国家节能减排政策推行力度的加强，供热管网的规划设计还应考虑节能、节地要求。基地作为未来社区发展的先驱者，其供热管网的建设应充分体现节能、节地要求。因此，基地供热管网的建设在遵守《城镇供热管网设计规范》CJJ 34—2010、《民用建筑供暖通风与空气调节设计规范》GB 50736—2012及其他现行国家标准、规范的有关规定的同时，还应满足节地、节能降耗以及便于智能供热管理等方面的要求。

1. 供热管网设计，必须对每一采暖房间或采暖区域进行热负荷计算。当采用地源热泵等可再生能源、热电冷三联供系统、蓄能系统等新型能源或节能系统形式时，宜进行全年动态负荷和能耗变化的模拟，分析能耗与技术经济性，选择合适的冷热源和采暖形式。

2. 严寒地区的公共建筑，不宜采用空气调节系统进行冬季采暖，冬季宜设热水集中采暖系统。并应根据建筑等级、采暖期天数、能源消耗量和运行费用等因素，经技术经济综合分析比较后确定是否另设热水集中采暖系统。

3. 集中热水采暖系统热水循环水泵的耗电输热比（HER）、通风空调系统风机的单位风量耗功率和空调冷热水系统循环水泵的耗电输冷（热）比应不高于国家标准《民用建筑热工设计规范》GB 50176—1993、《公共建筑节能设计标准》GB 50189—2005 及其他现行国家建筑节能标准、规范的规定值。

4. 采用锅炉房供暖、供热水，锅炉运行效率不低于《公共建筑节能改造技术规范》所规定的限值。锅炉房加装燃料计量装置。热水供暖系统宜采用集中控制、气候补偿和室内温控技术。

5. 管网布置与敷设

1）为便于运行调节和控制，应根据热用户的系统形式和使用规律划分供热系统，并分系统控制，可以达到节能和提高供热质量的目的。同时为避免分系统设置管网会增加建设投资并占用地下空间，建议在热力入口划分系统并分系统安装调节控制装置和计量装置，避免同一路由敷设多条供热管线。

2）在热水供热系统中，对于分系统敷设管网有困难的多种热负荷性质系统，以及采用地板辐射采暖、风机盘管等温差小、流量大的系统，建议在建筑物热力入口设二次循环泵或混水泵，可以降低管网循环泵的流量和扬程，减少管网水力失调现象，保证室内系统供热参数，节省管网运行电耗。对于生活热水系统，在用户入口设循环泵可分别控制循环量，保证用水点水温。

3）管网分支数量过多，会增加管路附件及检查室的数量，因此建议尽量减少分支数量。

6. 热源选择

1）基地热力管网应优先采用电厂或其他工业余热、城市热力作为热源。当采用可再生能源可以减少常规能源使用量，且经过技术经济比较合理时，宜优先采用可再生能源，如地源热泵、太阳能光热等。

2）建筑容积率高，热、电、冷负荷匹配且热负荷稳定时，经过全年热、电、冷负荷计算分析三联供系统的年平均能源综合利用率应大于70%，且技术经济合理时，可采用以热定电模式运行的分布式热电冷三联供系统。

7. 应设置供热管网的智能管控系统及能量计量装置。

1）供热管网的智能管控系统应包括参数检测、参数和设备状态及故障指示、设备连锁及保护、工况转换、能量计量、调节与控制、中央监控与管理等全部或部分检测与控制内容；并实现与综合信息服务平台的信息对接。

2）根据建筑物使用特点、热负荷变化规律、室内系统形式、供热介质温度及压力、调节控制方式等，在热力入口系统设置管网时，应分系统设调控和计量装置。生活热水系统循环管网也应设调节装置，平衡各支路循环水量，以保证用水点的供水温度。

3）很多公共建筑可以采用分时段供热，可在热力入口安装控制装置。控制装置应具备按预定时间进行自动启停的功能，根据建筑使用规律设置供热时间和供热温度。

4）供热管网的热量计量应按照物业归属和运行管理要求（分户、分居住单元、物业归属）设置能源计量装置，方便远程抄表。

供热管网是基地冬季采暖的通道保障，进行基地供热管网规划设计时，应确保管网设计满足基地冬暖采暖要求。随着国家节能减排政策推行力度的加强，供热管网规划设计时还应考虑节能、节地。对于基地，在满足上述要求的情况还应有利于社区供热管网和用热的智能化管理。

1. 热负荷的准确计算是进行供热管网规划设计的必要前提，进行供热管网规划设计时，首先必须对基地的热负荷需求进行预测计算。地源热泵等可再生能源系统、热电冷三联供系统以及蓄能系统等是当前技术比较成熟，节能效果较高的节能技术，但在供热管网设计时，应先对基地的全年动态负荷和能耗变化进行模拟分析，对各类节能系统的能耗和技术经济性进行评价，从而筛选出适合基地的冷热源和采暖形式。

2. 严寒地区冬季室外温度很低，要想室内温度不低于18℃，则需从外界吸入更多的热量。空气调节系统的能效比一般取决于空调设施的性能，相对集中采暖系统，其能效比较低，因此建议在严寒地区设置热水集中采暖系统。当建筑物对供热的安全性要求较高时，为了确保其供热的连续安稳，需根据其采暖期、能源消耗量、技术经济性综合进行考量，是否需另设热水集中采暖系统。

3. 热水采暖系统热水循环水泵的耗电输热比、通风空调系统风机的单位风量耗功率及空调冷热水系统循环水泵的耗电输冷（热）比反映了采暖通风系统的能耗水平，对这些值进行限制是为了保证水泵的选择在合理的范围，从而降低水泵的能耗。

4. 锅炉运行效率对供热管网的能耗水平影响很大，对其进行限值，是保证集中热水采暖系统能耗水平维持在合理水平之内的重要保障。锅炉房加装燃料计量装置，有利于统计分析锅炉的燃烧效率，从而为分析锅炉运行效率提供数据基础。

5. 管网的布置与敷设，在降低基础投资和运行费用，防止管道腐蚀的基础上，应解决一次水系统水力失调现象，改善二次水系统和户内系统，避免小区内建筑物之间和建筑物内部房屋冷热不均的现象，从而节约能源。根据热用户的系统形式和使用规律划分供热系统，有利于供热系统的运行调节和控制，根据用热特点实时调节供给用户的热量。在热力入口处分系统安装调节控制装置和计量装置，避免了因水量得不到有效的控制而造成的水力失调和能源浪费的现象，有效解决一次水系统水力失调问题。对于多种热负荷性质系统以及温差小、流量大的系统，容易造成失水和热量丢失严重的问题，在热力入口设二次循环泵或混水泵，可以调节二次水供水温度和水量，以保证供热参数，节约能量。

6. 为提高能源利用率，促进可再生能源的利用，供热管网的热源应优先选用电厂或工业余热以及具有开发利用价值的可再生能源，如地源热泵、太阳能光热等。在热、电、冷负荷相匹配且热负荷比较稳定、建筑容积率比较高的区域，经技术经济以及能源综合利用率评估后，可以考虑发展热电冷三联供系统。

7. 热计量及供热管网的智能管控，是基地供热管网的重要标志。热计量应能满足社区分户、分居住单元、分物业归属供热量的统计分析，并方便远程抄表。供热管网的智能管控，应具备以下这些功能：对供热管网运行工况和设备状态的在线监测，对热力系统的中央监控与管理，对分系统的水力、供热温度及压力的调控与计量，与基地综合信息服务平台的信息对接和数据传输等。

供热管网对于冬季采暖地区来说是必须的市政基础设施，但是对我国南方大多数没有采暖要求的地区而言，供热管网主要是面向对热力需求有一定要求的企业或行业。因此，在基地建设过程中，可以根据实际情况而定。对于冬季有采暖要求的社区，其供热管网的建设必须严格遵守上述各指标的要求；对于没有采暖要求的社区，供热管网可作为优选项执行。

1. 严寒和寒冷地区的养老设施建筑应设集中供暖系统，供暖方式宜选用低温热水地板辐射供暖。夏热冬冷地区应配设供暖设施。

2. 养老设施建筑集中供暖系统宜采用不高于95℃的热水作为热媒。

3. 养老设施建筑应根据地区的气候条件，在含沐浴的用房内安装暖气设备或预留安装供暖器件的位置。

4. 养老设施建筑有关房间的室内冬季供暖计算温度不应低于表3-3的规定。

养老设施建筑有关房间的室内冬季供暖计算温度 表3-3

房间	居住用房	生活辅助用房	含沐浴的用房	生活服务用房	活动室多功能厅	医疗保健用房	管理用房
计算温度（℃）	20	20	25	18	20	20	18

注：本表摘自《养老设施建筑设计规范》GB 50867—2013。

5. 养老设施建筑内的公用厨房、自用与公用卫生间，应设置排气通风道，并安装机械排风系统应具备的防回流功能。

6. 严寒、寒冷及夏热冬冷地区的公用厨房，应设置供房间全面通风的自然通风设施。

7. 严寒、寒冷及夏热冬冷地区的养老设施建筑内，宜设置满足室内卫生要求的机械通风，并宜采用带热回收功能的双向换气装置。

8. 最热月平均室外气温高于25℃地区的养老设施建筑，应设置降温设施。

9. 养老设施建筑的空调系统应设置分室温度控制设施。

10. 养老设施建筑的水泵和风机等产生噪声的设备，应采取减振降噪措施。

3.4.3 建筑电气

1. 养老设施建筑居住用房及公共活动用房宜设置备用照明，并宜采用自动控制方式。

2. 养老设施建筑居住、活动及辅助空间照度值应符合表3-4的规定，光源宜选用暖色节能光源，显色指数宜大于80，眩光指数宜小于19。

养老设施建筑居住、活动及辅助空间照度值 表 3-4

房间名称	居住用房	活动室	卫生间	公用厨房	公用餐厅	门厅走廊
照度值（lx）	200	300	150	200	200	100～150

注：本表摘自《养老设施建筑设计规范》GB 50867—2013。

3. 养老设施建筑居住用房至卫生间的走道墙面距地 0.40m 处宜设嵌装灯脚。居住用房的顶灯和床头照明宜采用两点控制开关。

4. 养老设施建筑照明控制开关宜选用宽板翘板开关，安装位置应醒目，且颜色应与墙壁区分，高度宜距地面 1.10m。

5. 养老设施建筑出入口雨篷底或门口两侧应设照明灯具，阳台应设照明灯具。

6. 养老设施建筑走道、楼梯间及电梯厅的照明，均宜采用节能控制措施。

7. 养老设施建筑的供电电源应安全可靠，宜采用专线配电，供配电系统应简明清晰，供配电支线应采用暗敷设方式。

8. 养老院宜每间（套）设电能计量表，并宜单设配电箱，配电箱内宜设电源总开关，电源总开关应采用可同时断开相线和中性线的开关电器。配电箱内的插座回路应装设剩余电流动作保护器。

9. 养老设施建筑的电源插座距地高度低于 1.8m 时，应采用安全型电源插座。居住用房的电源插座高度距地宜为 0.60～0.80m；厨房操作台的电源插座高度距地宜为 0.90～1.10m。

10. 养老设施建筑的居住用房、公共活动用房和公共厨房等应设置有线电视、电话及信息网络插座。

11. 养老设施建筑的公共活动用房、居住用房及卫生间应设紧急呼叫装置。公共活动用房及居住用房的呼叫装置高度距地宜为 1.20～1.30m，卫生间的呼叫装置高度距地宜为 0.40～0.50m。

12. 养老设施建筑以及室外活动场所（地）应设置视频安防监控系统或护理智能化系统。在养老设施建筑的各出入口和单元门、公共活动区、走廊、各楼层的电梯厅、楼梯间、电梯轿厢等场所应设置安全监控设施。

13. 安全防护

1）养老设施建筑应做总等电位联结，医疗用房和卫生间应做局部等电位联结；

2）养老设施建筑内的灯具应选用 I 类灯具，线路中应设置 PE 线；

3）养老设施建筑中的医疗用房宜设防静电接地；

4）养老设施建筑应设置放火剩余电流动作报警系统。

供电网是由连接（各发电厂）、变电站及电力用户的输、变、配电线路组成的系统，以变换电压（变电）输送和分配电能为主要功能。智慧社区的供电网规划设计应在满足安全性、可靠性、技术合理性和经济性的基础上，应提高整个社区供电系统的节能效应和智能化。因此，基地供电网的建设，在遵循《城市电力规划规范》GB 50293—1999、《城市配电网规划设计规范》GB 50613—2010、《供配电系统设计规范》GB 50052—2009、《民用建筑电气设计规范》JGJ 16—2008 以及其他国家现行标准、规范的相关规定的同时，还应：

1. 方案设计阶段应对基地内的可再生能源进行评估，当技术、经济合理时，应发展太阳能发电、热电冷三联供等分布式电源，并设立微电网，提高可再生能源的发电容量，减少可再生能源发电间歇性的功率波动对主电网的影响，提高对关键负荷的供电可靠性。

2. 照明设计，应符合国家现行标准《建筑照明设计标准》GB 50034—2004 的有关规定。

1）应根据建筑内各场所的照明要求，合理利用天然采光。具有天然采光的区域应独立分区控制，并应设置随室外天然光照度变化的控制或调节功能；对天然采光住宅建筑公共区域的照明宜采取声控、光控、定时控制、感应控制等一种或多种集成的控制装置。

2）根据建筑物的功能特点、建设标准、管理要求等因素，照明控制应采取分散与集中、手动与自动相结合的方式。

3）选用高效的节能灯具及镇流器，在大型公共场所积极采用新型光源，如 HID 高强气体放电等、PAR 卤钨灯。

4）宜设置风光互补路灯系统。根据天气变化，利用太阳能和风能的互补性，通过太阳能和风能发电设备集成系统供电，白天存储电能，晚上通过智能控制系统实现社区内路灯照明，实现绿色能源利用。

3. 节能设计

1）减少导线长度。变配电所应尽可能靠近负荷中心，低压柜出线回路及配电箱出线尽量走直线。对于较长的线路，在满足载流量热稳定、保护配合及电压降要求的前提下，应加大以及导线截面。在高层建筑中，变配电室应靠近电气竖井，以便减少主干线（电缆或插接母线）的长度。对于面积大的高层建筑物，应将电气竖井尽可能设在建筑物中部（或两端），以便减少水平电缆的敷设长度。在条件许可的情况下，进行负荷归类，除对计费有要求的负荷及消防负荷外，普通负荷（如空调机、风机盘管、照明、新风机、电热水器等）改由一条主干电缆供电。

2）选用高效节能、高功率因数电气设备。配电变压器应选用 Dynll 结线组别的变压器，并应选择低损耗、低噪声的节能产品，配电变压器的空载损耗和负载损耗不应高于现行国家标准《三项配电变压器能效限定值及节能评价值》GB 20052—2013 规定的节能评价值。低压交流电动机应选用高效能电动机，其能效应符合现行国家标准《中小型三相异步电动机能效限定值及节能评价值》GB 18613—2012 节能评价值的规定。水泵和电机宜选用变频水泵和变频电机。

3）对于三相不平衡的供配电系统，应采用分相无功自动补偿装置。

4）当供配电系统谐波或设备谐波超出相关国家或地方标准的谐波限值规定时，宜采取高次谐波抑制和治理措施。

4. 计量及智能化

1）居住建筑的电能计量应分户、分用途计量。每个住户应设置电能计量装置；公共区域的照明应设置电能计量装置；电梯、热力站、中水设备、给水设备、排水设备、空调设备等应分别设置独立分项电能计量装置；可再生能源发电应设置独立分项计量装置。

2）公共建筑的电能计量应按照用途、物业归属、运行管理及相关专业要求设置电能计量。

3）应设置基地用电能效管理服务系统，向住户、社区管理人员提供家庭、楼宇及公共场所用电明细查询、电费分析、用电构成等信息，并实现社区用能采集服务、用电互动服务、需求响应、能效分析以及与综合信息服务平台的信息对接和数据传输等功能。

供电网是保证社区供电安全的设施基础，其规划设计在满足社区供配电安全可靠的前提下，应体现基地供电网的节能性和智能化特点。

1. 对基地可再生能源进行评估，为社区开发利用可再生能源奠定基础。由于可再生能源具有间歇性和随机性等不稳定特点，设立微电网，可以有效缓解可再生能源发电的这些不稳定性，保证供电的可靠性。

2. 照明用电是基地用电的很大一部分，对照明系统进行规划设计，不仅能保证社区照明系统用电安全，而且可以有效控制照明用电量，降低供电网能耗。照明用电的规划设计不仅要满足《建筑照明设计标准》GB 50034—2004 的相关规定，而且还要考虑照明系统的节能设计，包括天然采光的合理利用、照明系统的声、光、定时、感应控制、节能灯具的使用以及可再生能源在照明系统中的应用等。

3. 节能是供电网安全、可靠、技术经济性之外的另一重要要求，也是走绿色低碳发展的必然趋势。供配电系统的节能主要包括减少线路损耗、使用节能电气设备、控制三相负荷以及抑制谐波危害。减少线路损耗的途径主要有尽量减少导线长度，如低压柜出线回路及配电箱出线回路尽量走直线，变配电所应尽可能靠近负荷中心等；对于较长线路，加大一级导线截面；将负荷归类，普通负荷改由一条主干电缆供电等。电气设备节能是供电网节能的重要部分，各类电气设备的选用应符合相关国家标准、规范的要求。在低压线路中，由于存在单相以及高次谐波的影响，会使三相负荷不平衡。为了减少三相负荷不平衡造成的能耗，应及时调整三相负荷，使三相负荷不平衡负荷符合规程规定。谐波电流的存在不仅增加了供配电系统的电能损耗，而且对供配电线路及电气设备产生危害，采用高次谐波抑制和治理的措施可以减少电气污染和电力系统的无功损耗，并可提高电能使用效率。

4. 计量及智能化是基地供电网的必备属性。计量，主要是对社区用电户安装分户、分项电能计量装置，实现社区电能分户、分用途计量。智能化，主要是建立社区用电能效管理服务系统，进行社区用电的查询、分析，方便社区进行用电管理。同时，作为基地综合信息服务平台的基础层子系统，应能实现与信息综合服务平台的信息对接和数据的传输。

本体系列出的基地供电网的指标主要包括四方面的内容：电源上优先考虑使用可再生能源和分布式电源；照明用电在满足相关设计标准要求的同时，进行节能规划；供配电系统的节能设计；计量及设置用电能效管理服务系统。

电源选择上优先考虑可再生能源和分布式电源，主要是针对可再生能源具有开发利用价值，发展热电冷三联供等分布式能源技术、经济合理的地区而言的。在不具备开发价值的地区，可以不予考虑。因此，该指标可以作为社区供电网设计的优选指标。

照明用电和供配电系统的节能设计，是实现供电网节能的必要举措，也是供电网规划发展的必然趋势。计量及用电能效管理服务系统的建立，是社区供电网实现智能化的基础。因此在基地供电网建设时，应将该三项指标作为必选项执行。

3.5 基地绿化、节能措施

3.5.1 基地绿化

为创造良好的景观环境，养老设施建筑应根据实际情况作好场地景观环境和园林绿化设计，绿化种植宜乔灌木、草地相结合，并宜以乔木为主。

院内绿化覆盖率不应小于30%。

3.5.2 节能措施

1. 养老设施建筑中老年人用房的主要房间的采光窗洞口面积与该房间楼（地）面面积之比宜符合表3-5的规定。

老年人用房的主要房间的采光窗洞口面积与该房间楼（地）面面积之比　　　表3-5

房 间 名 称	窗地面积之比
活动室	1:4
起居室、卧室、公共餐厅、医疗用房、保健用房	1:6
共用厨房	1:7
公用卫生间、公用沐浴间、老年人专用浴室	1:9

注：本表摘自《养老设施建筑设计规范》GB 50867—2013。

2. 养老设施建筑应进行节能设计，并应符合现行国家相关标准的规定。夏热冬冷地区及夏热冬暖地区老年人用房地面应避免出现返潮现象。

3. 老年人居住用房和主要公共活动用房应布置在日照充足、通风良好的地段，居住用房冬至日满窗日照不宜小于2h。公共配套服务设施宜与居住用房就近设置。

4. 养老设施建筑居住用房及公共活动用房宜设置备用照明，并宜采用自动控制方式。

5. 养老设施建筑走道、楼梯间及电梯厅的照明，均宜采用节能控制措施。

3.6 基地室外活动场地建设

为满足老年人室外活动的需求，应设置供老年人休闲、健身、娱乐等活动的室外活动场地，并应符合下列规定：

1. 活动场地的人均面积不应低于 1.20m²;

2. 活动场地位置宜选择在向阳、避风处,场地范围应保证有 1/2 的面积出于当地标准的建筑日照阴影之外;

3. 活动场地表面应平整,且排水畅通,并采取防滑措施;

4. 活动场地应设置健身运动器材和休息座椅,宜布置在冬季、向阳、夏季遮阴处。

3.6.1 文教娱乐场所建设

1. 文化场所

基地文化场所指基地开展各类文化活动的场所,主要包括文化活动中心(老年活动中心)、文化活动站(老年活动站)、社区文化馆、科技馆等。社区文化场所的设置应满足如下要求:

1)应具有门类齐全、功能实用的文化活动服务设备、设施。

2)有计划、有步骤和因地制宜地建设文化设施,如文化站、文化室、俱乐部等。

3)设置标准应达到:常住人口在 5000 人以上的社区宜具备不少于 500m² 的娱乐活动场所;常住人口在 1 万人以上的社区宜设立 800~3000m² 的中心活动场所,和面积为 1000~3000m² 的室内文体活动中心。

4)文化场所应设置无障碍通道,方便老人及残障人士进入。

5)各类文化场所建筑应符合国家绿色建筑相关设计标准和规范的要求,如建筑的通风采光、保温、隔热、隔声、节能环保、施工等方面的要求。

2. 教育场所

基地的教育场所是指社区提供老年人教育、残障人教育、外来人员教育培训的场所,一般包括各类文化场所和社区配套设置的学校等。对于各类文化场所的设置见第 1 部分文化场所内容,本章节重点阐述社区学校的设置要求:

1)在居住小区内应配套设置与小区规模相匹配的老年学校;在社区内应配套设置与社区规模相匹配的教学场地。

2)教学场地应设于阳光充足,接近公共绿地,便于接送的地段,服务半径不宜大于 300m。

教育场所建筑应符合国家绿色建筑相关设计标准和规范的要求,如建筑的通风采光、保温、隔热、隔声、节能环保、施工等方面的要求。

3. 体育场所

基地体育场所是指用于社区健身的场地和建筑物。其规划设计应满足:

1)基地体育设施的面积和位置应根据社区的规模、布局和周边配套设施的分布进行规划。

2)应建立室内和室外,分散和集中,会所和广场多种形式结合的体育健身场所,包括室内健身空间、楼间健身空间、广场空间和健身会所四个层次。

3)老年人体育场所应避免地面高差,但都不宜布置在风速偏高和偏僻区域。

4)体育设施的配置应兼顾全面性、针对性和拓展性的需求,并应满足耐力、力量、柔韧、平衡和协调等多种健身目的的搭配；考虑不同年龄、性别、民族以及经济收入的特点，注重以老年人为主体，兼顾残疾人群、慢性疾病患者的需求；宜在体育设施周边适当位置放置标牌，标牌应标明锻炼方法、作用及其安全事项。

5）对于室内运动场所，其建筑设计和运营应符合现行国家绿色建筑相关的标准和规范的要求。

随着我国城市居民生活水平不断提高，人们对社区文化、教育、体育的需求日益旺盛，社区文化、教育、体育在社区发展中的地位越来越突出，社区文化、教育、体育场所的规划配置显得尤为重要，不仅要面向全员，协调配合，内容多样，还要实现资源共享，促进社区和谐。依据《城市居住区规划设计规范》GB 50180—93、《社区服务指南第 3 部分：文化、教育、体育服务》GB/T 20647.3—2006、《健康住宅建设技术规程》CECS 179:2009 及其他现行国家标准、规范的规定，社区应具有门类齐全、功能实用、满足社区各类人群需要的文化场所，针对不同年龄段且布局合理的教育场所，层次合理、规模协调、全面性、针对性和拓展性兼顾的体育场所。同时，为顺应政策形势，社区文化、教育、体育场所的建筑物应满足绿色建筑的相关标准和要求。因此，对于周边公共服务设施不是很齐全的社区来说，应配建相对齐全的文化、教育、体育场所；但相对周边公共服务设施很齐全，社区能够很好地与周边的公共服务设施实现互动与共享时，文化、教育、体育场所的配建应视具体社区而定，可以作为基地的优选项指标。

3.6.2　道路交通建设

道路交通是社区内部以及社区内部与周边地区进行互动交流的纽带。基地的道路交通在方便住户出行的同时，要有利于社区内各类用地的划分和有机联系，以及建筑物布局的多样化，并适于住户汽车、消防车、救护车、商店货车和垃圾车的通行。对于基地，其道路交通在符合传统社区道路交通建设要求的基础上，还应符合绿色交通的相关要求。目前国家现行的相关标准、规范如《城市道路交通规划设计规范》GB 50220—1995 主要对传统社区道路交通的建设要求进行了明文规定，对于基地绿色交通的要求规定很少或不全面。本研究体系主要给出基地道路交通应符合的绿色交通要求。

1. 基地公共交通网络应与城市交通网络紧密连接，建筑主要出入口到达城市公共交通站点步行距离宜小于 500m。

2. 机动车行道应主次清晰、分级明确、功能合理，并应符合下列要求：宜规划成人车分流，亦可采用以车行为主，适当增设辅助性步行道的方式；应做到顺而不穿、通而不畅，并应避免对住户的干扰；应满足消防通道无障碍要求。穿越建筑物的专用消防通道下方不应埋设需要检修的管道，或采用地下管廊等措施防止管道检修时影响消防车的通行。

3. 慢行系统设计应便捷连通，并符合下列要求：基地出入口应设置与周边公共设施、公交站点便捷连通的步行道、自行车道，方便慢行交通出行；社区内宜设完整的慢行系统，使住户通过慢行系统可以到达社区的任何角落；步行、自行车系统设计应结合绿化、景观环境设计，并提供配套的休息设施、绿化遮阴措施，提高步行道、自行车道的舒适性，步行道与自行车道林荫率不应小于 60%。

4. 在社区公共活动中心、养老场所以及医疗健康场所以及主要道路和所有的交叉口，应设置无障碍设施。

5. 静态交通：应合理确定机动车停车位数，控制机动车室外停车数量比例，室外地面停车数量占总停车量的比例不应超过 10%，高档建筑物外地面停车数量占总停车量的比例不应超过 7.5%；合理布置自行车停车处，自行车停车距建筑出入口距离不宜超过 150m，应在轨道交通站点和公交站点周边布置自行车停车设施；停车场地应考虑生态设计，利用植物或遮阳棚等设施提高室外停车位遮阴率，应 100% 满足绿化停车达标率。

6. 应设置明确的道路标识，包括交通诱导、停车诱导等，引导住户的安全顺利出行。

7. 应设置道路交通管理系统，对社区内及周边的道路交通状况进行实时监测。

基地道路交通在考虑和城市公共交通的关系，为居住者使用城市公共交通设施提供便利的同时，还需考虑与社区用地功能和建筑布局的协同性，为居住者提供便捷的社区内部交通，使社区生活和空间实现资源优化配置和共享。此外，绿色交通作为低碳生态发展的必然趋势，也是社区道路交通的必要考虑点。

1. 基地公共交通网络与城市交通网络的紧密连接可满足社区机动车的快速疏导和非机动车所需的道路空间和尺度。社区出入口的合理设置和组织，可保证城市和社区内部车行和人行交通的顺畅，既对城市道路交通进行必要的补充，又让社区住户更充分地享用城市交通资源，更方便社区住户的绿色出行。

2. 基地内部应合理安排动静交通。机动车行道设计应防止机动车造成的环境污染和安全隐患，保证社区环境的安全性和舒适性；不应出现生硬弯折，以方便消防、救护、搬家、清运垃圾等机动车辆的转弯和出入，满足安全、消防及救护的要求。

3. 慢行系统建设是社区促进健康生活方式的重要手段，也是社区绿色交通的具体体现。完善的慢行系统，应满足通达性和休闲散步的要求，不仅要有利于社区住户与外部交通的衔接，而且要方便住户在基地内部的绿色出行，如应有直达的慢行道与社区公共场所的连接，同时应和社区绿地景观与公共空间协调一致。

4. 适合社区养老和居家养老是基地的重要特点之一，为了方便老年人和其他残障人士在基地内活动和生活，基地道路交通也应设置相配套的无障碍设施。

5. 静态交通主要体现在社区停车方式和停车场上。合理地选择停车方式和设置停车场所是保障社区安静、安全，方便住户使用的关键，也是节约用地，提高土地利用率，美化社区环境的重大举措。应根据社区区位和需求现状分析确定社区机动车停车设施及其规模，选择适度的停车指标。为节约用地、保证绿化面积、扩大住户地面活动面积，合理选择地面停车数量。同时，为鼓励社区的绿色出行，社区还应配备相应的自行车停车场地，方便住户绿色出行的无缝对接。

6. 完善的道路交通系统，除各类道路的合理设计和建设外，还应有明确的道路标识，引导住户的安全顺利出行。

7. 基地道路交通管理系统，是利用信息化技术提高道路交通管理的具体体现，有利于疏导和缓解社区内及周边道路交通拥堵情况，为居民的出行提供方便。

根据以上的叙述，基地的道路交通建设在满足国家现行标准、规范的相关规定外，还应满足绿色交通 7 大子指标的要求。对于这 7 大子指标，可以根据实际社区的特点分为必选、优选和可选三大类。

主次清晰、分级明确和功能合理的机动车道系统、便捷连通的慢行系统、齐全配套的无障碍通道、合理的机动车停车位和自行车停车处，以及清晰明确的道路标识，是道路交通规划设计的基本条件，因此这 5 大类子指标应是基地道路交通的必选指标。道路交通管理系统是信息化技术在社区应用的具体体现，是社区道路交通智慧化的基础，因此也应作为必选指标执行。

由于道路交通规划是市政基础设施规划的一部分，属于政府行为。对于单个社区，其道路交通系统只能积极配合城市交通系统，尽最大可能地与城市交通网络相连通。因此，对于"社区公共交通网络应与城市交通网络紧密连接，建筑主要出入口到达城市公共汽车站点步行距离宜小于 500m"这一指标，是社区道路交通规划的优选指标。在条件许可的社区，鼓励这一指标的实现，为住户的出行提供便利。

3.7 数据中心机房工程

机房工程范围宜包括数据中心设备机房、数字程控交换机系统设备机房、通信系统总配线设备机房、安防监控中心机房、智能化系统设备总控室、通信接入系统设备机房、有线电视前端设备机房、弱电间（电信间）和应急指挥中心机房及其他智能化系统的设备机房。

3.7.1 机房分级与性能要求

根据机房所处行业/领域的重要性、使用单位对机房内各系统的保障、维护能力及由于场地设施故障造成网络信息中断/重要数据丢失在经济和社会上造成的损失、影响程度，将机房从高到低划分为 A、B、C 三级。具体内容详见《电子信息系统机房设计规范》GB 50174 中第 3.1 和 3.2 条。

3.7.2 机房位置及设备布置

3.7.2.1 机房位置选择

电子信息系统机房位置选择应符合下列要求：

1. 电力供给应稳定可靠，交通、通信应便捷，自然环境应清洁；

2. 应远离产生粉尘、油烟、有害气体以及生产或贮存具有腐蚀性、易燃、易爆物品的场所；

3. 应远离水灾和火灾隐患区域；

4. 应远离强振源和强噪声源；

5. 应避开强电磁场干扰。

6. 在建筑物内设置机房时，还应注意以下因素：

1）设备运输：主要是考虑为机房服务的冷冻、空调、UPS 等大型设备的运输，运输线路应尽量短；

2）雷电感应：为减少雷击造成的电磁感应侵害，主机房宜选择在建筑物低层中心部位，并尽量远离利用柱内钢筋作为防雷引下线的建筑物外墙结构柱；

3）结构荷载：由于主机房的活荷载标准值远远大于建筑的其他部分，从经济角度考虑，主机房宜选择在建筑物的低层部位；

4）机房专用空调的主机与室外机在高差和距离上均有使用要求，因此在确定主机房位置时，应考虑机房专用空调室外机的安装位置。

3.7.2.2 机房设备布置

机房工艺设备布置间距应满足表3-6的要求：

机柜或机架的布置方式与间距　　　　　表3-6

序号	机柜或机架的布置方式	距离（m）
1	面对面布置时，正面之间的距离	≥1.2
2	背对背布置时，背面之间的距离	≥1.0
3	需要维修时，相邻机柜或机柜与墙之间的距离	≥1.2
4	用于运输设备的通道宽度	≥1.5
5	机柜排列长度超过6m时，两端应设有出口通道；当两个出口通道之间的距离超过15m时，还应增加出口通道；出口通道的宽度不宜小于1m，局部可为0.8m	

3.7.3 机房对其他专业的要求

机房对建筑、结构、空调、给排水、电气各专业的要求，应根据电子信息系统机房的等级，按现行国标《电子信息系统机房设计规范》GB 50174 附录 A 的要求执行。

3.7.4 机房对电磁屏蔽的要求

对涉及国家秘密或企业对商业信息有保密要求的电子信息系统机房，应设置电磁屏蔽室或采取其他电磁泄漏防护措施，电磁屏蔽室的性能指标应按现行国标《电磁屏蔽室工程技术规范》GB/T 50719 的有关标准执行。

3.7.5 机房对布线的要求

1. 主机房、辅助区、支持区和行政管理区应根据功能要求划分成若干工作区，工作区内信息点的数量应根据机房等级和用户需求进行配置。

2. 承担信息业务的传输介质应采用光缆或六类及以上等级的对绞电缆，传输介质各组成部分的等级应保持一致，并应采用冗余配置。

3. 电子信息系统机房的网络布线系统设计，除应符合本规范的规定外，尚应符合现行国家标准《综合布线系统工程设计规范》GB 50311—2007 的有关规定。

3.7.6　机房监控与安全防范

电子信息系统机房应设置环境和设备监控系统及安全防范系统，各系统的设计应根据机房的等级，按现行国家标准《安全防范工程技术规范》和《智能建筑设计标准》GB/T 50314—2006 以及《电子信息系统机房设计规范》GB 50174—2008 附录 A 的要求执行。

3.7.7　功能系统配置清单

电子信息系统机房应根据机房的等级设置相应的灭火系统，机房的耐火等级不应低于建筑主体的耐火等级，消防控制室应为一级。并应符合现行国家标准《火灾自动报警系统设计规范》（GB 50116—2013）、《自动喷水灭火系统设计规范》（GB 50084—2013）、《建筑灭火器配置设计规范》GB 50140 的要求执行。

功能系统配置清单　　　　　　　　　　　　　表 3-7

名　　称	居家养老		社区养老		养老中心养老	
	基础配置	可选配置	基础配置	可选配置	基础配置	可选配置
	√		√		√	

第四章 信息化基础设施

4.1 智能化养老基础设施概述

根据相关规定，要将养老服务相关设施建设纳入经济社会发展规划、土地利用总体规划和相关城乡规划；结合国务院提出的 2020 年养老服务业发展目标，合理确定本地区养老服务设施特别是居家和社区养老服务设施、各类养老机构建设具体目标，测算出建设规模、用地需求，按规划分解确定年度用地计划，逐年抓好落实；新建居住（小）区要将居家和社区养老服务设施与住宅同步规划、同步建设、同步验收、同步交付使用。大型住宅开发项目的居家和社区养老服务设施可以适当分散布局，小型住宅开发项目可在相邻附近适当集中配置。已建成居住（小）区要通过资源整合、购置、租赁、腾退、置换等方式，配置相应面积并符合建设使用标准的居家和社区养老服务配套设施。

智能化养老基地建设最重要的建设内容是养老服务的智能化建设。基础设施等硬件环境建设又是智能化建设中重要的支撑环节，包括感知、探测、信息终端采集等系统建设（感知层）；社区全覆盖的信息传输网络建设（网络层），养老信息数据中心建设（数据层），基地综合信息服务管理平台建设等四大部分。

这几大部分的建设中包含着智能化先进技术的运用，在应用先进关键技术时又往往不是局限于某一项专业层，而是贯穿于几乎所有的信息化基础层。例如在采用老年人生命体征参数的感知采集技术时，需要将信息感知终端采集的数据经转换后，由传输网络送至数据中心进行数据处理、整合与池化存入相关的或云端的数据库备用，平台层的相关模块进行存储数据的分析对比处理，然后利用平台层的功能模块对生命体征危险信号给予预报决策，进行发布，向相关方报警，使相关方及时为老人提供各种措施、服务。

智能化养老基地建设应用的各种关键技术的阐述，将不按照信息化的专业分层结构来划分，以免将这些技术的整体服务流程割裂。为了保持这些关键技术阐述的整体性，将在第七章，完整地阐述这些关键技术，即从感知层，经网络层、数据层，采用综合服务平台的专用处理模块技术，实现对象感知数据的综合分析处理，最后落实到预测预报、闭环反馈决策。

因此在本章阐述信息化分层功能时，只阐述该层的基础性设施和一般性的功能，涉及关键技术的内容，则在专门的章节再完整地给予阐述。

4.2　感知控制层

4.2.1　感知、探测、报警信息采集系统

感知、探测、报警信息采集系统包括对老人各种生命体征的感知、老人生活居住环境及室内安防状况的感知、老人身份识别及实时位置的感知等。本系统经各种传感器对上述感知数据进行探测并采集上传，当达到某一门限时，向相关方报警，以便相关方提供相应服务。

4.2.1.1　老人生命体征参数的感知及采集数据处理

应用便携式或穿戴式设备可对老人多种生命体征（体温、血压、脉搏、呼吸等）进行测量采集，并将测量数据传回后台进行处理。后台系统依据大量数据，采用建模、数理统计分析、数据挖掘等技术，对体征数据异常值进行处理，经数据分析对比存储处理后，对生命体征危险信号进行发布，并向相关方报警，使相关方及时为老人提供各种措施、服务。

实时监控老人生命体征，能够在老人长时间处于相对静止状态下，当有异常发生时，及时向急救和监控中心发出报警信号，便于及时发现和避免窒息、心脏骤停等容易引起老人衰亡的突发情况。

1. 生命体征感知设备的功能、分类和应用场合

1）生命体征感知设备的测量功能

生命的基本体征包括体温、血压、脉搏、呼吸几项，监测老人的生命体征，离不开对这几项生命体征的监测。

正常体温：是身体进行新陈代谢和正常生命活动的必要条件。

呼吸的存在，关联着生命的存在；呼吸形态的异常，还提供了诸多信息、患病的种类，疾病现处阶段的凶险程度等。

血压、脉搏是血液循环系统功能良好的重要测量指标。

2）生命体征感知设备的分类

生命体征感知设备按使用方式可分为固定式、便携式、穿戴式等，为方便起见，老人生命体征感知采用便携式及穿戴式。

3）生命体征感知设备依据使用方式

根据实际需要，生命体征感知设备可以居家使用、社区使用，也可以养老院、养护院使用。

2. 生命体征感知数据的采集与传输

1）生命体征数据的采集测量方式

（1）现代体温测量技术：主要有红外非接触测温技术、基于彩色三基色的测温技术、激光测温技术等。

①红外非接触测温技术：温度高于绝对零度的物体都会产生红外辐射，利用物体产生的红外辐射能量的强度与物体温度的关系可以确定物体的温度。红外测温仪按不同设计原

理可分为全辐射测温仪、亮度测温仪和比色测温仪三类。

全辐射测温仪：接收目标辐射的全部光谱来确定目标的温度的仪器。实际仪器接收的是全部辐射能量的亮度，根据测量目标在给定波长（附近一窄带光谱的辐射亮度）来获取目标温度。在全辐射测温仪前加一个带通滤光片就可以构成亮度测温仪，也可称为部分辐射测温仪，亮度测温仪不需要环境温度补偿。

比色测温仪：利用两个相近波段内单色光辐射能量的比值来确定目标温度。该测温技术受烟雾灰尘的遮挡影响较小，测量误差小；但要保证两个波段的辐射吸收率相差不大，因此，对波段选择要求严格。红外检测仪器的响应波长应根据目标辐射的光谱分布选择合适的对应波长。高温物体红外辐射能量集中在波长较短的区域，而低温物体红外辐射能量集中在波长较长的区域，同时红外探测器的工作波段必须落在大气窗口中。

②彩色三基色的测温技术：该技术具有自扫描特性，以噪声低、灵敏度高、动态范围大、功耗低、体积小、重量轻和寿命长等优点而被广泛应用。一般物体因自身辐射而表现的色彩取决于该物体的辐射光谱。通过测量物体的色系数，可以计算出物体的辐射率和温度，这就是彩色三基色温度测量的基本原理。运用该测温原理，可以测量发光火焰的温度场，如柴油机燃烧的温度场。

③激光测温技术：分布式光纤测温技术是基于激光在光纤中的散射特性，基于激光的干涉或衍射特性的激光测温技术。

光纤温度传感器利用了光信号在光纤中的散射效应，实现对携带温度信息的光信号的识别和起源位置的确定。光信号在光纤中的散射有瑞利散射、布里渊散射和拉曼散射三种类型。其中，利用瑞利散射实现测温的系统结构复杂，调试困难，难以获得较高的信噪比，测试精度不高。利用布里渊散射实现测温的系统动态范围大，精度高，但泵浦激光和探测激光必须设在被测光纤两端，结构复杂，不能测断点。利用拉曼散射实现测温的系统最利于应用，唯一缺点是返回的信号很弱，对激光源的要求高。目前对拉曼散射特性研究较为成熟。

（2）血压测量有两种方法

①直接测量方法：即将特制导管经穿刺周围动脉，送入主动脉，导管末端经换能器外接床边监护仪，自动显示血压数值。此法优点是直接测量主动脉内压力，不受周围动脉收缩的影响，测得的血压数值准确。缺点是需用专用设备，技术要求高，且有一定创伤，故仅适用于危重和大手术病人。

血压的直接测量是一种有创的测量方法。它需要将管道直接插入生物体的血管内来直接测量血压，它可以连续的测量血压波形的变化并进行监护。

②间接测量法：即目前广泛采用的袖带加压法，此法采用血压计测量。血压计有汞柱式、弹簧式和电子血压计，以汞柱式最为常用。间接测量法的优点是简便易行，不需特殊的设备，随处可以测量。缺点是易受周围动脉舒缩的影响，数值有时不够准确。由于此法是无创测量，可适用于任何病人。

（3）心跳和脉搏一般利用 LED 测量

这种方法是在手指等触碰的部分，配置使用 LED 的发光模块和使用光电晶体管等的受光模块，利用血液中的血红蛋白容易吸收绿色等特定波长的光的特性，用 LED 照射手指，利用其反射光来检测脉搏。这种方法的应用比较广泛。

2）生命体征监测设备可以灵活设置采样频率，满足对老人生命体征的监控需要。

3）采集的生命体征数据可通过 RJ45、Zigbee、Wifi、GPRS、3G、4G 等方式传送到后台数据中心，实现统一处理。传输规约需具有规范、统一、简单、可靠、易扩展等特性。

3. 采集数据处理

1）对前端感知设备采集到的数据，后台系统需具有对这些原始数据通过限幅滤波法、中值滤波法、算数平均滤波法、滑动平均滤波法、加权滑动平均滤波法等传统滤波方式对测量异常数字进行处理。也可以综合以上方法实现复合数字滤波。

2）亦可针对不同的老人，进行个性化建模，从而进行对测量异常值进行处理是比较精准的。采用个性化建模法，可以准确的将不同老人的生命体征进行描述，从而使服务方提供准确的服务。

3）对老人的生命体征历史数据可以采用按时段分项方式进行统计整理，采用个性化建模综合统计指标进行同比、环比分析，以折线图、柱状图、饼图等直观方式展现，为老年疾病预防及相关健康指标控制提供参考。对老人的生命体征历史数据在后台建立老人健康档案，使用分表数据存储，或根据需要建立大数据平台存储。

4. 生命体征危险报警

1）针对每种生命体征参数可以个性化建模，后台系统根据医学科学灵活配置阀值，当老人的体征值偏离阀值超过一定范围（可灵活设定）时即可判定生命体征异常，根据偏离的程度可以判断为正常、微差、病危等状态。

2）在产生微差时系统自动调出老人及其医护人员的联系方式，采用电话、短信或网络邮件方式自动通知老人或医护人员。在病危状态时监测系统报警，并自动调出老人家属及其医护人员的联系方式，同时采用电话、短信和网络邮件方式自动通知医护人员和老人的家属。

3）建立开放式网络查询平台，让老人自己及其家属随时了解老人的身体状况信息，也可以通过手机 APP 获得更便利的访问方式。

4.2.1.2 老人生活居住环境及室内安防状况的感知采集数据处理

居住环境及室内安防状况感知包括室内温湿度、空气质量、易燃气体、室内入侵探测、报警装置，以及将这些感知信号接入的室内主机。

1. 居住环境及室内安防状况感知设备

1）居住环境感知设备，如室内温湿度探测器、室内可燃气体探测器、室内二氧化碳浓度探测器、室内灰尘探测器、室内 PM2.5 探测器等装置。

温度探测误差 ≤ ±2.5℃；

湿度探测范围 0～100% RH 误差 ≤ ±5% RH；

室内可燃气体探测测量范围：0～100% LEL 误差 ≤ ±5% F. S；

二氧化碳探测范围 0～3000ppm；0～5000ppm；0～10000ppm，0～5%；0～10%；0～20%；0～100% 误差 ≤5%；

室内灰尘探测测试范围：10 级 ~ 30 万级（对应 ISO 的 4 到 9 级）相对标准偏差≤10%。

室内 PM2.5 探测测试范围：10 级 ~ 30 万级（对应 ISO 的 4 到 9 级）相对标准偏差≤10%。

2）室内安防装置

（1）微波多普勒入侵探测器

亦称为雷达报警器，应用多普勒原理，辐射一定频率的电磁波，覆盖一定范围，并能探测到在该范围内移动的人体而产生报警信号的装置。检测灵敏度高，可调探测范围。但设备对安装具有较高的要求，容易产生误报，且会产生对人体有害的微量能量。

（2）超声波入侵探测器

超声波入侵探测器与微波入侵探测器原理一致，同是应用多普勒原理，通过对移动人体反射的超声波产生响应，从而引起报警，超声波入侵探测器利用超声波的波束探测入侵行为，与微波入侵探测器一样是最有效的保安设施之一。超声波入侵探测器能够对保护区域内微小运动非常敏感，但会受变化气流的影响。

（3）主动红外入侵探测器

发射机与接收机之间的红外辐射光束，完全或大于给定的百分比部分被遮断能产生报警状态的探测装置。

主动红外入侵探测器一般由单独的发射机和接收机组成，收、发机分置安装，性能上要求发射机的红外辐射光谱应在可见光光谱之外。为防止外界干扰，发射机所发出的红外辐射必须经过调制，这样当接收机收到接近辐射波长的不同调制频率的信号，或是无调制的信号后，就不会影响报警状态的产生和干扰产生的报警状态。

（4）被动红外入侵探测器

当人体在探测范围内移动，引起接收到的红外辐射电平变化而能产生报警状态的探测装置。

其灵敏度的要求为：当人体正常着装，以每秒一步的速度，在探测范围内任意作横向运动，连续步行不到 3m，探测器产生报警状态。

被动红外入侵探测器采用热释电红外探测元件来探测移动目标。只要物体的温度高于绝对零度，就会不停地向四周辐射红外线，利用移动目标（如人、畜、车）自身辐射的红外线进行探测。

与其他类型的保安设备比较，被动红外入侵探测器具有如下特点：

①不需要在保安区域内安装任何设备，可实现远距离控制；

②由于是被动式工作，不产生任何类型的辐射，保密性强，能有效地执行保安任务；

③不必考虑照度条件，昼夜均可用，特别适宜在夜间或黑暗条件下工作；

④由于无能量发射，没有容易磨损的活动部件，因而功耗低、结构牢固、寿命长、维护简便、可靠性高。

（5）微波和被动红外复合入侵探测器

将微波和被动红外两种单元组合于一体，且当两者都处于报警状态才发出报警的装置。这种复合探测器由微波单元、被动红外单元和信号处理器组成，并装在同一机壳内。微波和红外探测范围大小相当且重叠，在机壳内有调节两者重叠的装置。

（6）机电探测器

最简单的入侵探测器，由围绕保护区域的闭合电路所组成，一旦入侵者进入该区域，即会破坏电路而触发报警。

机电探测器包括：

①金属箔探测器。将金属箔或金属带装在门窗上形成探测电路的组成部分，由于入侵行为而损坏金属箔时就会触发报警；

②门窗开关。门窗开关可用于机电入侵报警器；

③玻璃破碎探测器。因玻璃击碎而触发报警；

④倾斜与振动开关。能敏感倾斜或振动而进行开、关的器件。

（7）光电探测器

光电探测器利用光线具有直线传播的特点，因此它适合于探测出入口或较开阔而没有物体阻挡光束的区域。光电探测器的主要缺点是，它不适用于短而弯曲的通道。

（8）光探测器

光探测器是一种不用光源驱动的光探测器。这种装置可自动测出保安区内的光线强度，并能对突然的变化作出反应。

（9）红外体温探测器

红外体温探测器是光探测器的另一种形式，它可由入侵者身体发出的热能触发。这种探测器不会响应室温上升或下降的变化。但是当温度约等于人体温度的目标（如入侵者）从敏感区域进入非敏感区域时，报警器就能检测出辐射的差别，并触发报警。红外体温探测器的灵敏度很高，而且不容易被破坏。

（10）接近探测器

接近探测器是一种当入侵者接近它（但还未碰到它）时能触发报警的探测装置。接近探测器更适用于室内，如对写字台、文件柜等一些特殊物件提供保护。最突出优点是可以很方便地将被保护物体当作电路的一部分，因而只要有人试图破坏系统时，就会立即触发报警。接近探测器的主要缺点为若调整不适，则过于灵敏，造成误报。

（11）音响入侵探测器

通过监测门户的入口处的声响强度，来判断是否有入侵者出现。音响入侵探测器的突出优点是，它可用来鉴别引起报警的原因。但其局限性是在正常条件下，当背景噪声在很宽的范围内变化时，这种探测器很容易造成误报。

（12）振动入侵探测器

振动探测器通过检测物体机械位移来产生信号。用来对某些一般情况下有人员在活动的保护区内的特殊物件提供保护。

（13）视频入侵检测系统

采用基于视频运动分析检测技术的入侵探测技术。通过相关视频图像算法分析判断出入侵对象，并触发报警信号。

2. 居住环境及室内安防探测数据的采集与远传

1）探测装置对外可采用如干接点、RS485、RJ45、Zigbee、Wifi、GPRS、3G、4G 等方式之一将探测数据传出。传输规约必须具有规范、统一、简单、可靠、易扩展等特性。

2）接收感知数据信息的室内主机应该具备普通 I/O、RJ45、RS485、GPRS、3G、4G 等标准接口方式。

3. 采集数据处理

1）对前端感知设备采集到的数据，室内主机对这些原始数据需采用对采集到的数据可以通过限幅滤波法、中值滤波法、算数平均滤波法、滑动平均滤波法、加权滑动平均滤波法等方式对测量异常数字进行处理，也可以综合以上方法实现复合数字滤波。

2）对居住环境各项历史测量数据在后台使用分表数据存储，或根据需要建立大数据平台存储。对居住环境各项历史测量数据可以按时段统计分析，以折线图、柱状图、饼图等直观方式展现，为入侵预防及相关安全控制提供参考。

4. 居住环境及室内安防状况报警

当前端探测感应到有害源（危险源），或后台系统通过指标数据的对比分析后，确认了存在危险情况时采用声音、显示器、短信、邮件、电话等方式通知老人、家政、物业、安保人员对现场进行巡查，视情形严重性通知老人家属。

开放网络查询平台，让老人自己及其家属随时了解居住环境的安全状况信息，也可以通过手机 APP 获得更便利的访问方式。

4.2.1.3 老人身份识别及实时位置感知及采集数据处理

针对居家养老和基地养老等非集中养老方式，需要考虑老人外出活动时，出于安全角度考虑对老人的身份识别和追踪定位。

1. 老人身份识别及实时位置感知设备

1）老人身份识别可采用便携式智能 IC 卡，将老人的身份、住址信息、重要病史、过敏史，以及家属联系方式，一同写入智能卡中，以便紧急情况下提供最快捷的参考服务。

2）老人实时位置感知设备为具有 GPS 定位功能的终端设备，如老人用智能手机等。要求定位精度在 15m，位置数据采集周期为 1 小时。

3）装置的使用方式优先为穿戴式，也可以采用携带式。需具有简单小巧，易带等特点。

2. 身份识别及实时位置数据的采集与远传

1）身份识别装置对外采用射频硬件方式将数据传出。

2）实时定位装置采用基站定位、北斗定位系统定位等方式，应用相应的软件协议和标准通信规约，进行数据报文发送。

3. 数据采集与处理

1）对前端感知设备采集到的数据，室内主机对这些采集到的原始数据可以通过限幅滤波法、中值滤波法、算数平均滤波法、滑动平均滤波法、加权滑动平均滤波法等方式对测量异常数字进行处理，也可以综合以上方法实现复合数字滤波。

2）对老人的身份识别和实时定位数据在后台使用分表数据存储，或根据需要建立大数据平台存储。

4. 开放查询平台

开放网络查询平台，让老人自己及其家属随时了解居住环境的安全状况信息，也可以通过手机 APP 获得更便利的访问方式。

4.2.2 数据采集接口

信息传输网络即信息传输设施系统，对建筑物内外的各类信息，予以接收、交换、传输、存储、检索和显示等综合处理，并提供符合信息化应用功能所需的各种类信息设备系统组合的设施条件。主要包括通信接入系统、电话交换系统、信息网络系统、室内移动通信覆盖系统、卫星通信系统、有线电视及卫星电视接收系统、广播系统、会议系统、时钟系统等。

4.2.2.1 数据采集接口概述

数据采集接口主要把采集的光照度、温湿度、浓度、电量、流量、速度、压力等物理量转换成数字序列，并上传给上位机。计算机对温度、压力、位移、流量、光亮度、速度等模拟量进行分析前，需要一个接口电路把模拟物理量转变数字序列，或将计算机产生的数字序列变换成物理装置可以接受的模拟量。

4.2.2.2 数据采集接口连接

依据《广播电视光缆干线同步数字体系（SDH）传输接口技术规范》GB/T 17881—1999、《报警传输系统串行数据接口的信息格式和协议》GB/T 21564.5—2008、《安全防范工程程序与要求》GA/T 75—94、《民用闭路监视电视系统工程技术规范》GB 50198—94、《安全防范工程技术规范》GB 50348—2004 等标准，数据采集接口连接方式分为硬线连接和通信连接两种。硬线连接是指用信号线缆直接传输 AI、AO、DI、DO 信号，通信连接重要的是软件接口，应用比较广泛的软件接口技术和规范有：OPC、TCP/IP、RS232/485/422 串行通信、MODBUS、Lonworks、BACnet、ODBC、API、DDE、ActiveX 等。

4.2.2.3 数据采集接口的作用

通过数据采集接口，将基地所有智能化子系统相关独立的设备、资源、服务和管理集成或互联到一个相互关联的、统一协调的系统之中，以实现信息共享、协调互动和高效管理。

4.2.3 智能卡

4.2.3.1 智能卡概述

智能卡（Smart Card）：内嵌有微芯片的塑料卡（通常是一张信用卡的大小）的通称。一些智能卡包含一个 RFID 芯片，所以它们不需要与读写器的任何物理接触就能够识别持卡人。智能卡配备有 CPU 和 RAM，可自行处理数量较多的数据而不会干扰到主机 CPU 的工作。智能卡还可过滤错误的数据，以减轻主机 CPU 的负担。适应于端口数目较多且通信速度需求较快的场合。卡内的集成电路包括中央处理器 CPU 和存储器。卡中数据分为外部读取和内部处理部分。

4.2.3.2　智能卡组成

智能卡是集成电路的一种，带有中央处理器、存储单元以及芯片操作系统。基地的智能卡使用的智能卡芯片，应在非挥发性存储器的安全数据区写入经授权确认的安全认证识别码，且安全认证识别码应不可改写。IC 卡触点的分配遵循 ISO 7816（传输协议）的规定、非接触式卡片的应用符合 ISO/IEC 14443 标准的规定。

基地智能卡系统应包括公共交通票用、轨道交通票用、表具类和出入口控制类等智能卡系统。

4.2.3.3　智能卡使用管理

建设智能化基地，需要具备四个基础支持：一是设施物品充分感知；二是信息网络互连互通；三是信息资源深度整合；四是知识管理普及深入。从政府角度看，一方面要推进城市管理服务流程的重塑优化，决策运行的智能化、协同化、精准化和高效化，另一方面要推动产业智能化和智能产业集聚化；从企业角度看，产品和服务要高科技、高知识、高效益；从公众角度看，信息、知识获取利用能力建设要普及深化并保持常态化；从资源环境角度看，要推行智能化和低耗化。

4.2.4　自组网

自组网是指同类传感设备或控制设备，经配置后能自动组织成传输网络，采集数据后上传或者接收控制指令后执行动作的能力。

自组网是一种无中心结构的对等通信网。为满足自组网要求，同一组网类型的不同厂家的设备应能支持互联和互操作。组网的设备包括各种传感设备、采集设备、照明开关设备、调光设备、窗帘驱动设备、空调控制设备、影音控制设备、安防设备等。

自组网又分为有线自组网、无线自组网。

1. 有线自组网

有线自组网技术宜选择 KNX 标准等技术。

对于有线组网技术，在布线方式上，应支持总线、树形、星形、环形和任何混合的拓扑结构。

2. 无线自组网

无线自组网技术宜选择 Zigbee 或 EnOcean 等技术。

对于无线自组网技术，应具备功耗低、穿透性强、抗干扰强的特点，支持多种频段。

自组网是一种移动通信和计算机网络相结合的网络，除符合《低速无线个域网（WPAN）媒体访问控制和物理层规范》GB/T 15629.15—2010 等相关标准规范对访问控制、网络交换协议的要求之外，还应满足以下条件：

1）可支持传感器类型：温度、湿度、气压、振动、声音、烟感、红外光感、日光感等；

2）频率范围：ISM 公用频段（315MHz、433MHz、868MHz、915MHz、2.4G）；

3）调制方式：FSK/GFSK/OFDM（64QAM、16QAM、QPSK、OQPSK、BPSK 自适应调制）；

4）最大组网规模：一个主节点管理若干子节点，最多一个主节点可管理 254 个子节点；同时主节点还可由上一层网络节点管理，最多可组成 65000 个节点；

5）动态路由：传输数据前，通过对网络当时可利用的所有路径进行搜索，分析它们的位置关系以及远近，然后选择其中的一条路径进行数据传输；

6）可靠性：物理层采用扩频技术，能够在一定程度上抵抗干扰，MAC 应用层（APS 部分）有应答重传功能。MAC 层的 CSMA 机制使节点发送前先监听信道，可以起到避开干扰的作用。当网络受到外界干扰，无法正常工作时，整个网络可以动态的切换到另一个工作信道上；

7）安全性：可提供多种安全模式，包括无安全设定、使用访问控制清单（Access Control List，ACL）防止非法获取数据以及采用高级加密标准（AES 128）的对称密码，以灵活确定其安全属性。

自组网技术是基于最底层的射频芯片实现的一种自组网无线通信技术，旨在给用户提供一种强覆盖，大容量，低延时的局域网加广域网的移动通信解决方案。

4.2.5 短距离传输

短距离传输技术主要是指短距离无线传输技术，感知设备自带的短距离无线通信功能将设备直接接入网络，组成无线传感网络。特点是：通信距离短，功耗低，不需要申请频率资源使用许可证，应用场景众多。

目前短距离无线传输技术主要有如下几种：

蓝牙（Bluetooth）：应用范围广，易移植，成本昂贵，安全性差，一般工作在 10cm 到 10m 内；

Wifi：传输速度高，设置复杂，一般工作在 100m 内；

红外数据传输（IrDA）：

近场通信（NFC）：认证识别简单，安全性不高，一般工作在 20cm 内；

超宽带无线技术（UWB）：传输速率极高，带宽极宽，保密性好；

无线射频识别（RFID）：应用范围广，环境适应力强，成本较高；

ZigBee：成本低，功耗小，保密性高，传输速率低。

短距离无线传输技术应符合《报警传输系统串行数据接口的信息格式和协议第 4 部分：公用传输》GB/T 21564.4—2008、《公用数据网与 ISDN 网的国际数据传输业务和任选用户设施》GB/T 11590—2011、《公用网之间以及公用网和提供数据传输业务的其他网之间互通的一般原则》GB/T 17153—2011、《无损检测数字化超声检测数据的计算机传输数据段指南》GB/T 25759—2010 等相关标准对各类短距离传输通道、协议的要求。

短距离无线传输可以与现有的移动网、互联网和其他通信网络相连接，从而实现低成本、高灵活性的网络接入。短距离无线传输可以自由地连接各种个人便携式电子设备、计算机外部设备和各种家用电器设备，实现信息共享和多业务的无线传输。

4.2.6　网关接入

网关接入技术主要是将基地中的通信网络和感知网络连接起来。接入网关设备泛指网络边缘连接用户主机的各种网关设备。典型的接入网关设备包括：无线接入网关（Wifi 路由器）、家庭（接入）网关、各种拨号（协议）接入网关、专线接入网关、VPN 接入网关、企业接入网关等。接入网关标准规定了这些网关设备的数据交换协议。

网管设备的数据交换协议应符合《信息技术-安全技术—IT 网络安全第 3 部分：使用安全网关的网间通信安全保护》GB/T 25068.3—2010、《媒体网关控制协议》GB/T 28524—2012 等相关标准规范的要求。

物联网接入的网关应实现以下技术要求：

1．拥有对各节点的状态、属性等信息的获取功能，即可以感知各个节点的实施状态；

2．拥有对各节点的远程唤醒、控制、诊断功能，即实现终端节点自动化、程序化管理；

3．协议转换和数据格式满足标准化要求，将协议适配层上传的标准格式的数据统一封装，将接入层下传的数据解包成标准格式数据，实现协议的解析并转换为感知层能识别的信号和指令。

如今各大运营商已建成了覆盖全球的有线、无线通信网络，能够满足高带宽、远距离传输的要求，通过传统通信网络与传感器网络、RFID 等感知技术的有力结合，可以有效解决感知节点远距离互联互通的问题。利用网管设备可实现传统通信网络与感知网络的无缝融合，借助蜂窝通信网或有线网络可以实现信息的远距离传输。

4.3　网络层

4.3.1　信息传输基础网络

信息传输网络即信息传输设施系统，对建筑物内外的各类信息，予以接收、交换、传输、存储、检索和显示等综合处理，并提供符合信息化应用功能所需的各种类信息设备系统组合的设施条件。主要包括通信接入系统、电话交换系统、信息网络系统、室内移动通信覆盖系统、卫星通信系统、有线电视及卫星电视接收系统、广播系统、会议系统、时钟系统等。

应采用标准化的接口，使用多种类传输媒介（双绞线、光缆、同轴电缆、无线等）支持不同的接入类型与业务，其基本功能如表 4-1。

4.3.1.1　有线宽带网

有线局域网需要使用以太网电缆和网络适配器。虽然两台电脑可以通过以太网交叉电缆实现互联，但是有线局域网一般还需要网络结点设备，比如 HUB 集线器、交换机或者路由器，以实现更多电脑的互联。

如果是通过拨号上网的用户，那么主机需要与调制解调器互联，并且主机上还要安装有 Internet 连接或者类似的软件，以供连接主机上的其余电脑也能够实现上网。使用路由器的用户就简单多了，它内置有防火墙功能，而且更容易实现多台电脑共享带宽。

接入网基本功能 表 4-1

业务	电话、传真、数据、视像、多媒体等
网络	(1-n) x64kbit/s、PSTN、ISDN、DDN、分组、帧中继、IP 网等
传输速率	基于 64kbit/s、n x 64kbit/s、2Mbit/s、155Mbit/s 及 10/100/1000Mbit/s 等
传输系统	有线系统、无线系统
物理媒介	双绞线、光纤、同轴电缆、无线

总体建设原则：

1. 高负荷性：应满足上千户甚至几千户的住户，方便后期网络的扩容和不同业务的接入；

2. 高稳定性：由于是给小区用户业主提供宽带接入服务的，网络内的用户存在各种不同时间上网的需求，这就要求网络不能经常中断，网络接入设备应具有很高的稳定性；

3. 高安全性：小区内用户的网络都是由用户个人自行管理，要做好小区宽带管理，防止网络攻击，病毒，用户互访的事件发生；

4. 可管理、易操作：要求有一个良好的管理系统来对用户进行计费管理，并且要具备良好的可操作性；

5. 易于升级维护：随着网络的复杂化，对网络设备及维护的要求也越来越高，因此在构建网络时，就要充分考虑到易升级，易维护的特性。

系统应符合下列要求：

1. 应符合现行国家标准《综合布线系统工程设计规范》GB 50311—2007 的有关规定；

2. 采用光纤到户、电话线载波或同轴线载波方式用户接入；满足视频、语音、数据等多种高速、大容量数据的传输。

4.3.1.2 无线网

无线局域网是固定局域网的一种延伸，是计算机网络与无线通信技术相结合的产物，它具有快捷高效、组网灵活等特点。无线局域网在不采用传统缆线的同时，利用无线多址信道来支持计算机用户的通信，提供以太网或者令牌网络的功能并为通信的移动化和多媒体应用提供了可能。

无线局域网技术现在主要有三种 Wifi 通信标准，它们分别是：

802.11b——是最老的，也是目前应用最广泛的 Wifi 标准，它是 Wifi 标准中带宽最低，传输距离最短的一个标准，因此支持这类产品的价格也便宜很多；

802.11a——比 802.11b 具有更大的吞吐量，由于它并不能和 802.11b 以及 802.11g 兼容，因此它也是目前使用量相对较少的一个 Wifi 标准；

802.11g——传输速度要高于 802.11b，而且可以与 802.11b 兼容，因此此类产品售价也较高，但它比 802.11a 更容易受到外界环境的干扰。

小区内主要道路、会所等公共区域，宜配置无线局域网络系统。网络应具备以下条件：

1. 支持光缆接口：摆脱以太网线百米传输距离的限制，大大方便室外部署，基站型产品支持光缆接口；

2. 户外远距离覆盖：可以在室外进行远距离大面积覆盖的要求，从而降低布点数量，减少建网费用、施工难度，相关基站型产品覆盖到 1kM；

3. 频谱导航：具有双频接入端让用户均衡分布到两个载频上，合理化使用载频，提升用户感知，实现网络均衡负载；

但随着应用的进一步发展，WLAN 正逐渐从传统意义上的局域网技术发展成为"公共无线局域网"。

4.3.1.3 移动通信网

移动通信是移动体之间的通信，或移动体与固定体之间的通信。

可以使用的接入技术包括：蜂窝移动无线系统，如 3G；无绳系统，如 DECT（数字增强型无线通信）；近距离通信系统，如蓝牙和 DECT 数据系统；无线局域网（WLAN）系统；固定无线接入或无线本地环系统；卫星系统；广播系统；电话线载波和同轴电缆载波。

1. 应符合现行国家标准《国家环境电磁卫生标准》（GB 9175—1988）等有关的规定。

2. 应克服建筑物的屏蔽效应阻碍与外界通信。

3. 应确保建筑的各种类移动通信用户对移动通信使用需求，为适应未来移动通信的综合性发展预留扩展空间。

4. 对室内需屏蔽移动通信信号的局部区域，宜配置室内屏蔽系统。

5. 电梯轿厢、停车库等应实现移动、联通、电信等移动电话信号覆盖；

4.3.1.4 广播电视网

广播电视信息网络化的建设、开发、经营管理和维护，广播电视节目收转、传送；广播电视网络信息服务、咨询；有线广播电视分配网的设计与实施，卫星地面接收设施设计、安装、施工。

广播系统应符合下列要求：

1. 设置背景音乐和应急广播系统；

2. 应配置多音源播放设备，以根据需要对不同分区播放不同音源信号；

3. 系统播放设备宜具有连续、循环播放和预置定时播放的功能；

4. 应急广播系统的扬声器宜采用与背景音乐系统的扬声器兼用的方式。应急广播系统应优先于背景音乐系统。

电视系统应符合下列要求：

1. 应符合现行国家标准《有线电视系统工程技术规范》（GB 50200—1994）有关规定；

2. 应向用户提供多种电视节目源；

3. 应建立小区有线电视传输和分配网；

4. 若小区需要，应按照国家相关部门的管理规定，配置卫星广播电视接收和传输系统；

5. 每户应不少于 2 个有线电视插座（一室小户型可以为 1 个）。

基地设置背景音乐及应急广播系统；建立小区有线电视传输和分配网，设置电视信号入户。

4.3.1.5　电力线网

电力线载波通信（PLC），是指利用电力线传输数据、语音和视频信号的一种通信方式。通过电源插座，可以实现因特网接入、电视节目接收、语音通话、可视电话等多项服务。

基地公共电力网络，应根据不同的负荷分级采用不同配电方式：

1. 基地高层建筑的电梯、泵房、消防设施、应急照明、升降机、智能化网络中心等为一级负荷，当常用电路断电后，其备用电源应快速投入。

2. 其余用电为二级负荷，二级负荷一般由单电源供电，可视电源线路裕度及负荷容量合理增加供电回路。

3. 在配网自动化规划区域内用户住宅小区的高压配电网，应预埋配网自动化通信管孔，预留配网自动化设备装设位置及通信线路位置。

4. 远程自动化抄表系统，包括具有通信接口的电能表、数据采集终端、主台管理系统。

由于利用了家庭现有的电力线路，终端客户不需要重新布线，只需接上电源插头即可实现高速因特网浏览、游戏、视频等多种服务。

4.3.2　网络融合

4.3.2.1　移动网与固网融合

固定与移动网络融合（FMC）是指网络的业务提供与接入技术和终端设备相独立，其目标就是同样的业务可以由各种接入网获得，使用户通过不同的接入网络，获得相同的业务而享受相同的服务。FMC 并不一定意味着网络的物理融合，其主要特征是用户订阅的业务与接入点和终端无关，允许用户从固定或移动终端通过任何合适的接入点使用同一业务。融合已逐渐成为通信的主要趋势，FMC 是下一代通信网络的重要特征。

FMC 可以分为网络、业务、终端和运营三个层面的融合。

总体设计要求：

1. 支持用户多种网络接入方式：用户能够根据自己所在的位置、需要的应用、服务质量和通话量等具体需求，灵活地选择采用不同的接入技术，这些技术主要包括：移动接入网中的 GSM、CDMA、GPRS、WCDMA、CDMA2000、TD—SCDMA 等技术；固定移动无线网中的 3.5G 固定无线接入、Wifi（WLAN）、WiMax 等技术；固定宽带接入网中的 AD-SL、VDSL、EPON、GPON、HFC、LAN 等技术。

2. 要求业务体验的一致性：用户可以通过多种接入手段、各种终端来获取业务。不论用户采用的是哪种接入、哪种终端，用户都应该能够获得一致的业务体验。

3. 业务使用的连续性：在设备和网络方面，具体表现为无缝连接、平滑切换，在不同网络间的切换不会中断业务或导致服务质量受损。

要实现固定网络与移动网络融合的功能，无线技术上采用蓝牙，Wifi，或者用 UMA（Unlicensed Mobile Access 非授权移动接入），网络接入方面用公共交换电话网网关接入设备（PSTN AP）或者 SLP（会话初始协议）网关接入设备（SLP AP）、UMA 网关接入设备都可以实现，具体应用时要看使用的对象，以及运营商服务的模式，还要考虑各个国家现有的网络基础结构，终端与网络性能的相互匹配等因素。

4.3.2.2 三网融合

三网融合是指电信网、广播电视网、互联网在向宽带通信网、数字电视网、下一代互联网演进过程中，三大网络通过技术改造，其技术功能趋于一致，业务范围趋于相同，网络互联互通、资源共享，能为用户提供语音、数据和广播电视等多种服务。三网融合并不意味着三大网络的物理合一，而主要是指高层业务应用的融合。三网融合应用广泛，遍及智能交通、环境保护、政府工作、公共安全、平安家居等多个领域。手机可以看电视、上网，电视可以打电话、上网，电脑也可以打电话、看电视。三者之间相互交叉，形成你中有我、我中有你的格局。

三网融合，在概念上从不同角度和层次上分析，可以涉及技术融合、业务融合、行业融合、终端融合及网络融合。

1. 基础数字技术。数字技术的迅速发展和全面采用，使电话、数据和图像信号都可以通过统一的编码进行传输和交换，所有业务在网络中都将成为统一的比特流。所有业务在数字网中都将成为统一的比特流，从而使得话音、数据、声频和视频各种内容（无论其特性如何）都可以通过不同的网络来传输、交换、选路处理和提供，并通过数字终端存储起来或以视觉、听觉的方式呈现在人们的面前。数字技术已经在电信网和计算机网中得到了全面应用，并在广播电视网中迅速发展起来。数字技术的迅速发展和全面采用，使话音、数据和图像信号都通过统一的数字信号编码进行传输和交换，为各种信息的传输、交换、选路和处理奠定了基础。

2. 宽带技术。宽带技术的主体就是光纤通信技术。网络融合的目的之一是通过一个网络提供统一的业务。若要提供统一业务就必须要有能够支持音视频等各种多媒体（流媒体）业务传送的网络平台。这些业务的特点是业务需求量大、数据量大、服务质量要求较高，因此在传输时一般都需要非常大的带宽。另外，从经济角度来讲，成本也不宜太高。这样，容量巨大且可持续发展的大容量光纤通信技术就成了传输介质的最佳选择。宽带技术特别是光通信技术的发展为传送各种业务信息提供了必要的带宽、传输质量和低成本。作为当代通信领域的支柱技术，光通信技术正以每 10 年增长 100 倍的速度发展，具有巨大容量的光纤传输是"三网"理想的传送平台和未来信息高速公路的主要物理载体。无论是电信网，还是计算机网、广播电视网，大容量光纤通信技术都已经在其中得到了广泛的应用。

3. 软件技术。软件技术是信息传播网络的神经系统，软件技术的发展，使得三大网络及其终端都能通过软件变更最终支持各种用户所需的特性、功能和业务。现代通信设备已成为高度智能化和软件化的产品。今天的软件技术已经具备三网业务和应用融合的实现手段。

4. 互联网协议（IP）技术。内容数字化后，还不能直接承载在通信网络介质之上，还需要通过 IP 技术在内容与传送介质之间搭起一座桥梁。IP 技术（特别是 IPv6 技术）的产生，满足了在多种物理介质与多样的应用需求之间建立简单而统一的映射需求，可以顺利地对多种业务数据、多种软硬件环境、多种通信协议进行集成、综合、统一，对网络资源进行综合调度和管理，使得各种以 IP 为基础的业务都能在不同的网络上实现互通。IP 协议的普遍采用，使得各种以 IP 为基础的业务都能在不同的网上实现互通，具体下层基础网络是什么已无关紧要。

光通信技术的发展，为综合传送各种业务信息提供了必要的带宽和传输高质量，成为三网业务的理想平台。

软件技术的发展使得三大网络及其终端都通过软件变更，最终支持各种用户所需的特性、功能和业务。

统一的 TCP/IP 协议的普遍采用，将使得各种以 IP 为基础的业务都能在不同的网上实现互通。人类首次具有统一的为三大网都能接受的通信协议，从技术上为三网融合奠定了最坚实的基础.

支持用户多种网络接入方式，确保业务在不同网络之间切换的一致性和连续性、互联互通。

4.3.2.3 多网融合

所谓的多网融合系统就是指将监控与管理、安全防范等各种子系统中的控制网络直接接入到宽带信息网中去，或者间接的转换接入到信息网之中，将光纤网络作为传输的基础、TCP/IP 作为协议的基础，将各个子系统有效联动进行实现，从而实现了系统一体化集成管理。

1. 多网融合技术优势之提升功能

自从在通信工程中采用了在基于宽带之上的多网融合方案以后，我们从根本上实现了集成一体化的管理，也就是职能建筑的集成管理系统。对该系统进行采用，可以在很大程度上都实现各个子系统基于事件之上的联动。进行多网融合方案采用以后，通信工程的建设发生了几点明显的变化，首先在通信工程中采用多网融合的技术方案，能够将大型的通信工程所需的分设成为几个安防管理中心设置成为一个，这样能够在很大程度上对投资进行了节省。采用多网融合技术网络化的结构以后，安防管理中心的位置并没有什么要求，这样能够为开发商将具有价值的土地进行了节省。智能化的系统并不需要一次性的建设到位，智能化系统可以根据使用进度以及工程进度进行分期建设，这样能够将开发商的资金压力进行减轻。已经建设好了的宽带网络已经成为今后进行应用的基础，基于这一基础之上，我们就能够按照需要进行子系统的建设，而不需要像过去那样对其进行提前的建设。

2. 多网融合技术优势之具有增值优势的服务

相对于传统的模式，多网融合技术子系统进行建设好之后就能够完成其特定的功能，已经谈不上了增值服务。但是，就数字化的系统而言，可以有很多的增值服务，伴随着网络技术高速的发展，开发技术人员还能够开发出来很多新的功能，这样做能够很好地为用户服务。

建立基地统一局域网网络；在一个局域网网络基础上支持安防监控、门禁对讲等多种基地信息服务系统。

4.3.2.4 泛在网融合

泛在网络已经被公认为是信息通信网络演进的方向。泛在网络利用网络技术，实现人与人、人与物、物与物之间按需进行信息获取、传递、存储、认知、决策、使用等服务，网络将具有超强的环境、内容、文化、语言感知能力及智能性。泛在网络包含电信网、互联网以及融合各种业务的下一代网络，并涵盖各种有线无线宽带接入、传感器网络和射频标签技术（RFID）等。许多国家都从长远发展角度提出了泛在服务概念和相应的国家战略。

总体设计要求：

1. 系统架构：采用开放、灵活、异构、与传感网集成、安全、可扩展的架构；

2. 标识/路由/寻址：支持基于 SIM/USIM/ISIM/IMPU/IP/HIP 的终端标识、路由以及寻址机制以及 RFID、Barcode 等非 SIM/USIM/ISIM 的终端；

3. 无缝支持多种接入技术：包括 2G/3G 网络接入（GSM/GPRS/UMTS）、4G（LTE）、IEEE 802.11x、蓝牙、Zigbee、RFID；

4. 签约管理：用户的签约数据的管理和业务的出发；

5. 设备管理：节点的自组织、自配置、Profile 管理；

6. 业务控制和连接管理：对海量终端的接入进行连接管理、位置管理、移动性以及接入控制；

7. QoS 控制：特殊 QoS 需求的端到端保证；

8. 互联互通：支持传感器网络以及不同泛在网络域之间的互联互通；

9. 安全性要求：保证信息、设备、业务数据的安全；

10. 计费：不同业务及流量的应用采用不同的计费模式和方法；

11. 管制要求：支持泛在应用中管制需求，包括合法监听、普遍性服务和应急通信等；

泛在网络融合无缝支持多种接入技术及接入设备；对海量终端的接入进行连接管理、位置管理、移动性以及接入控制；支持传感器网络以及不同泛在网络域之间的互联互通。

4.3.3 应急通信设施

应急通信突出体现在"应急"二字上，面对公共安全、紧急事件处理、大型集会活动、救助自然灾害、抵御敌对势力攻击、预防恐怖袭击和众多突发情况的应急反应，均可以纳入应急通信的范畴。应急通信所涉及的紧急情况包括个人紧急情况以及公众紧急情况。

应急通信系统必须满足以下几个基本要求：

1. 小型化，这里的小型化并不是针对常规状态下的应急通信系统。常规情况下，系统是大区制的、广泛覆盖的，基站设备复杂，功能完善，可以满足公安、交警以及政府其他职能机关的工作要求。在特殊情况下，诸如地震、洪水、雪灾等破坏性的自然灾害面前，基础设施部分或全部受损，这时的应急通信设备需要具有小型化的特点，以便迅速运输、快速布设、节约能源，甚至对设备的移动已能够最大限度地支持。

2. 快速布设，不管是基于公网的应急通信系统，还是专用应急通信系统，都应该具有能够快速布设的特点。在可预测的事件诸如大型集会、重要节假日景点活动等面前，通信量激增，基于公网的应急通信设备应该能够按需迅速布设到指定区域；在破坏性的自然灾害面前，留给国家和政府的反应时间会更短，这时应急通信系统的布设周期会显得更加关键。

3. 节能型，由于某些应急场合电力供应不健全，完全依靠电池供电会带来诸多问题。因此，应急系统应该尽可能地节省电源，满足系统长时间、稳定的工作。从基站设备到移动终端均应该严格满足节能要求。鉴于通信对电力有很强的依赖性，在应急指挥车上应适当增加小型的发电油机、太阳能蓄电设备及备用电池等设备，尤其是要加强小型卫星电话储备的向下延伸力度。

4. 移动性，要求电信基础结构是由可携带的、可重新部署的或完全机动的设施组成。覆盖范围以一个县城为基本覆盖范围。承载设施包括车辆（陆地）、直升机/无人机（空中）、飞艇（平流层）、车载卫星 VSAT 系统，可以根据覆盖范围选择一种或几种。（在建设前需要在不同地形条件下进行实测以取得确切数据）。指挥调度中心可以随时接入到应急系统中。指挥调度中心可以大到指挥调度车辆、飞机、飞艇，小到笔记本电脑、PDA 等移动设备，利用无线链路远程监控整个系统。从而使指挥人员可以根据实际情况从容地应对各种应急场合。

5. 简单易操作，应急通信系统要求设备简单、易操作、易维护，能够快速的建立、部署、组网。操作界面友好、直观，硬件系统连接端口越少越好。所有接口标准化、模块化，并能兼容现有的各种通信系统。

基础设施包括通信设施、交通设施、电力设施等完全被毁，灾区在一定程度上属于孤城的状态，所有的现场信息都需要实时的采集、发送、反馈。在所有的这些情况下，无线应急通信系统是至关重要的。

4.4　数据层

4.4.1　数据存储

数据存储是数据流在加工过程中产生的临时文件或加工过程中需要查找的信息。数据以某种格式记录在计算机内部或外部存储介质上。数据流反映了系统中流动的数据，表现出动态数据的特征；数据存储反映系统中静止的数据，表现出静态数据的特征。

数据存储管理方式以数据集中存储和管理为主，基础数据存储是对基地相关基础数据资源的集中存储管理；统一数据管理以基础数据库为基础实现对基地信息资源库的各个层次数据统一管理和维护。

数据存储规范以数据存储应尽可能利用云架构存储技术，并对于云端的数据存储建立管理规范和机制，建立数据采集的统一接口，要求外部数据资源通过统一的接口实现接入汇聚存储；建立统一的数据开发接口规范，对外提供统一的数据资源的开发利用服务。

数据存储是数据流在加工过程中产生的临时文件或加工过程中需要查找的信息。数据以某种格式记录在计算机内部或外部存储介质上。数据流反映了系统中流动的数据，表现出动态数据的特征；数据存储反映系统中静止的数据，表现出静态数据的特征。

1. 数据存储策略：基地数据资源库所整合的数据，与真正保存在物理存储中的数据并不是完全对应，某些数据由于数据量大，处理复杂，或者已经做了很好的局部整合，可以考虑不进入基地系统的存储空间，所以整个系统的存储策略是集中与分布相结合的方式，基础数据库以集中存储为主，专业数据库以分布存储为主。从数据编排和使用的角度考虑，智能基地数据存储参照三维存储策略，包括落地维（解决存不存的问题），访问维（解决存在哪的问题），数据仓库维（逻辑上清晰分类，便于管理与检索）。

2. 数据存储管理方式：对基础数据库以数据集中存储和管理为主，包括：

1）基础数据存储是对基地相关基础数据资源的集中存储管理。

2）数据整合处理是在数据交换处理的基础上，对采集到的原貌数据进行加工处理，以达到数据的逻辑统一。

3）数据调度管理实现统一的数据资源配置和任务调度配置，是基地平台系统内部统一的数据调度平台。

4）统一数据管理以基础数据库为基础实现对基地信息资源库的各个层次数据统一管理和维护。

3. 数据存储规范：数据存储应尽可能利用云架构存储技术，并对于云端的数据存储建立如下管理规范和机制，包括：

1）建立统一的身份认证规范、数据定期备份规范、数据故障恢复预案、日常值守定期巡检工作规范。

2）建立远程数据维护平台，不同的维护人员通过统一的平台实现远程的数据维护，平台本身要提供完善的权限控制机制、自动日志机制。

3）建立数据采集的统一接口，要求外部数据资源通过统一的接口实现接入汇聚存储。

4）建立统一的数据开发接口规范，对外提供统一的数据资源的开发利用服务。

4. 无相关规范，建议根据数据标准和行业建设标准建设，参考内容：

1）基地的建设必将伴随着基地相关各种信息数据的产生和集聚，由于基地业务涉及面广，整合接入的各类信息资源分散在不同地域、不同层级、不同机构当中，因此基地的数据存储既需要统一的标准和规范，又需要根据实际情况来制定存储备份策略和模式。

2）应用中根据基地的建设方案、总体架构和实现方法判断指标是否包含在建设过程中，并依据数据层的建设成效判断是否满足指标。

3）根据每个基地不同的预算和需求，针对现有系统的容错堡垒，既可添砖加瓦，也可全面翻新。通常而言，升级的过程是从磁盘存储本身开始，然后向最终用户的方向外推，亦即随之为磁盘子系统，磁盘控制卡，服务器至存储的链路，服务器，最终到服务器至用户分布网络。

4.4.2 数据交换

数据交换是为了在不同信息系统之间数据资源的共享，依据一定的原则，采取相应的技术，以实现不同信息系统之间数据资源共享。

1. 中心交换系统：中心交换系统基于 SOA 定义整合流程，通过消息传递的松耦合方式，将不同平台、不同架构和不同功能的系统有机连接起来，实现不同部门前置交换信息库之间的安全、可靠、稳定、高效的信息交换和传递。

2. 前置交换系统：前置交换系统是平台数据交换接口的重要组成部分。前置交换系统主要实现中心平台（交换中心）与交换节点（前置机）之间的合理分离（部门业务职责分离、异构技术平台分离）和标准化交互（在中心和节点之间按照标准进行交互），增加整个体系的可扩展性、可维护性和可复用性。

3. 数据交换接口模式：为保证数据的可交换，应针对现行系统开发所需要的数据交换适配器，并使其符合统一的数据交换接口协议。

在平台中心交换系统上部署数据交换服务器、中间件以及数据适配器。在各个部门的数据交换前置机上部署与集成和数据交换平台相对应的适配器和消息中间件，平台具备流量控制、优先级控制、独立队列处理、消息传输、异步传输机制、并发/串行处理等功能，支持大规模并发处理以及断点续传，实现交换任务和管理任务相分离。

前置机系统应部署在参与信息交换的部门。对于每一台部门前置机，应做好专用配置，处理与信息交换相关的各种操作。前置机专用配置应根据部门业务应用系统的业务和技术特点进行定制设计和开发。

数据交换是指为了满足不同信息系统之间数据资源的共享需要，依据一定的原则，采取相应的技术，实现不同信息系统之间数据资源共享的过程。

1）数据交换网络建设：交换网络是基地信息资源数据库与外部系统进行数据交换的基础，应根据基地服务管理内容选择不同交换网络。

①与政府业务相关的数据交换宜通过政务外网或专网进行。组织、公安、人社等部门的数据交换通过专网接入，科技、教育、民政、文化、卫生、体育、计生、残联等部门的数据交换通过政务外网接入；

②与外部企业机构相关的数据交换可通过互联网进行；

③与其他设施、设备相关的数据交换可通过第三方物联网应用服务开发商进行。

2）数据交换系统建设：

①中心交换系统：中心交换系统基于 SOA 定义整合流程，通过消息传递的松耦合方式，将不同平台、不同架构和不同功能的系统有机连接起来，实现不同部门前置交换信息库之间的安全、可靠、稳定、高效的信息交换和传递。

②前置交换系统：前置交换系统是基地平台数据交换接口的重要组成部分。前置交换

系统主要实现中心平台（交换中心）与交换节点（前置机）之间的合理分离（部门业务职责分离、异构技术平台分离）和标准化交互（在中心和节点之间按照标准进行交互），增加整个体系的可扩展性、可维护性和可复用性。

③数据交换接口模式：为保证数据的可交换，应针对现行系统开发所需要的数据交换适配器，并使其符合统一的数据交换接口协议。

在基地平台中心交换系统上部署数据交换服务器、中间件以及数据适配器。在各个部门的数据交换前置机上部署与集成和数据交换平台相对应的适配器和消息中间件，平台具备流量控制、优先级控制、独立队列处理、消息传输、异步传输机制、并发/串行处理等功能，支持大规模并发处理以及断点续传，实现交换任务和管理任务相分离。

前置机系统应部署在参与信息交换的部门。对于每一台部门前置机，应做好专用配置，处理与信息交换相关的各种操作。前置机专用配置应根据部门业务应用系统的业务和技术特点进行定制设计和开发。

应用中根据基地的建设方案、总体架构和实现方法判断指标是否包含在建设过程中，并依据数据层的建设成效判断是否满足指标。

在信息化建设过程中，各职能部门通常采用不同的技术和体系结构来构建自身的信息系统，使得跨平台数据共享与访问成为困难，数据交换平台来有效解决不同业务系统的协同工作。

4.4.3 数据格式

数据格式是为了定义基地数据资源格式标准，包括信息资源分类、信息标识编码、数据元规范等内容。

1. 信息资源分类：信息资源分类包括信息资源的分类原则和方法，用于指导信息资源的分类工作，以便促进基地相关应用单位间资源共享和面向基地的公共服务，是建立基地信息资源库的重要的分类依据，信息分类主要依照基地管理和服务时所涉及的信息内容进行。

2. 信息标识编码：信息标识编码是基地公共信息资源标识符的编码方案，为每一项信息资源分配一个唯一不变的标识符。信息标识编码适用于基地数据资源编目、注册、发布、查询、维护和管理。

3. 数据元：基地数据元规范应引用和遵照国家和所在地区已公布的相关规范标准。根据基地数据资源的信息分类以及实用性，每个数据元包括以下主要的属性：

引用和遵照国家和所在地区已公布的相关规范标准，可遵循智慧城市中已建立的标准体系。

1）GB/Z 18219—2008 信息技术数据管理参考模型；

2）GB/T 7408—2005 数据元和交换格式信息交换日期和时间表示法；

3）GB/T 20001.3—2001 标准编码规则. 第 3 部分：信息分类编码；

4）GA 214.1—2004 常住人口管理信息规范. 第 1 部分：基本数据项；

5）DB11/T 448—2007 法人基础信息数据元目录规范；

应用中根据基地的建设方案、总体架构和实现方法判断指标是否包含在建设过程中，并依据数据层的建设成效判断是否满足指标。

通过信息资源分类要求、数据元规范、信息标识编码的建设提出建立基地信息资源数据库平台及信息资源指标项建设要求，通过此三类要求的制定与执行，将为实现基地信息资源数据库有序管理与使用奠定基础。

4.4.4　数据整合

数据整合是将多源异构系统采集到的差异数据，经过整理、分析创建一个具有结构化编码适用功能的应用过程。在基地建设中，主要有三个方面的系统整合，其一为物理整合，即将多设备整合而为一部或较少几部更大型的设备，实现统一管理和快速反应；其二为逻辑整合，即通过系统管理软件等手段对物理上分散的设备资源和数据资源进行虚拟化的集中管理。其三是应用整合，主要有服务器整合、存储整合、数据库整合和数据整合等形式。

数据整合的目标主要将各种不同数据源之间的数据传递、转换、净化、集成等功能，对现有的数据资源和处理流程进行综合分析。

1. 采集加工的正确性和质量：当传统数据库中的数据被采集和加工时，为保证数据来源的正确性和数据质量，需要确认加载的数据，从而确保传统数据库的可靠性；否则可能导致错误的信息，最终导致错误的决策。

2. 数据存储的粒度：不同数据的存储方式各有所长，有些为适应于某种特定需要，存储成本高；有些存储成本低，并支持较好的响应时间。在确定数据的存储粒度或反映的层次时应该保证能够从较少的数据中比较方便地分离出所需要的信息。

3. 数据加载的频度：为保证数据保持并反映最新的变化，需要设计最佳的更新频度时间周期。只有保证较短的更新时间周期，数据才能及时反映当前发生的变化。

4. 历史数据的保留周期：根据用户的需要以及设计者的需要确定可能发生的存取概率，从而设计出数据的保留周期，确保保留的数据满足当前的需要。

5. 对元数据的管理：元数据反映所有数据的源信息、下载的频率和完全度；数据决策性映射中的关键字、属性、安全性、转化等；关系完整性约束和相关性约束；复制和分布规则；数据净化和保持条件；聚集方法和规则；异常自动报告信息等，当发生下载和修改时需要对它们进行维护。

6. 数据服务体现的方式：在数据服务当中可以将数据按照方向分成不同的类别，如人、物、事三种类别，通过数据之间的关联展示其中的关系。除了基础数据服务外，通过第三方物联网应用服务开发商的接入也可以实现更广泛的综合数据服务。

7. 数据整合的机制：在一个城市中构建基地，可以形成以一个基地为单位的数据中心，也可以形成多个基地共同在一起的数据中心。

4.4.5　基础数据库

基地基础数据库是指基地建设中所涉及的基础数据，主要包括基地相关人员数据、宏观经济数据、地理空间数据以及行业基本数据等。

基地基础数据库主要依托城市管理中的电子政务四大基础数据库，并根据基地管理及服务特性，从医疗、教育、养老、社保、民政、物业、房管、政法等行业数据库抽取与基地密切相关的行业基本数据，从而组成基地基础数据库，作为基地综合应用、业务主题应用的数据基础。

基地基础数据库中的与城市基础数据库相关的资源依托于城市管理四大库，包括人口库、法人库、空间地理库可根据基地管辖范围及管理权限确定获取数据的边界范围，优先通过数据共享交换的方式从城市管理基础数据库中获取；宏观经济数据库中涉及基地管理与服务内容的，可按需发起数据请求从城市基础数据库中获取。

4.4.5.1　基地相关行业基础数据库

基地相关行业基础数据库主要存储公共卫生基础信息、医疗卫生设施设备信息、基地相关人员健康档案等。

1. 基地相关人员数据库

人员基础库主要存储自然人的基础信息，包括但不限于：户籍信息（公民身份号码、姓名、性别、民族、启用标识、出生地6项基本信息和户籍扩展信息）；计生信息（独生子女领证信息、生育服务证号信息、子女信息）；卫生健康信息（健康信息、出生证信息）、劳动就业信息（职业资格等级、取得资格时间）、保险信息（社会保险信息、生育保险信息、工伤保险信息、失业保险信息、养老保险信息、医疗保险信息）、民政信息（婚姻登记信息、流浪乞讨人员信息、基地信息、双拥优抚信息、最低生活保障信息、殡葬管理信息）以及住房公积金信息、住房信息、单位信息、流动人口信息等。

2. 宏观经济数据库

宏观经济数据库包括地区主要经济指标、地方财政税收情况、金融机构情况等基础数据。

3. 空间地理库

空间地理库主要存储自然资源和空间地理基础数据，包括空间基础库、空间专题库、地址库、空间元数据库、符号库等。具体包括基础地理坐标参考系统、栅格地图数据、正射影像图数据、数字高程模型数据、地名数据、地址数据、地理数据集元数据等。

行业基础数据库是根据基地管理及服务特性，结合业务重要性及关联度建立起的专业性基础数据库，主要包括与基地密切相关的医疗、教育、卫生、民政、劳动等基础业务数据库。基地专业基础数据库包括但不限于以下所列出的基础业务数据库，在基地建设过程中可根据基地实际情况和应用需要进行扩展。

在基地建设中基础数据库建设可通过共享交换平台接入和整合城市基础数据库实现对基地基础数据的采集和数据库的建设。

4.4.5.2　社会服务行业基础数据库

基地相关服务行业基础数据库主要包括基地需求各种行业相关机构信息数据，例如基地相关医疗保健基础数据库主要包括基地相关医疗机构数据库、老年专科和康复医院数据库、临终关怀和殡葬服务业数据库等。

4.4.6 养老数据库

基地养老基础数据库主要包括基地养老机构信息、基地养老人员信息、居家养老信息、基地老人数量信息等。

4.4.6.1 老年健康档案库

健康档案是一个连续、综合、个体化健康信息记录的资料库。目前我国老年人慢性病形势严峻，通过对慢性病患者建立健康档案，动态掌握不同人群的健康状况、危险因素和疾病信息变化情况，并以此提供相应个体化的慢性病目标管理干预服务措施，可有效地控制慢性病的发生，减少慢性病所带来的并发症，促进生命质量的改善。可以说，健康档案是目前广为认同的预防和控制慢性病的手段之一。

4.4.6.2 老人医护信息数据库

建立和开发统一、共享的综合性数据平台。借助信息数字化管理，使民政、老龄委、残联等部门实现与公安、工商、房产、住房公积金管理中心、质量技术监督局、民政及税务等部门的信息共享、无缝链接，全面了解和掌握基地相关老年人群体的医护情况，便于开展各项医护服务、术后跟踪、康复关怀、政策补贴等的执行到位。

第五章　平台层及支撑技术

智能化养老基地综合信息服务平台是基地建设的重点，是养老基地运营的基础，是在新一代通信与信息技术加速发展的背景下，充分运用物联网、云计算、虚拟化、大数据、云分发与云存储等技术手段，以通信网、广播电视网、互联网"三网融合"构建的现代化通信与信息网络为依托，对适龄老人生活、养老机构管理、政府服务与社区治理过程中的相关活动，进行智能化感知、分析、集成和应对，形成基于海量信息和智能过滤处理的全新的基地建设和管理模式，以更加精细和动态的方式管理社会养老活动，实现基地智能化管理和运行，从而全面提升基地的综合服务能力和老年人生活品质。

养老基地综合信息服务平台包括平台管理门户、WAP 管理门户、身份认证和用户管理、可信服务管理、基地应用等等。

5.1　平台支撑技术

5.1.1　云计算

云计算服务是指将大量用网络连接的计算资源统一管理和调度，构成一个计算资源池向用户按需服务。用户通过网络以按需、易扩展的方式获得所需资源和服务。云计算的本质其实就是一种服务的方式，是计算机基础设施的交付和使用模式，云计算是大型计算机到客户端/服务器的大转变之后的又一种巨变。现在很多大型企业都在研究云计算技术以及基于云计算的服务，他已经发展成为当今的热点技术。所以，现在基于云计算的云计算服务器也就顺应而生了。

因为云计算有着资源配置自由化，数据资源自主化，无时空限制化，规模大，可靠性高，以及很好的伸缩性和通用性，所以对于相对应的服务器就有要求。云服务器关注的是高性能吞吐量计算能力。云服务器体系架构包含云处理器模块、网络处理模块、存储处理模块与系统处理模块等。因为它可以对系统进行集中管理，而且节省了很多硬件设置，所以这样可以大大提高云服务器的利用率。

因为云计算一般都有着庞大的数据输入量或海量的工作集，所以云服务器必须高密度，低成本，这也是对云服务器的最基本要求。他主要面向大规模部署的云应用，减少延迟、提高反应速度。服务器虚拟化的能力，可以说直接影响云计算的效果。好的虚拟效果可以提高资源的使用效率，同时还达到了减少能耗的目的。云计算服务器的横向扩展能力也是至关重要的，为整个云计算的中心提供更高效、更安全以及更简化的方式，保证了云数据中心的灵活性。

云计算主要分为公共云、私有云及混合云。公共云是利用互联网，面向公众提供云计算服务；私有云是利用企业内网和专网，面向单一企业或组织提供云计算服务，这些服务是不提供于公众使用的；混合云是上述两种云的组合。

云服务器必须高密度，低成本，服务器虚拟化的能力要强，云计算服务器要有好的横向扩展能力。

云计算的服务模式有三种：

1. 软件即服务（Soft as a Service，SaaS），主要是为直接使用应用软件的终端用户，提供的服务是终端用户所需要的应用软件，终端用户不用购买和部署这些应用软件，而是通过向 SaaS 提供商支付软件使用或租赁费的方式来使用部署在云端的应用软件。

2. 平台即服务（Platform as a Service，PaaS），主要是为使用开发工具的应用软件开发商，提供的服务是开发商所需要的部署在云端的开发平台及针对该平台的技术支持服务。

3. 基础设施即服务（Infrastructure as a Service，IaaS），主要是为使用需要虚拟机或存储资源的应用开发商或 IT 系统管理部门；提供的服务是开发商或 IT 系统管理部门能直接使用的云基础设施，包括计算资源、存储资源等部署在云端的虚拟化硬件资源。

云计算的特点和好处主要有以下几点：

1. 低成本

云计算将建设成本转化为运营成本，用户不需要为峰值业务购置设施，不需要大量的软硬件购置和维运成本就可以享用各种 IT 应用和服务。

2. 灵活性

云计算可以快速灵活地构建基础信息设施，并可以根据需求灵活地扩容 IT 资源。云计算提供给用户短期使用 IT 资源的灵活性（例如：按小时购买处理器或按天购买存储）。当不再需要这些资源的时候；用户可以方便地释放这些资源。

3. 可计量性

云计算具有对 IT 资源的计量能力，该能力可以实现对资源的使用进行监测、控制和优化，使 IT 系统向更为便捷、更加智能化与更具可计量性转变。

云端会替我们做存储和计算的工作，我们只需要一台能上网的手机或电脑，一旦有需要，我们可以在任何地点、任何地点用手机或电脑快速地找到我们需要的资料并处理他们，再也不用担心资料丢失。

基地数据中心通过网络以按需、易扩展方式获得所需服务，以支撑基地服务平台的运营。

5.1.2 大数据

"大数据"是一个体量超大、数据类别超大的数据集，并且这样的数据集无法用传统数据库工具对其内容进行抓取、管理和处理。

对基地的相关数据进行分析，从而获取智能的、深入的、有价值的信息，应用于养老基地建设过程中的决策。

对基地相关数据进行数据挖掘、智能分析，提供辅助决策。

"大数据"首先是指数据体量大，指代大型数据集；其次是指数据类别大，数据来自多种数据源，数据种类和格式日渐丰富，已冲破了以前所限定的结构化数据范畴，囊括了半结构化和非结构化数据；接着是数据处理速度快，在数据量非常庞大的情况下，也能够做到数据的实时处理；最后一个特点是指数据真实性高，随着基地交易数据、应用数据等新数据源的兴起，传统数据源的局限被打破，养老基地愈发需要有效的信息之力以确保其真实性及安全性。

大数据，或称巨量资料，指的是所涉及的资料量规模巨大到无法透过目前主流软件工具，在合理时间内达到抓取、管理、处理并整理成为帮助企业经营决策更积极目的的资讯。

大数据必须具备以下 4V 特点：

1. Volume（数据体量大），从 TB 级别，跃升到 PB 级别；

2. Velocity（数据处理速度快），1 秒定律。最后这一点也是和传统的数据挖掘技术有着本质的不同。物联网、云计算、移动互联网、车联网、手机、平板电脑、PC 以及遍布地球各个角落的各种各样的传感器，无一不是数据来源或者承载的方式；

3. Variety（数据种类多），如前文提到的网络日志、视频、图片、地理位置信息，等等；

4. Veracity（数据真实性高，价值密度低），以视频为例，连续不间断监控过程中，可能有用的数据仅仅有一两秒。

大数据必须遵循以下技术体系：

1. 数据采集：负责将分布的、异构数据源中的数据如关系数据、平面数据文件等抽取到临时中间层后进行清洗、转换、集成，最后加载到数据仓库或数据集市中，成为联机分析处理、数据挖掘的基础。

2. 数据存取：关系数据库、NOSQL、SQL 等。

3. 基础架构：云存储、分布式文件存储等。

4. 数据处理：自然语言处理（Natural Language Processing，NLP）是研究人与计算机交互的语言问题的一门学科。处理自然语言的关键是要让计算机"理解"自然语言，所以自然语言处理又叫做自然语言理解（Natural Language Understanding，NLU），也称为计算语言学（Computational Linguistics）。一方面它是语言信息处理的一个分支，另一方面它是人工智能（Artificial Intelligence，AI）的核心课题之一。

5. 统计分析：假设检验、显著性检验、差异分析、相关分析、T 检验、方差分析、卡方分析、偏相关分析、距离分析、回归分析、简单回归分析、多元回归分析、逐步回归、回归预测与残差分析、岭回归、logistic 回归分析、曲线估计、因子分析、聚类分析、主成分分析、因子分析、快速聚类法与聚类法、判别分析、对应分析、多元对应分析（最优尺度分析）、bootstrap 技术等等。

6. 数据挖掘：分类（Classification）、估计（Estimation）、预测（Prediction）、相关性分组或关联规则（Affinity grouping or association rules）、聚类（Clustering）、描述和可视化（Description and Visualization）、复杂数据类型挖掘（Text，Web，图形图像，视频，音频等）。

7. 模型预测：预测模型、机器学习、建模仿真。

8. 结果呈现：云计算、标签云、关系图等。

5.1.3 SOA

面向服务的体系结构（service-oriented architecture，SOA）是一个组件模型，它将应用程序的不同功能单元（称为服务）通过这些服务之间定义良好的接口和规约联系起来。接口采用通用的方式进行定义，独立于实现服务的硬件平台、操作系统和编程语言。这使得构建在各种这样的系统中的服务可以用一种统一和通用的方式进行交互。

与实现服务的硬件平台、操作系统和编程语言无关，可重复使用，粒度，模组性，可组合型，构件化以及具交互操作性，符合开放标准（通用的或行业的），服务的识别和分类，提供和发布，监控和跟踪。

维护和使用 SOA 的基本原则：

1. 可重复使用，粒度，模组性，可组合型，构件化以及具交互操作性；

2. 符合开放标准（通用的或行业的）；

3. 服务的识别和分类，提供和发布，监控和跟踪；

下面是一些特定的体系架构原则：

1. 服务封装；

2. 服务松耦合（Loosely coupled）：服务之间的关系最小化，只是互相知道；

3. 服务规约：服务按照服务描述文档所定义的服务规约行事；

4. 服务抽象：除了服务规约中所描述的内容，服务将对外部隐藏逻辑；

5. 服务的重用性：将逻辑分布在不同的服务中，以提高服务的重用性；

6. 服务的可组合性：若干服务可以协调工作并组合起来形成一个组合服务；

7. 服务自治：服务对所封装的逻辑具有控制权；

8. 服务无状态：服务将一个活动所需保存的资讯最小化；

9. 服务的可被发现性：服务需要对外部发布描述资讯，这样可以通过现有的发现机制发现并访问这些服务。

除此以外，在定义一个 SOA 实现时，还需要考虑以下因素：

1. 生命周期管理；

2. 有效使用系统资源；

3. 服务成熟度和性能。

与 SOA 相关的 Web 服务的标准主要有：

1. XML：一种标记语言，用于以文档格式描述消息中的数据；

2. HTTP（或 HTTPS）：客户端和服务端之间用于传送信息而发送请求/应答的协议；

3. SOAP（Simple Object Access Protocol 简单对象访问协议）：在计算机网络上交换基于 XML 的消息的协议，通常是用 HTTP；

4. WSDL（Web Services Description Language Web 服务描述语言）：基于 XML 的描述语言，用于描述与服务交互所需的服务的公共接口，协议绑定，消息格式；

5. UDDI（Universal Description, Discovery, and Integration 统一描述、发现和集成）：基于 XML 的注册协议，用于发布 WSDL 并允许第三方发现这些服务。

参见 GB/T 29263—2012《信息技术面向服务的体系结构（SOA）应用的总体技术要求》。

5.1.4 北斗定位系统与 GIS

由于北斗定位系统提供的是经纬度格式的大地坐标，导航需要平面坐标及其在地图上的相对位置，这样以数字地图、GIS 和北斗定位系统为基础的计算机智能导航技术便应运而生。智能导航系统是指安装在各种载体（如车辆、飞机、舰船）上，以计算机信息为基础，能自动接收和处理北斗定位系统信息，并显示载体在电子地图上的精确位置的技术系统。车载北斗定位系统导航系统和移动目标定位系统是智能导航系统的具体应用。

在北斗定位系统与 GIS 相结合应用的深入的同时，现代通信技术也正发生着天翻地覆的变化，嵌入式手持设备也迅速普及。目前，移动手持设备如移动电话和 PDA 已经有了非常广泛的使用。新技术的发展为北斗定位系统 + GIS 的应用带来了一些新的问题和需求。

首先，从公安、交通、电力、电信、石油、市政、林业、农业等行业的导航与监控应用中，又有了更进一步的应急处理系统，如在定位的同时，还需了解当前位置的周边地理情况、所需资源能否满足要求、设施设备的状态、当前位置到目标位置的最佳路径等，以便能更好、更快地进行应急处理，这样作为北斗定位系统移动目标表现载体的 GIS 系统不仅需要提供基本的北斗定位系统移动目标的地图化表现，还要提供更进一步的基于位置的分析功能，从而提供合理的决策支持依据。

其次，不同的北斗定位系统导航、监控以及应急处理系统，作为监控中心、监控分中心等其规模、业务范围、应用阶段的不同，对服务器的性能以及终端设备操作系统平台的需求也不尽相同，因此，相应的 GIS 系统也必须能够提供出满足 Windows、Unix、Linux 等多种系统应用的解决方案。

第三，在北斗定位系统导航、监控以及应急处理系统中，移动终端的载体又有许多不同的情况：行驶在大街上、在野外、在地下、在空中、在水上（水中）；控制中心可能在室内，也可能在户外。这样，硬件需求就千差万别，有传统的车载单元、PDA、移动电话、普通 PC 等。这样，针对不同的硬件设备，必须有与之匹配的软件解决方案。

第四，从各个行业的不同应用来看，由于不仅仅局限于定位、导航，还要为决策支持提供强有力的参考依据，因此，不仅仅有道路交通、行政区划等基本地图信息，还需要有与本行业密切相关的地图数据以及属性数据，这样的数据量是相当大的，从而必须提供海量数据管理的有效机制。

5.1.5 中间件

中间件是一种独立的系统软件或服务程序，分布式应用软件借助这种软件在不同的技术之间共享资源。中间件位于客户机/服务器的操作系统之上，管理计算机资源和网络通信。是连接两个独立应用程序或独立系统的软件。相连接的系统，即使它们具有不同的接口，但通过中间件相互之间仍能交换信息。执行中间件的一个关键途径是信息传递。通过中间件，应用程序可以工作于多平台或操作系统环境。

1. 中间件具备工作流、表单、BI 等组件；

2. 中间件常态运行满足系统吞吐量、并发用户数和可接受的响应时间要求；

3. 中间件具备可维护性和可扩展性。

平台采用各种成熟的中间件情况，减少开发工作量和提高服务质量。

参见 GB/T 28168—2011《信息技术 中间件 消息中间件技术规范》。

5.1.6 平台接口管理

用户按照来源和功能分为多种类型，大致分为普通用户和平台管理用户。普通用户也就是享受服务的人群，如：政府、企业、居民、社会组织；平台管理员按照角色和工作分工的不同又可分为管理员、操作员、客服人员等等。

普通用户可以通过网站或者手机端 APP 应用完成注册，用户信息包括：账号名、密码、姓名、年龄、性别、身份证号、住址、联系电话、邮政编码、邮箱等信息。

平台管理用户通过管理站点完成注册，平台管理用户信息包括：账号名、密码、角色、所属单位、联系方式等信息。

用户管理包括：增加用户、删除用户、修改用户信息和查询用户。系统功能如下：

1. 登录，用户需经过登录界面进入系统。

2. 增加用户，有权限的平台管理用户登录进入系统后可以增加用户。

3. 删除用户，有权限的平台管理用户登录进入系统后可以删除其他用户。

4. 修改用户信息，有权限的平台管理用户登录进入系统后可以修改用户信息。

5. 查询用户，有权限的平台管理用户登录进系统后，可以按条件查询用户。

注：普通用户登录进入系统后，只能修改自己的信息，不能增加、修改和删除用户。可以按条件查询用户相关的信息。密码必须密文保存。

5.2 养老综合服务平台

面对我国社会的快速老龄化，在老龄事业发展"十二五"规划的指导思想中提出建立健全老龄战略规划体系和养老保障服务体系，努力实现老有所养、老有所医、老有所教、老有所学、老有所为、老有所乐的工作目标，让广大老年人共享改革发展成果。

民政部《关于开展国家智能养老物联网应用示范工程的通知》，要建设养老机构智能养老物联网感知体系。为养老机构配置环境监控设备、老人健康护理设备、老人日常生活服务设备等，完成养老机构物联网感知体系建设。建设老人体征参数实时监测系统、老人健康障碍评估系统、专家远程建议和会诊系统、视频亲情沟通系统、物联网监控与管理系统等，提供入住老人实时定位、跌倒自动监测、卧床监测、痴呆老人防走失、行为智能分析、自助体检、运动计量评估、亲情视频沟通等智能服务。以及依托养老机构对集中照料人员开展智能化服务并建设养老机构物联网信息管理系统，对周边社区老人提供信息采集、医疗救助、健康体检等服务。

所有这些应用服务工程集中到一起，就是要建立起一个能完成上述任务的智能化养老综合服务平台，使智能化养老服务享受现代科技进步的一切成果，充分满足养老服务的需要，使老年人方便快捷得到服务，大大提高智能化养老工作的效益。

机构养老阶段的老年人，大多出于失能状态，其养老服务需求主要体现在如下方面：

一是医疗就诊。老年人进入失能状态后，应尽量减少其外出的机会。在需要医疗就诊时，可以利用远程医疗就诊设备，把老年人的日常身体状况、健康档案信息传输到指定的医院进行定时会诊，医院根据检测信息的不同，及时调整护理方案，减少老年人痛苦。

二是心理慰藉。养老机构可以借助于信息设备，向老年人的子女、亲属和好友提供多媒体服务，缓解其孤独和恐惧感，唤起更多亲友的关心。特别是在临终关怀阶段，可以通过各种人性化的宣传，消除老年人的恐惧感，缓解其亲人的悲伤，安慰其心理创伤。

三是资产管理。养老综合服务平台可以借助于管理信息系统，对老年人的房产、财产、养老金及其他收益等进行合理的登记和管理。在征得本人和家属同意的情况下，也可以进行诸如出租老人的住房、房屋反向抵押、对养老金进行再投资等一些经营行为，这样一方面可以解决老年人居住福利院的费用，另一方面也可以实现资产的增值和良性利用。

四是遗嘱和财产公证。养老综合服务平台应能够提供老年人言行记录功能，客观、公正记录老年人的遗嘱信息，尽可能准确地反映老年人本身的意愿。通过与法律部门、公证机构等建立联系，对老年人的财产状况、遗嘱信息进行必要的法律和公证记录，为老年人处理身后事提供贴心帮助。

5.2.1 基于服务的平台建设理念

智能化的养老服务平台是一个智能化的综合服务平台，它集成若干个功能子系统，在平台内实现对不同子系统的集中管理与控制，这些子系统具有各自独立的功能，包括感知采集处理系统、资源数据中心、服务器群集、门户及引导系统及服务接口模块集等。智能化综合服务平台以浏览器的形式提供 Web 服务接口。

根据平台服务集合提供的服务类型是居于云计算的虚拟服务，通常将其划分为三个服务层次，即基础设施即服务层(IaaS)，平台即服务层(PaaS)和软件即服务层(SaaS)。PaaS 和 IaaS 源于 SaaS 理念。PaaS 和 IaaS 可以直接通过 SOA/Web Services(SOA,面向服务的体系结构)向平台用户提供服务,也可以作为 SaaS 模式的支撑平台间接向最终用户服务。

1. 养老服务的 SaaS

养老服务的 SaaS 提供给客户的服务是运行在云计算上的养老服务应用程序。用户可以在各种设备上通过客户端界面如浏览器访问。用户不需要管理或控制任何云计算基础设施，包括网络、服务器、操作系统、存储等等。这种软件应用是一种服务，而不是销售软件产品。

全国做养老服务应用的公司很多，应该采取开放式的态度，尽量采用各种开源软件。所以，SaaS 的选择应该是尽量采用已经广泛应用的开源软件。这样的 SaaS 加入平台才是有生命力的。

2. 养老服务的 PaaS

养老服务的 PaaS 提供给用户的服务是把 SaaS 客户采用的开发语言和工具（例如 Java，python，. Net 等）开发的或收购的应用程序部署到供应商的云计算基础设施上去。客户不需要管理或控制底层的云基础设施，包括网络、服务器、操作系统、存储等，但客户能控制部署的应用程序，也可能控制运行应用程序的托管环境配置。

养老服务的 PaaS 应该能够兼容各种语言和数据库，以免某些应用需要改版，浪费资源，同时还应该具有管理单点登录的能力。为了与移动互联网实现互通，还要做到一云多屏，能够在电脑、智能手机、电视机和 PAD 上访问同样的内容。为了与基地其他资源对接，还要做到云与云的互相访问，避免信息"烟囱"。在后面将给出接入 PaaS 的接口要求。

3. 养老服务的 IaaS

养老服务的 IaaS 提供给用户的服务是对所有设施的利用，包括处理、存储、网络和其他基本的计算资源，用户能够部署和运行任意软件，包括操作系统和应用程序。用户不管理或控制任何云计算基础设施，但能控制操作系统的选择、储存空间、部署的应用，也有可能获得有限制的网络组件（例如，防火墙，负载均衡器等）的控制。目前国内阿里云、百度云等都可以提供 IaaS，能够保证服务质量，不需要运营方自行部署 IT 基础设施。

5.2.2 养老综合服务平台应用服务建设内容架构

养老综合服务平台的服务范围是居家或者在养老服务机构的老年人群体，主要采用多网融合技术将基地中的各种传感器接入服务平台，以地理信息系统的平台形式进行位置需求显示；在每个基地投放大触摸屏营造为老人服务的居住环境，引导老人呼叫服务中心；采用人工智能技术对老人呼叫服务的规律进行学习，发现老人需求有异常变化时，主动提供上门关怀、医疗救助、健康管理、安全监测等政府补贴的公益服务，同时引导老人接受合适的法律援助、资产管理等商业服务。

养老综合服务平台的用户是老年人群体，其对信息技术的理解、应用和掌握普遍落后，知识更新缓慢，不易再配置创新性复杂技术，且老年人的自身健康状态处于下降阶段，可能存在心理和身体健康的意外情况。所以对该系统的操作界面要简单，功能应快捷，终端应随身携带，位置显示应精确，最好是一键式服务。

如图 5-1 所示，红色模块为老年人基本生活需要方面，黄色模块为老年人精神需要方面，绿色模块为老年人信息需求方面。其中属于物联网养老服务的是图中紫色单元，这是本平台需要优先解决的。

本系统主要有 8 个功能模块组成，可以分为 27 个子服务功能模块，主要从用户需求和系统功能的关系角度论述。

5.2.3 养老综合服务平台建设内容描述

根据养老综合服务平台建设内容的架构，从用户角色、需求描述、需求特点、解决的问题和用户权限等多角度对养老综合服务平台的建设内容进行详细描述，力求能够指导平台建设的实践。

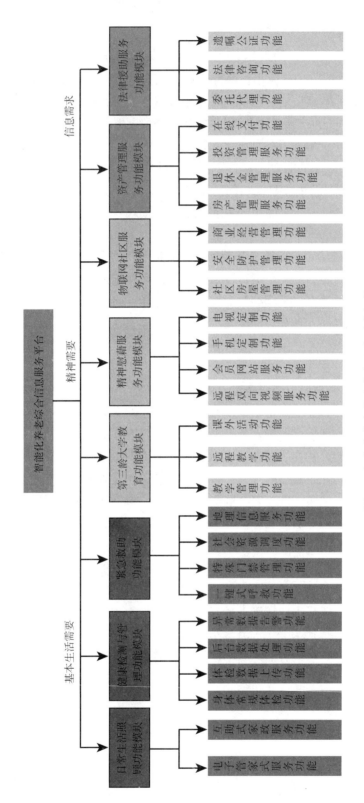

图5-1 智能化养老综合信息服务平台架构图

5.2.3.1 平台服务功能描述

日常生活照顾模块服务功能　　　　　　　　　　　　　　　　　　　　表 5-1

模块	用户角色	功能描述	功能特点	解决问题	用户权限
日常生活照顾模块	居家养老人员	使用该系统居家定制日常生活照顾，利用电脑、手机或 PAD 终端实现需求定制	终端界面操作简单，显示清楚，可实现一键式便捷服务	1. 常规家政服务等：打扫卫生、洗衣服、做饭、订餐、家电维修 2. 户外活动申请：陪同购物、代购、陪同外出散步等 3. 基地互助：互助餐饮、娱乐、家务等	系统浏览、付费VIP 权限、经过授权进行访问和服务
	基地管理人员	管理基地内的各种服务资源，对居家养老人员的基本情况有准确的掌握，按照居家养老人员的定制提供相应的服务，上传老年人的基本数据情况交给后台系统	代理服务，对老年人的基本信息要求掌握。和社会的其他资源服务系统有访问接口	1. 管理配置基地的物业资源 2. 组织基地居家养老人员的互助活动 3. 帮助居家养老人员享受其他社会服务，进行上门服务 4. 发布相关信息	系统浏览、付费VIP 权限、经过授权进行访问和服务。通过访问接口可以连接其他社会资源网络
	儿女或其他监护人员	监督和评估基地管理人员的服务质量，对服务的过程和结果可以进行在线可视化或效果图像的浏览和回放	利用终端设备对关键的服务过程和结果进行较为清楚的浏览和回放	1. 过程监督 2. 效果监督 3 评估可公示 4. 意见反馈	系统浏览、付费VIP 权限、经过授权进行访问和服务
	系统维护人员	依托本系统管理居家养老人员的基本信息，接收基地管理人员上传的数据和服务请求，分析处理各种老年人的异常数据和情况，及时调用社会的各种保障资源	后台数据库的维护可靠，和国家的各种社会保障资源网络接口通信快捷、准确	1. 管理居家养老人员的基本信息 2. 分析、处理居家养老人员的基本数据，对异常情况进行警报 3. 智能化调度社会其他保障资源	系统浏览、数据修改、删除、增加，对其他用户进行访问授权，通过访问接口可以连接其他社会资源网络

健康检测与管理功能模块服务功能　　　　　　　　　　　　　　　　表 5-2

模块	用户角色	功能描述	功能特点	解决问题	用户权限
健康检测与管理功能模块	居家养老人员	居家即可完成常规体检，在线、离线或通过其他物联网设备，浏览、查询、自己的体检状态，常见药物和医疗服务的上门服务转发健康信息到亲友或其他综合医院进行咨询	上门服务，平台界面简单，操作便捷，可实现一键式服务	1. 居家常规体检：抽血、验尿、体温、血压、脉搏等 2. 用户可随时利用终端机测量血压、心电、血氧、体温等关注的生理参数 3. 浏览、查询、咨询自己的健康指标 4. 申请定制医护服务	系统浏览、付费VIP 权限、经过授权进行访问和服务

续表

模块	用户角色	功能描述	功能特点	解决问题	用户权限
健康检测与管理功能模块	基地医护人员	分析处理居家养老人员的医护服务，利用健康体检系统为居家养老人员进行健康指标的终端采集，上传到 PHMS 数据管理中心	代理服务，对老年人的基本信息要求掌握。和社会的其他资源服务系统有访问接口	1. 利用各种终端相应老年人的医护服务申请 2. 居家可准备、快速测量心电、血压、血氧体检数据 3. 上传到 PHMS 数据管理中心	系统浏览、付费 VIP 权限、经过授权进行访问和服务。通过访问接口可以连接其他社会资源网络
	儿女或其他监护人员	监督和评估基地医护人员的服务质量，对服务的过程和结果可以进行在线可视化或效果图像的浏览和回放	利用终端设备对关键的服务过程和结果进行较为清楚的浏览和回放	1. 过程监督 2. 效果监督 3. 评估可公示 4. 意见反馈	系统浏览、付费 VIP 权限、经过授权进行访问和服务
	系统维护人员	对上传数据进行处理，绘制长时间的健康趋势统计服务，选择不同级别专家对体检数据进行会诊	后台数据库的维护可靠，和国家的各种社会保障资源网络接口通信快捷、准确	1. 处理上传数据 2. 后台计算健康指标数据，发布异常现象告警 3. 定制社会医疗专家服务	系统浏览、数据修改、删除、增加，对其他用户进行访问授权，通过访问接口可以连接其他社会资源网络

紧急救助功能模块服务功能 表 5-3

模块	用户角色	功能描述	功能特点	解决问题	用户权限
紧急救助功能模块	居家养老人员	居家养老人员紧急情况下启用一键式呼救按钮，告知自己急需救助的大致原因，启用精确定位功能显示在自己的位置信息	快捷、准确，需求类型如医疗救护、火警、匪警等启用一键式服务功能，位置信息精确	1. 明确高职急救的类型。如医疗救护、火警、匪警等 2. 启用精确定位功能 3. 服务过程可监督	系统浏览、查询最高优先权，服务后收费
	医疗救护人员	接到系统维护人员的指挥调度后，根据精确定位信息和大致医疗救护的类型迅速到达老年人的住所	代理服务，要求精确度高的地理信息和社会的其他资源服务系统有访问接口	1. 依据医疗救护的类型准备 2. 按照最优路径到达 3. 实施紧急医疗救助	系统浏览经过授权进行访问和服务通过访问接口可以连接其他社会资源网络
	基地管理人员	协助医疗救助或其他急救人员，管理和改造老年人的门禁系统，在紧急情况下刷卡或手机呼救方式进入老年人住所	代理服务，紧急情况下启动特殊门禁系统保证可以进入住所	1. 协助定位 2. 改造门禁 3. 紧急情况下的进入	系统浏览、付费 VIP 权限、经过授权进行访问和服务。通过访问接口可以连接其他社会资源网络

续表

模块	用户角色	功能描述	功能特点	解决问题	用户权限
紧急救助功能模块	儿女或其他监护人员	监督和评估基地医护人员的服务质量，对服务的过程和结果可以进行在线可视化或效果图像的浏览和回放	利用终端设备对关键的服务过程和结果进行较为清楚的浏览和回放	1. 过程监督 2. 效果监督 3. 评估可公示 4. 意见反馈	系统浏览、付费VIP权限、经过授权进行访问和服务
	系统维护人员	智能调度社会医疗或其他紧急救助力量，对一键式呼救启动应急响应，启动全程视频监控功能，防止护理人员与患者发生纠纷，也便于监护人看护老人	后台数据库的维护可靠，和国家的各种社会保障资源网络接口通信快捷、准确	1. 智能调度 2. 应急响应 3. 全程监控 4. 指挥协调 5. 服务评估 6. 数据处理	系统浏览、数据修改、删除、增加，对其他用户进行访问授权，通过访问接口可以连接其他社会资源网络

第三龄大学教育功能模块服务功能 表5-4

模块	用户角色	功能描述	功能特点	解决问题	用户权限
第三龄大学教育功能模块	居家养老人员	居家养老人员通过网络查询和浏览第三龄大学远程教育资源，选择和定制自己感兴趣的老年人再教育课程资源，在线或离线接受第三龄大学教育	基于网络进行学习，节省教育资源，操作简单便捷，学习方便，利于居家养老人员利用退休闲暇时间充实自身生活	1. 网络课程查询：通过网络查询、浏览自身感兴趣的课程资源 2. 网络教育：在线听课，或经授权下载相应教育资源，离线自主学习 3. 依托第三龄大学教育平台，结识具有相同爱好的人员，相互交流	信息查询和浏览；付费定制教育资源，经授权访问网络资源，接受教育服务
	远程教育中心人员	接收和受理居家养老人员网络教育服务申请；对第三龄大学教育资源进行管理；网络课程教学管理功能；统计居家养老人员学习兴趣，分析老年人学习需求	通过网络接收、处理、统计和分析居家养老人员学习需求信息；在条件允许情况下建立与教育机构接口，实现教育资源共享	1. 接收和处理居家养老人员教育服务申请 2. 管理第三龄大学网络教育资源，为老年人提供可定制的教育服务	信息查询和浏览；网络教育资源管理和维护
	系统维护人员	对第三龄大学网络服务端数据和资源进行管理和维护；系统登录人员账号信息管理	以后台程序方式管理和维护教育资源数据库；实现对登录人员账号信息的分级管理和安全管理	1. 维护和更新后台教育资源数据库 2. 管理和维护登录人员账号信息数据库	后台数据库增加、删除和修改；登录账号信息管理

精神慰藉功能模块服务功能 表 5-5

模块	用户角色	功能描述	功能特点	解决问题	用户权限
精神慰藉功能模块	居家养老人员	居家养老人员通过网络实现与亲友的音视频实时通信、交友聚会、产品或服务定制等功能	基于基地泛在网络环境，围绕居家养老人员精神层面需求，实现居家养老人员与亲属子女或好友的即时音视频通信功能，以及交友聚会功能，消除老年人孤独寂寞感。借鉴电子商务模式，为居家养老人员提供产品、服务网络定制功能，提供送货上门服务	1. 音频视频通信：与亲属、子女或好友进行实时通信，营造面对面交流氛围 2. 交友：针对居家养老人员兴趣爱好，会员制网络服务的形式，为老年人交往提供平台 3. 产品或服务定制：通过电视、电话或互联网定制方式，使居家养老人员足不出户即可定购相应产品或服务	
	产品或服务供应商	接收和受理居家养老人员产品或服务定制申请；提供产品或服务送货上门服务	通过网络、电话或者电视受理居家养老人员及其亲属定制请求，并提供送货上门服务	1. 接收和处理居家养老人员及其亲属或者好友的定制服务申请 2. 基于网络管理和发布产品及服务资源，为老年人提供定制和送货上门服务	
	网络系统维护人员	对网络服务器端数据和资源进行管理和维护；系统登录人员账号信息管理和权限管理	以后台程序方式管理和维护服务器端数据库；实现对登录人员账号信息的分类分级和安全管理	1. 维护和更新后台数据库 2. 管理和维护登录人员账号信息数据库	后台数据库增加、删除和修改；登录账号信息管理

物联网基地服务功能模块服务功能 表 5-6

模块	用户角色	功能描述	功能特点	解决问题	用户权限
物联网基地服务功能模块	居家养老人员	依托物联网基地为居家养老人员提供探亲家庭旅馆、基地餐桌、有偿或无偿互助、人身及财产安全保障服务	基于基地泛在网络环境，打造物联网基地服务平台，盘活基地闲置房产资源、人力资源和商业资源，形成面向居家养老需求的物联网基地服务环境	1. 家庭旅馆：为探亲访友、外出旅游的老人提供家庭旅馆服务 2. 基地餐桌：以家庭聚餐或有偿服务方式，提供满足老年人口为的基地餐饮服务 3. 基地养老互助：为行有余力的人员参与基地互助提供平台 4. 安全保障：基于物联网技术，为老年人提供实时定位、紧急求助等安全保障服务	

模块	用户角色	功能描述	功能特点	解决问题	用户权限
物联网基地服务功能模块	基地管理人员	接收和受理居家养老人员申请，调度和管理基地房产、人力及商业资源为有需求的老人提供相应服务	基于物联网技术，对基地房产、人力及商业资源进行管理和实时调度	1. 接收和处理居家养老人员申请，安排相应的服务资源 2. 与资源拥有方保持良性沟通，管理和调度相应资源	
	系统维护人员	对网络服务器端数据和资源进行管理和维护；系统登录人员账号信息管理和权限管理	以后台程序方式管理和维护服务器端数据库；实现对登录人员账号信息的分类分级和安全管理	1. 维护和更新后台数据库 2. 管理和维护登录人员账号信息数据库	后台数据库增加、删除和修改；登录账号信息管理

5.2.3.2 系统功能描述

日常生活照顾模块系统功能 表 5-7

模块	功能需求	功能描述	解决问题	总体功能流程	服务接入方式
日常生活照顾模块	电子管家式服务功能	在基地管理人员的操作下，为经过注册的居家养老人员提供常规居家照顾和外接服务。接受老年人通过平台提交的服务申请，为其提供相应的申请服务	家庭监测；日间照料安全监测；社交陪护就医陪护；家庭保洁餐饮送餐；可视门禁车辆管理；安全配送	客户登陆→登记信息→服务体验→注册会员→提交需求→会员系统→服务信息→基地管理人员根据管家信息提供服务→记录服务→评价服务→确认付款→发送物联网终端设备→儿女或监护人反馈服务	Web 网站、电话、传真、拜访、email 接入、PDA 接入、其他智能终端接入
	互助式家政服务功能	居家养老人员直接利用该平台发布、浏览日常照顾的需求，利用物联网终端咨询服务需求，可以志愿者或劳务报酬的形式享受服务的成果，共享服务过程中的交流乐趣	家政服务需求的发布家政服务需求的浏览家政服务应答响应家政服务的在线支付家政服务的志愿者报名	注册会员→客户登陆→浏览家政服务需求→发布家政服务需求→在线、离线询问家政服务需求→互助家政服务确认相应→记录服务→评价服务→确认付款或提供志愿者服务	Web 网站、手机、可视门铃、PDA 接入等其他智能终端接入

健康检测与管理功能模块系统功能　　　　　表 5-8

模块	功能需求	功能描述	解决问题	总体功能流程	服务接入方式
健康检测与管理功能模块	身体常规体检功能	面向居家养老用户，利用便携式体检终端设备在家中即可完成常规体检	居家养老人员的常规体检、日常健康指标的监护，指导老年人填写电子病历	注册会员→客户登陆→预约体检→上门服务→填写电子病历→常规体检护理→记录服务→转发亲友→评价服务→确认付款	增加高端健康诊疗，Web 网站、3G 网络、email 接入、PDA 接入等其他智能终端接入
	体检数据上传功能	及时、准确把测量的体检数据可上传到 PHMS 数据管理中心，以后台数据库的形式存储	利用物联网设备，统一数据格式实现居家养老人员的健康指标数据上传	用户数据终端采集→数据源集成→使用物联网终端设备→上传到 PHMS 数据管理中心→数据库接收	物联网接收设备、3G 网络、PDA 接入等其他智能终端接入
	后台数据处理功能	及时、准确处理接收的居家养老人员的健康数据，为用户提供长时间的健康趋势统计服务，选择不同级别专家对体检数据进行会诊	后台数据的处理、计算，分析提供居家养老人员的健康变化，选择不同级别专家对体检数据进行会诊	数据库接收→后台数据的分析、处理→多源数据的融合→个人健康报表的生成→定制个人健康管理服务	增加高端健康诊疗、Web 网站、3G 网络、email 接入、PDA 接入等其他智能终端接入
	异常数据告警功能	对后台数据处理的异常信息及时告知居家老年人，以接单明确的文本或语音格式的提示通知老年人本人或监护人，直到信息确认回复	对信息的数据信息进行告警发布，通知老年人本人或其监护人，接收第三方的监督	形成文本格式或语音格式的告警信息→发送居家老年人的接收终端→记录服务→转发监护人→评价服务→信息确认回复	Web 网站、3G 网络、email 接入、PDA 接入等其他智能终端接入

紧急救助功能模块系统功能　　　　　表 5-9

模块	功能需求	功能描述	解决问题	总体功能流程	服务接入方式
紧急救助功能模块	一键式呼救功能	床头和卫生间容易突发疾病的部位安装一键式呼救。比如 1 是医疗 2 是火警 3 是匪警等	系统接到求助的报警后，中心人员根据所听到的数字信号判断采取的措施	注册会员→客户登陆→启用一键式服务→系统录音→接收数字救助信号→通知马上处理→启动全程监控系统	Web 网站、3G 网络、手机、email 接入、PDA 接入等其他智能终端接入
	社会资源调度功能	在卧室、卫生间、厨房和客厅四处地方安装双鉴移动探测器，用于监测老年人的活动规律。发现异常及时报警，智能调用社会保障力量	系统接到求助的报警后，根据需求和距离最优化的方针智能调用社会保障力量	启用一键式服务→后台处理分析调用→系统录音→通知求助单位→标注精确位置信息→指定基地工作人员→启动全程监控系统	增加高端健康诊疗、Web 网站、3G 网络、email 接入、PDA 接入等其他智能终端接入

续表

模块	功能需求	功能描述	解决问题	总体功能流程	服务接入方式
紧急救助功能模块	特殊门禁管理功能	改造老年人的门锁为门禁系统。老年人自己、子女和授权的邻居、基地服务人员可以进入。门禁系统采用身份证刷卡或者手机呼叫两种方式	社会救助人员到达后，在社会管理人员的帮助下，采用身份证刷卡或手机呼救的方式启动特殊门禁，进入老年人住所	指定基地工作人员→身份证刷卡或手机呼救→启动全程监控系统→启动特殊门禁→进入老年人住所	Web 网站、3G 网络、手机、email 接入、PDA 接入等其他智能终端接入
	地理信息服务功能	根据一键式呼救提供精确的位置信息和最优的路径选择，可采用 GPS 制导方式	提供精确位置信息老年人的定位提供最优路径选择	启用一键式服务→后台处理位置信息→启动导航定位功能→最优化路径选择→启动全程监控系统→多源数据融合→情况标绘	3G 网络、手机、email 接入、PDA 接入等其他智能终端接入

第三龄大学教育模块系统功能　　　　　　　　　　　　　　　表 5-10

模块	功能需求	功能描述	解决问题	总体功能流程	服务接入方式
第三龄大学教育功能模块	教学资源功能	对网络课件、视频文件、电视讲座等远程教育课程资源进行管理	管理和维护第三龄大学教育课程资源；跟踪老年人兴趣需求，定期更新课程资源		互联网终端、电视、手机、PDA 等泛在网络终端接入
	远程教学功能	接受居家养老人员申请，提供教育资源下载、实时播放等服务，实现远程教学	根据居家养老人员选课情况，提供教育课程资源定制服务，基于网络实现在线或离线远程教育		互联网终端、电视、手机、PDA 等泛在网络终端接入

精神慰藉模块系统功能　　　　　　　　　　　　　　　表 5-11

模块	功能需求	功能描述	解决问题	总体功能流程	服务接入方式
精神慰藉功能模块	音频视频通信功能	实现点对点即时音视频通信	居家养老人员与亲属、子女或好友的点对点即时通信		互联网终端、智能手机等终端接入
	网络交往功能	为居家养老人员交友、聚会提供网络平台	根据居家养老人员兴趣、爱好及特长，以会员制形式为老年人交往、聚会及发起其他娱乐活动提供网络平台		互联网终端、手机、PDA、电话泛在网络终端接入
	产品或服务定制功能	为居家养老人员通过电视、电话或互联网定制产品或服务提供方便	以电子商务方式，为居家养老人员购买所需产品或服务提供网络平台		互联网、电视、手机等终端接入

物联网基地模块系统功能   表 5-12

模块	功能需求	功能描述	解决问题	总体功能流程	服务接入方式
物联网基地功能模块	家庭旅馆	为探亲访友、旅游等外出老人提供家庭旅馆式住宿服务	盘活基地闲置房产资源，为老年人出行提供便捷、实惠的住宿服务		互联网申请、电话定制
	基地餐桌	以家庭聚餐或有偿服务方式提供基地餐饮服务	为居家养老人员打造温馨舒适、丰富多样的餐饮环境		互联网、手机、电话等方式
	基地互助	以基地志愿者或有偿服务方式开展居家养老人员基地互助活动	调动行有余力人员的积极性，为居家养老人员营造基地互助氛围		网络召集、电话定制
	安全保障	为外出活动或独自在家的居家养老人员提供跟踪定位、紧急求助服务	解决老年人外出活动时的跟踪定位问题，以及紧急情况下报警求助问题		手机、PDA 等智能终端接入

5.3 社区居家养老服务中心

社区居家养老服务中心是为基地老人提供实体服务窗口的公共服务平台，也是承接虚拟服务平台接受老人委托服务项目的执行实体，其功能有各种信息的发布、文化建设信息，以至公共事业缴费等服务。公共服务平台的建设既整合了各部门的信息资源，为老人的生活提供了更多便利，也减少了重复建设、减轻了政府日常运作成本，提升了服务水平。公共服务平台的建设需要逐步引入更多的部门和机构的参与，为服务百姓生活贡献力量。

社区居家养老服务中心是一个面向为老服务，二十四小时都开通的服务热线，基地和辐射周边的居家老人随时随地都可以拨打电话或直接到服务台请求服务，并能轻松享受到全方位的各种专业服务，真正做到"小事不出社区，大事有人帮扶"。

有的地方把这种为居家养老服务的新模式叫做"虚拟养老院"。即它可以模拟养老院的管理方式，为老年人提供养老院里所能提供的各种服务，给居家老人全方位的照顾，包括送服务到家，使居家老人脚不出门，在房（家）里就可以享受到周到的服务，故称"虚拟养老院"。

由于基地养老综合服务平台的养老数据库中，储存有基地老人和辐射周边的居家老人的信息数据，通过信息化管理系统，快速编制服务计划，及时提供上门服务，或为老人联系社会服务部门及时将服务内容送到家里。

其主要服务功能如下（具体的平台应用可根据实际情况进行调整）：

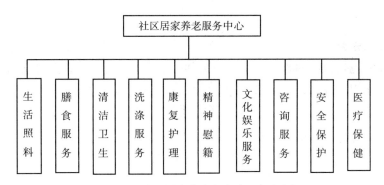

图 5-2　社区居家养老服务中心框架图

服务内容及要求参见《养老机构基本规范》GB/T 29353—2012。

5.3.1　生活照料服务

生活照料服务至少应包括：

1. 穿衣，包括协助穿衣、更换衣物、整理衣物等；

2. 修饰，包括洗头、洗脸、理发、梳头、化妆、修剪指甲、剃须等；

3. 口腔清洁，包括刷牙、漱口清洁口腔、装卸与清理假牙等；

4. 饮食照料，包括协助进食、饮水或喂饭、管饲等；

5. 排泄护理，包括定时提醒如厕、提供便器、协助排便与排尿，实施人工排便，清洗与更换尿布等；

6. 皮肤清洁护理，包括清洗会阴、擦洗身体、沐浴和使用护肤用品等；

7. 压疮预防，包括定时更换卧位、翻身、减轻皮肤受压状况，清洁皮肤及会阴部等。

5.3.2　膳食服务

1. 膳食服务至少应包括食品的加工、配送，制作过程应安全、卫生，送餐应保温、密闭。

2. 膳食服务提供者应由持有健康证并经过专业培训合格的人员承担。

3. 应配备提供膳食服务必要的设施与设备。

4. 应根据老年人身体状况及需求、地域特点、民族、宗教习惯制定菜谱，提供均衡饮食。

5.3.3　清洁卫生服务

1. 应包括环境清洁、居室清洁、床单位清洁、设施设备清洁。

2. 应设置专职岗位并配备相应的清洁卫生人员。

3. 应配备必要的设施、设备与用具。

4. 环境清洁包括生活区和医疗区的环境分类管理、生活和医疗垃圾的分类处理。

5. 环境、居室、床单位、设施设备应整洁有序、及时清扫。

6. 采取服务外包的方式时，应对服务质量进行监控。

5.3.4　洗涤服务

1. 洗涤服务包括织物的收集、登记、分类、消毒、洗涤、干燥、整理和返还。
2. 应配备相应的洗涤服务人员。
3. 应配备必要的洗涤设施、设备与用具。
4. 洗涤物品应标识准确，当面验清。
5. 采取服务外包的方式时，应对服务质量进行监控。

5.3.5　康复护理服务

1. 老年护理服务应包括基础护理、健康管理、健康教育、心理护理、治疗护理、感染控制等。
2. 应由内设医疗机构提供或委托医疗机构提供。
3. 应由在内设医疗机构或委托医疗机构注册的护士承担。
4. 应配备必要的设施与设备。
5. 应遵医嘱，应执行医疗机构规定的护理常规和护理技术操作规范。
6. 应参照医疗文书书写规范进行记录。
7. 应参照对老年人能力等级评估的情况提供相应的护理服务。
8. 院内感染控制技术要求应符合《消毒技术规范》的规定。

5.3.6　精神慰藉（心理/精神支持）服务

1. 心理或精神支持服务至少应包括沟通、情绪疏导、心理咨询、危机干预等服务内容。
2. 应由心理咨询师、社会工作者、医护人员或经过心理学相关培训的养老护理员承担心理咨询。
3. 应配备心理或精神支持服务必要的环境、设施与设备。
4. 应适时与老年人进行交流，掌握老年人心理或精神的变化。
5. 应制定心理咨询和危机干预工作程序。
6. 应保护老年人的隐私。

5.3.7　文化娱乐服务

1. 根据老年人身心状况需求，开展文艺、美术、棋牌、健身、游艺、观看影视、参观游览等活动。
2. 主要由养老护理员、社会工作者组织，邀请专业人士或相关志愿者给予指导。
3. 应配备文化娱乐服务必要的环境、设施与设备。
4. 开展活动时，机构应提供必要的安全防护措施。

5.3.8　咨询服务

1. 咨询服务包括信息提供和问询解答。
2. 应由各类相关服务人员承担。
3. 所提供的信息和解答应真实、准确、完整。
4. 应提供咨询服务必要的环境、设施与设备。

5.3.9　安全保护服务

1. 安全保护服务是通过医护人员的评估，为老年人采取适当的安全防护措施的活动。
2. 应由专业技术人员及养老护理员承担。
3. 应提供安全保护服务必要的设备及用具，包括提供床档、防护垫，安全标识、安全扶手、紧急呼救系统等。
4. 满足以下条件之一时，应对老年人进行身体约束或其他限制行为并记录时间、身心状况以及原因：
1）当发生自我伤害或伤害他人的紧急情况时；
2）经专业执业医师书面认可，并经相关第三方书面同意后。
5. 满足以下条件之一时，应解除对老年人进行身体约束或其他限制行为并记录：
1）当发生自我伤害或伤害他人的紧急情况解除时；
2）经专业执业医师书面认可，并经相关第三方书面同意后。
危机干预宜由心理咨询师、社会工作者承担。

5.3.10　医疗保健服务

1. 医疗保健服务是为老年人提供预防、保健、康复、医疗等方面的活动。
2. 应由内设医疗机构或委托医疗机构提供。
3. 医疗保健包括常见病和多发病、慢性非传染性疾病的诊断、治疗、预防和院前急救工作，康复治疗和转院工作。
4. 应由执业医师或康复师承担，符合多点执业要求。
5. 应参照医疗机构设置要求配备设施与设备。
6. 应运用综合康复手段，为老年人提供维护身心功能的康复服务。
7. 应符合卫生行政主管部门有关诊疗科目及范围的规定。
8. 医疗行为应参照临床医疗诊疗常规。

第六章　应　用　层

搞好智能化养老服务应用，是智能化养老基地建设的根本目标。首先在建设好养老机构物联网感知体系的基础上，建成一套老人体征参数实时监测系统、老人健康障碍评估系统、专家远程建议和会诊系统、视频亲情沟通系统、物联网监控与管理系统等以老年人为中心的智能化养老综合服务平台，以实现开展老人定位求助、老人跌倒自动监测、老人卧床监测、痴呆老人防走失、老人行为智能分析、自助体检、运动计量评估、视频智能联动等服务。并在此基础上对周边社区老人提供信息采集、医疗救助、健康体检等服务，探索对社区周边老人开展养老服务、医疗服务新模式。

总之一切都为实现老年人生理与心理的监管，实现基于家居物联网的舒适生活环境监管，家庭与生活设施安全监管等生活监管，实现基于健康大数据的综合健康服务等等。

智能化养老服务应用系统是通过物联网应用的建设要素实现智能化服务内容。包括健康感知探测、信息引导发布、定位监控系统、预测报警系统、一卡通应用系统等几大部分。

6.1　服务应用系统基本框架

1. 智能化养老服务应用系统建设是有效实施智能化养老园区建设重要任务之一，建设核心是采用先进、可靠技术，整合服务应用系统品牌产品，为入住老人特殊群体提供医疗、医护、康复、娱乐、便捷、安全、舒适养老生活环境及其有针对性的优质服务。

2. 智能化养老服务应用系统建设，应包括健康感知探测服务系统、信息引导及发布系统、定位与生命体征监控系统、紧急求助及防跌倒预测报警系统和养老智能卡应用管理系统等智能养老服务专项应用系统的建设。

3. 智能化养老服务应用系统建设，应根据智能化养老机构设置及其建设规模等级、水平和功能需求等实际情况，选择配置相关的智能化养老服务应用系统并按进度、保质量建设到位。

4. 本智能化养老服务应用系统建设，不涵盖诸如信息引导及发布系统、视频监控入侵报警系统和一卡通管理系统等建筑智能化系统的建设，建筑智能化系统建设应按国家现行相关规范、规定予以实施运作到位。

5. 新建大型、独立养老机构的智能化养老服务应用系统建设，应独立自行建设，新建、改扩建并附属于智能基地的智能化养老服务应用系统建设，宜与所辖智能基地建筑智能化系统建设统筹规划并同步实施运作到位。

6.2 基于物联网的健康感知探测及服务

6.2.1 便携医疗/健康终端

随着传感器技术、嵌入式技术、网络与通信技术的高速发展，医疗/健康设备出现了微型化、智能化的新方向。特别是近几年来，随着移动互联技术对传统医疗领域的渗透越来越深，移动医疗/健康设备、可穿戴医疗/健康设备就像雨后春笋，为智能化养老基地建设打下了坚实的基础。

6.2.1.1 便携健康终端

各种简单的家用医疗器械（如水银体温计、听诊器、水银汞柱血压计等）已经相当普遍，但在使用方面需要一定的培训，掌握实用技巧。电子技术的发展促进了自动/半自动的电子家用医疗器械的发展，如电子血压计、电子血氧仪、血糖测试仪、电子体温计等相继面市，使用起来也是比较方便，但缺乏数据传输能力，无法互联互通。

随着传感器技术和网络技术（尤其是无线网络技术）的逐渐成熟，催生了大量的具有网络传输能力的便携健康终端，可以检测物理生理指标（如体温、血压、心率/脉率、呼吸、血氧、血糖）和电生理指标（如心电、脑电、肌电）等，并通过网络及时传输对应数据到家庭健康管理服务器/基地健康管理服务器，甚至传送到医疗机构和健康管理机构。

大部分老年人都会有不同种类和不同程度的慢性病伴随起身，特别是心脑血管病、糖尿病等代谢性慢性病。病情的改变一般都会引起物理生理指标和部分电生理指标的波动。一般身体状况良好的老人只需要经常性地检测其体温和血压等少量几项物理生理指标即可，根据这几项指标评估身体状况或患病风险。

智能化养老基地的健康终端应该具有对物理生理指标和部分电生理指标的检测能力。对于慢性病患者监测病情变化，对于非疾病人群监测身体状况及其变化，为医疗机构或基地医护人员提供有价值的参考或预警信息。目前，市场上已经推出了许多适合家庭或基地使用的健康终端，包括无线血压计、无线血氧仪、无线心电仪、无线血糖仪、无线脑电仪等专门的医疗仪器。各国更是在发展具备医疗检测功能的可穿戴医疗仪器。

1. 家庭自我监测式的便携健康终端

在智能化养老基地中，配备于家庭的健康终端至少应有测量血压、脉率的功能，无线血压计可以同时完成人体的血压和脉率的测量。其他健康指标检测功能，可视老人病种和家庭经济条件而定，如家中有糖尿病患者还应配备血糖监测能力的健康终端——无线血糖仪，如有心血管病患者还应增配无线血氧仪、无线心电仪等，如有脑血管病患者还加配无线脑电仪。

2. 家庭自动监测式的便携健康终端

对于高龄老人或者具有一定生命风险的慢性病老人，应配备可穿戴式健康终端，实时地监测他们的生命特征指标（如呼吸、血压、心跳等）变化情况。如果出现危急情况，便于实时向基地医生发出预警或求救，从而得到及时的急救处置。这类终端包括穿戴式睡眠呼吸检测仪、穿戴式血压监测仪。

3. 基地自助监测式的健康终端

在智能化养老基地中，配备于基地老人活动中心的健康终端，应该具备全套的物理生理指标和电生理指标的检测能力，以固定式的网络化的健康终端为主（如健康小屋、健康体检船、健康体检车、健康体检床、健康座椅），辅以适量的无线便携式健康终端。

6.2.1.2　便携医疗终端

医护人员的职责是治病救人，因此，出诊到智能化养老基地的医护人员应该随身携带具有检测和诊断功用的便携医疗终端，还应携带具有紧急治疗功用的便携医疗终端。当医护服务人员入户基地或家庭，可以通过便携医疗终端，将老人现场测量的数据上传，而且将个人医疗档案记录到健康档案数据库中，通过对比分析和健康风险分析后将结果数据反馈到便携医疗终端。而当遇到危急患者，还要实施紧急救治处置，配备适当的紧急救治类医疗终端。

1. 检测类便携医疗终端

医护人员出诊或走访基地所用的检测和诊断类便携医疗终端，基本的配备包括无线体温计、无线血压计、无线血糖仪等以及可以随时调阅受访对象的全科医生电脑终端。此外，可以扩展配备无线血氧仪、无线心电仪、无线脑电仪等专门的医疗终端。这些属于医用级别的终端，比家用型的健康终端具有更高的精度和可靠性。

2. 救治类便携医疗终端

医护人员出诊到危重患者家中，实施紧急救治是必然的，出诊时需要携带适当的紧急救治终端。一般的紧急救治终端包括便携输氧/液/血终端等。

6.2.2　移动健康医护应用

通过健康终端和医疗终端感测老人的健康数据，一方面是要掌握老人的生理健康状况，另一方面更是要为老人制定健康服务方案并提供最合适的健康或医疗服务。因此，智能化健康基地的基础建设中需要包含健康数据库（即健康档案）管理；同时也要基于健康数据库和医疗数据、健康体检数据以及与健康相关的其他数据进行融合处理，开展健康风险评估分析、健康风险预警，提供医护处理、康护处理等健康干预服务甚至生活干预服务。

6.2.2.1　健康数据管理服务

健康数据（生理指标数据）是因人而异的非常个性化的数据，在用医疗/健康终端仪器检测过程中又会受环境干扰和产生测量误差，还要注意保护个人隐私等事项，因此智能化健康基地须担负健康数据的管理职责，提供系统性的管理服务，为查询、分析给予支撑。

1. 健康数据的规范化与存储管理

考虑到测量误差、环境干扰、采样时间非等间距、终端设备差异性等因素，应该对采集到的健康数据进行规范化处理，建立一致性的数据表达和存储。对于各种影响因素的规范化（预）处理包括：去噪、一致性处理、数据重构等。

对于误差和干扰的数据去噪处理以及删失数据的恢复处理。根据健康终端或医疗所检测数据的噪声特性，通常选用高斯滤波或小波滤波算法。

对于设备差异性导致的数据的一致性处理。设备差异往往导致其精度、标度的偏移，为了健康数据之间的可比性以及与体检数据或医疗数据的可比性，应对健康数据进行一致性处理。

对于非等间距采样的数据的重构处理。医疗/健康设备的传感器，其采样灵敏度、A/D转换速度以及受到CPU处理能力、传输带宽能力等因素的制约，往往会导致采样时间间隔差异（非周期采样），要使得采样数据具有可参照性和生理指标意义表达的完整性，须采用合适的信息重构方法。

因为健康检测指标、采样时间及长度等方面的不确定性，用关系数据库存储将会导致稀疏性，最好使用分布式数据库。

2. 健康数据的统计分析

如同HIS系统一样，要建立健康数据的系列化统计与分析的功能，如统计报表与统计图。更要提供单指标/多指标发展曲线（趋势曲线）、奇异性特征抽取与分析等功能。

6.2.2.2　健康大数据的融合处理分析

1. 数据聚合成就健康大数据

医疗数据只能来自于患者去医院进行诊断和治疗过程中，除非经常性看医生，不然只会有稀少的医疗数据。健康体检数据，一般也只会是一年1到2次而已，也属于稀少数据。从医疗终端采集的健康数据虽比体检数据多，但是能及时反映老人的身体健康状况的数据主要是来自于健康终端所采集的数据，这也是老人长期监测数据的主要组成。考虑到前三种数据出自于医疗专业人员之手，因此需要对来自不同渠道的数据进行聚合，建立健康大数据。

2. 基于健康大数据的健康风险评估分析

将健康检测数据与健康体检数据、医疗数据进行融合后实现健康风险分析是智能化养老基地的突出特点，基于风险分析结果开展健康干预才是智能化养老基地建设的目的。因此，在智能化养老基地建设中，需要为综合健康服务平台设计健康风险评估分析，并制定相应的健康干预策略以及实时的危险报警。

6.3　信息引导及发布系统建设

信息引导及发布系统应符合下列要求：

1. 系统建设主要用于向入住老人、服务护理工作人员、访客者，及时、动态发布养老机构物业管理、养老活动的通知与通告和业主与客户间服务信息的有效沟通。系统应具有信息采集、检索、节目整合编辑制作和查询、引导、转播各类多媒体信息以及向持有移动终端的入住老人、工作人员、访客者，推送社会各类服务信息等功能。

2. 系统主要由信息源主工作站、传输专网或内网和显示终端以及相应软件组成。系统整体组建架构，宜根据养老机构建设规模、水平和实际需求进行相应硬件与应用软件配置并组网。

3. 系统所有信息发布应由养老机构信息中心或物业管理中控室集中监管。系统显示终端配置，应根据所需提供观看的范围、距离及具体安装的空间与方式等条件，因地制宜合理配置显示终端的类型及尺寸。各类显示终端应具有多种输入接口方式。

4. 无特殊要求的系统建设其显示终端用户布局，原则上可做如下考虑：在养老机构室外进出口处宜设置全彩 P6、12 平方米 LED 室外屏；在建筑物一楼门厅宜设置双基色 Φ3.75、6 平方米 LED 室内屏；在建筑物一楼门厅或护理、访客公共场所宜设置 19″液晶触摸屏；在楼层电梯厅、访客厅、公共活动场所宜设置 32″或 40″液晶电视，用于多媒体信息查询和动态信息公告发布。

5. 系统主工作站宜设置专用的服务器和控制器以及大容量存储设备，并宜配置信号采集和编辑制作设备及选用相关的软件，工作站设备合理配置应致使系统能支持多通道显示、多画面显示、多列表播放和支持所有格式的图像、视频、文件显示以及支持同时控制多台显示屏显示相同或不同的内容，系统还应支持双向接入，即可根据需求，不仅可将第三方系统纳入到本信息发布系统，而且可以将信息发布集成到其他系统里，比如会议系统、监控系统等。

6. 系统的信号传输应配置专用网络适配器，并宜纳入建筑物内信息专网或内网的语音、数据、图像传输信息网络系统，并进行宽带、无阻塞信息传递。

7. 系统播放内容与效果，应达到图像明亮清晰、视频播放连续、无动画和马赛克、画面流畅，图像能够填充整个显示屏，不留黑边，且不受显示屏尺寸大小限制，支持1080P；显示屏的视角、高度、分辨率、刷新率、响应时间和画面切换显示间隔等指标，应符合国家现行标准规范的质量要求。

8. 信息导览系统宜用触摸屏查询、视频点播和手持多媒体导览器的方式浏览信息。

9. 系统应能够提供持续开发接口及开发服务，可按实际需求进行应用软件二次开发，并应预留与物联网云集成平台融合接口，通过二次开发成为物联网的公共信息发布终端。

6.4 定位、生命体征监控系统建设

定位、生命体征监控系统建设应符合下列要求：

1. 系统建设主要面向入住老人、服务护理工作人员，对老人的生命体征和采用实时定位手段进行及时、动态测量采集、测量数据远传、后台系统体征数据异常值处理、数据分析对比存储、生命体征危险报警等。后台系统通过指标数据的对比分析后，确认了存在危险情况时采用声音、显示器、短信、邮件、电话等方式通知老人、服务护理工作人员对现场进行处置。视情形严重性通知老人家属。

2. 系统主要由终端信息源、局域网和计算机系统及相应软件组成。系统整体组建架构，宜根据养老机构建设规模、水平和实际需求进行相应硬件与应用软件配置并组网。

3. 系统所有信息数据应由养老机构信息中心集中监管。系统显示屏配置，应向直接护理部门提供相关信息和图像，合理配置显示屏的类型及尺寸。各类显示屏应具有多种输入接口方式。

4. 系统建设对其终端（生命体征感知设备和定位设备）持有者，按使用方式可分为固定式、便携式、穿戴式等，采集的生命体征数据可通过 RJ45、Zigbee、GPRS、Wifi、3G、4G 等方式，定位数据可通过 GPRS、Wifi、3G、4G 等方式传送到后台数据中心，实现统一处理。对其居住环境状况感知包括室内温湿度、空气质量、易燃气体、室内入侵探测、报警装置，以及将这些感知信号接入的室内主机，传送到后台数据中心，实现统一处理。

5. 系统主工作站宜设置专用的防火墙、服务器、控制器、路由器以及大数据存储设备，并宜配置数据采集、处理、判决及发布的相关软件和档案库管理软件，工作站设备合理配置应致使系统能支持多通道显示、多画面显示、多列表显示和支持所有格式的图像、视频、文件显示以及支持同时控制多台显示屏显示相同或不同的内容，系统还应支持双向接入，即可根据需求，不仅可将第三方系统纳入到本信息系统，而且可以将信息发布集成到其他系统里，比如现场实况、会议系统、监控系统、会诊系统等。

6. 系统的数据传输应配置专用网络适配器，并宜纳入建筑物内信息专网或内网的语音、数据、图像传输信息网络系统，并进行宽带、无阻塞信息传递。

7. 系统终端和环境传感器、网络设备、显示设备的技术指标、环境指标、材料指标、电器性能应符合国家现行标准规范的质量要求。系统所用相关软件应符合工业和信息化部现行技术规范和标准或经权威机构认证。

8. 系统应能够提供持续开发接口及开发服务，可按实际需求进行应用软件二次开发，并应预留与物联网及移动互联网集成平台融合接口。同时支持平台开放业务，可通过手机 APP 提供更便利的访问方式。

6.5 紧急求助及防跌倒等预测报警系统建设

紧急求助及防跌倒等预测报警系统应符合下列要求：

1. 系统建设主要用于向入住老人、服务护理工作人员和安保人员，对老人的起居生活、居住环境进行及时、动态采集、数据远传、后台系统通过终端报警提示、图像分析对比，确认了存在危险情况时采用声音、显示器、短信、邮件、电话等方式通知老人、服务护理工作人员和安保人员到达现场进行处置，视情形严重性通知老人家属。

2. 系统主要由终端信息源、局域网和计算机系统及相应软件组成。系统整体组建架构，宜根据养老机构建设规模、水平和实际需求进行相应硬件与应用软件配置并组网。

3. 系统所有信息数据应由养老机构信息中心和安保中心集中监管。系统显示屏配置，应向直接护理部门和安保部门根据所需提供相关信息和图像，合理配置显示屏的类型及尺寸。各类显示屏应具有多种输入接口方式。报警信息通过信息中心或安保中心下达到服务护理工作人员和安保人员，以便采取应急措施。

4. 系统建设对其终端须有主动或被动报警触发功能，按使用方式可分为固定式、便携式、穿戴式等，采集的报警语音、数据、图像可通过 RJ45、Zigbee、GPRS、Wifi、3G、4G 等方式传送到后台数据中心，实现统一处理。

5. 系统建设在必要的环境位置上架设视频监控设备实时传送，一旦出现异常，系统会即时收到预警信息并进行弹屏显示，及时通知服务护理工作人员，以提供及时的医疗救助。视频和图像可通过 RJ45、GPRS、Wifi、3G、4G 等方式传送到后台数据中心，实现统一处理。

6. 系统建设对老人居住环境状况的感知包括可视对讲、室内温湿度、空气质量、易燃气体、烟雾感应、室内入侵探测、报警装置，以及将这些感知信号接入的室内主机，传送到后台数据中心，实现统一处理。

7. 系统主工作站宜设置专用的防火墙、服务器、控制器、路由器以及大数据存储设备，并宜配置数据采集、处理、判决及发布的相关软件和档案库软件，工作站设备合理配置应致使系统能支持多通道显示、多画面显示、多列表显示和支持所有格式的图像、视频、文件显示以及支持同时控制多台显示屏显示相同或不同的内容，系统还应支持双向接入，即可根据需求，不仅可将第三方系统纳入到本信息系统，而且可以将信息发布集成到其他系统里，比如现场实况、会议系统、监控系统、会诊系统等。

8. 系统的数据传输应配置专用网络适配器，并宜纳入建筑物内信息专网或内网的语音、数据、图像传输信息网络系统，并进行宽带、无阻塞信息传递。

9. 系统终端和环境传感器、网络设备、显示设备的技术指标、环境指标、材料指标、电器性能应符合国家现行标准规范的质量要求。系统所用相关软件应符合工业和信息化部现行技术规范和标准或经权威机构认证。

10. 系统应能够提供持续开发接口及开发服务，可按实际需求进行应用软件二次开发，并应预留与物联网及移动互联网集成平台融合接口。同时支持平台开放业务，可通过手机 APP 提供更便利的访问方式。

6.6 便民一卡通应用系统建设

便民一卡通应用系统具有下列要求：

1. 系统建设主要用于养老机构所有人员使用的非接触式 IC 卡一卡通，充分考虑现场环境的实际需要，设计选用功能和适合现场情况、符合养老机构要求的系统配置方案，实现真正的资源共享、一卡通行。实现生活、保健、管理、档案、门禁、停车、巡更、考勤、电梯、消费等各场所的使用，以提供最大限度的便利性。

2. 系统主要是非接触式 IC 卡发行中心，由 IC 卡授权发卡器、PC 机和 IC 卡发行中心管理软件、传输专网或内网和非接触式 IC 卡一卡通、读卡器以及相应软件组成。系统整体组建架构，宜根据养老机构建设规模、水平和实际需求进行相应硬件与应用软件配置并组网。

3. 系统应由养老机构信息中心或物业管理中控室集中监管。系统显示终端配置，应根据所需因地制宜合理配置显示终端的类型及尺寸。

4. 无特殊要求的系统建设其各类终端读卡器应具有 RS485 输入接口方式。

5. 系统的卡片管理中心是一卡通系统的核心部分。卡片管理中心宜设置专用的服务器和控制器以及大容量存储设备，提供各子系统参数设定，通信端口设定，数据库备份、恢复等功能。并配置外网链接路由，采取必要的措施保障各智能化系统数据的安全。

6. 系统的信号传输应配置专用网络适配器，并宜纳入建筑物内信息专网或内网的语音、数据、图像传输信息网络系统，并进行宽带、无阻塞信息传递。

7. 系统建立的各子系统应有完善的数据分析、报表统计、系统管理功能，其软硬件的选择，应符合国家现行标准规范的质量要求。

8. 系统建立在以满足先进、实用、合理、安全、稳定、可靠、易扩展、易操作为原则，建成一个统一、完整的安防体系。

9. 系统设计中应考虑到今后技术的发展和使用的需要，具有更新、扩充和升级的空间。

第七章 养老基地建设关键技术

7.1 智能化养老基地关键技术体系

智能化养老基地建设的主要方向，是从传统的居家养老向智能化养老模式转变，其关键的核心就是如何实现智能化的服务。首先是传统居家养老服务的智能化改造；其次是随着信息通信技术产生的新型服务设备和新型服务方式的应用；再次是建设云集成综合服务平台从而使智能化养老服务进入更高深度和广度的服务模式。

这些服务方式主要是应用物联网技术，开展老人定位求助、老人跌倒自动检测、老人卧床监测、痴呆老人防走失、老人行为智能分析、自助体检、运动计量评估、视频智能联动等应用服务。智能化养老基地就是要建设一种基于物联网感知体系的以老年人为中心的智能化养老综合服务平台，实现基于健康物联网的老人体征参数实时监测系统、老人健康评估系统、专家远程建议和会诊系统、视频亲情沟通系统、物联网监控与管理系统等老年人生理与心理的监管系统，实现基于家居物联网的舒适生活环境监管系统、家庭与基地生活安全监管系统等生活监管系统，实现基于健康大数据的综合健康服务系统等组成如下的关键技术体系（图7-1）。

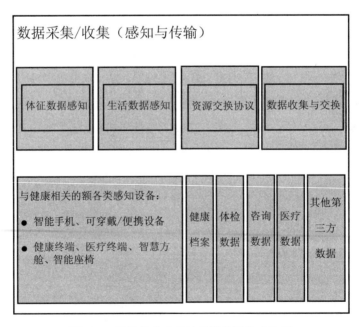

图 7-1 智能化养老基地建设关键技术体系

7.2 智能感知与控制技术

7.2.1 基于物联网的健康感知探测终端

医疗/健康设备按功能可划分为检测与诊断类、治疗与康复类及辅助类，并区分为专业型和家用型。智能化养老基地以居家养老和社区养老为主体，主要使用检测与诊断类设备对老人进行生理指标的感测和常见疾病的诊断，同时辅以治疗与康复类设备进行生理指标的调节和护理。适用于智能化养老基地的医疗/健康设备一般具有移动性、便携性/可穿戴性、智能化和网络化等特点的医疗终端，以便于通过物联网技术实现这些设备的互联互通，对现场的处置情况实时上传、记录、融合分析，并根据个体的实际生理指标进行个性化的健康服务。

检测与诊断类设备包括物理诊断器具（如体温计、血压表、显微镜、测听计、各种生理记录仪等）、电生理类设备（如心电图机、脑电图机、肌电图机等）、影像类设备（如X光机、CT扫描仪、磁共振仪、B超等）、分析仪器（各种类型的计数仪、生化、免疫分析仪器等）。

从健康角度看，及时掌握老人们的身体状况是智能化养老基地实现普惠健康服务的基础。因此，有必要在基地为老人准备适量的家用型医疗/健康终端，让他们经常性的检测自己的生理指标并上传。考虑到家用型终端以健康指标监测为主，属于非医护专业人员使用，无诊断权，这里统称它们为健康终端。根据携带或佩戴的特点，可以区分为便携健康终端、穿戴式健康终端等。

从医疗角度来看，准确地把握老人的病情或健康状况是智能化养老基地实现老人救治的基础。因此，有必要为基地医疗服务机构配备专业型医疗/健康终端，通过医护人员专业操作进行医学指标的检测并上传。考虑到专业型终端以医学指标监测为主，并应方便携带，故此统称为便携医疗终端。

7.2.1.1 便携医疗/健康终端

随着传感器技术、嵌入式技术、网络与通信技术的高速发展，医疗/健康设备出现了微型化、智能化的新方向。特别是近几年来，随着移动互联技术对传统医疗领域的渗透越来越深，移动医疗/健康设备、可穿戴医疗/健康设备就像雨后春笋，为能化养老基地建设打下了坚实的基础。

1. 便携健康终端

各种简单的家用医疗器械（如水银体温计、听诊器、水银汞柱血压计等）已经相当普遍，但在使用方面需要一定的培训，掌握实用技巧。电子技术的发展促进了自动/半自动的电子家用医疗器械的发展，如电子血压计、电子血氧仪、血糖测试仪、电子体温计等相继面市，使用起来也是比较方便，但缺乏数据传输能力，无法互联互通。

随着传感器技术和网络技术（尤其是无线网络技术）的逐渐成熟，催生了大量的具有网络传输能力的便携健康终端，可以检测物理生理指标（如体温、血压、心率/脉率、呼吸、血氧、血糖）和电生理指标（如心电、脑电、肌电）等，并通过网络及时传输对应数据到家庭健康管理服务器/基地健康管理服务器，甚至传送到医疗机构和健康管理机构。

大部分老年人都会有不同种类和不同程度的慢性病伴随起身，特别是心脑血管病、糖尿病等代谢性慢性病。病情的改变一般都会引起物理生理指标和部分电生理指标的波动。一般身体状况良好的老人只需要经常性地检测其体温和血压等少量几项物理生理指标即可，根据这几项指标评估身体状况或患病风险。

能化养老基地的健康终端应该具有对物理生理指标和部分电生理指标的检测能力。对于慢性病患者监测病情变化，对于非疾病人群监测身体状况及其变化，为医疗机构或基地医护人员提供有价值的参考或预警信息。目前，市场上已经推出了许多适合基地使用的健康终端，包括无线血压计、无线血氧仪、无线心电仪、无线血糖仪、无线脑电仪等专门的医疗仪器。各国更是在发展具备医疗检测功能的可穿戴医疗仪器。

1）家庭自我监测式的便携健康终端

在智能化养老基地中，配备于家庭的健康终端至少应有测量血压、脉率的功能，无线血压计可以同时完成人体的血压和脉率的测量。其他健康指标检测功能，可视老人病种和家庭经济条件而定，如家中有糖尿病患者还应配备血糖监测能力的健康终端——无线血糖仪，如有心血管病患者还应增配无线血氧仪、无线心电仪等，如有脑血管病患者还加配无线脑电仪。

2）家庭自动监测式的便携健康终端

对于高龄老人或者具有一定生命风险的慢病老人，应配备可穿戴式健康终端，实时地监测他们的生命特征指标（如呼吸、血压、心跳等）变化情况。如果出现危急情况，便于实时向基地医生发出预警或求救，从而得到及时的急救处置。这类终端包括穿戴式睡眠呼吸检测仪、穿戴式血压监测仪。

3）基地自助监测式的健康终端

在智能化养老基地中，配备于基地老人活动中心的健康终端，应该具备全套的物理生理指标和电生理指标的检测能力，以固定式的网络化的健康终端为主（如健康小屋、健康体检船、健康体检车、健康体检床、健康座椅等），辅以适量的无线便携式健康终端。

2. 便携医疗终端

医护人员的职责是治病救人，因此，出诊到智能化养老基地的医护人员应该随身携带具有检测和诊断功用的便携医疗终端，还应携带具有紧急治疗功用的便携医疗终端。当医护服务人员入户基地，可以通过便携医疗终端，将老人现场测量的数据上传，而且将个人医疗档案记录到健康档案数据库中，通过对比分析和健康风险分析后将结果数据反馈到便携医疗终端；而当遇到危急患者，还要实施紧急救治处置，配备适当的紧急救治类医疗终端。

1）检测类便携医疗终端

医护人员出诊或走访基地所用的检测和诊断类便携医疗终端，基本的配备包括无线体温计、无线血压计、无线血糖仪等以及可以随时调阅受访对象的全科医生电脑终端。此外，可以扩展配备无线血氧仪、无线心电仪、无线脑电仪等专门的医疗终端。这些属于医用级别的终端，比家用型的健康终端具有更高的精度和可靠性。

2）救治类便携医疗终端

医护人员出诊到危重患者家中，实施紧急救治是必然的，出诊时需要携带适当的紧急救治终端。一般的紧急救治终端包括便携输氧/液/血终端等。

7.2.1.2 便携医疗/健康终端的数据采集与传送

1. 便携医疗/健康终端的主流采集方式

对于不同的生理参数，采集的部位、手段、方法和原理都是不尽相同的。

物理生理指标和电生理指标的感知方式方法　　　　　　　表 7-1

指标	主要部位	主要手段	原理方法	典型终端设备
体温	口/腋/肛 表面皮肤 额头	水银 数字温度计 红外	水银的热胀冷缩 热敏物理量 红外对温度敏感性	数字温度计 红外温度计
血压	腕/上臂 手指	血管壁声音 动脉血动视频	柯氏音法 心音与 PPG 法	腕/臂式血压计 指式血压计
血氧	手指 手腕	红光 + 红外光 动脉血动视频	HbO_2 与 Hb 的分别对红光和红外光的不同吸收率	指式血氧仪 腕式血氧仪
血糖	手指 动脉血管	微创取血	试纸化验血液中糖分含量	血糖仪
心率	左胸	震动/心音	心脏收缩和舒张的节律性变化	心率带 智能手机
脉率	手腕 手指	脉搏波 HbO_2 的变化	心脏收缩和舒张的节律性变化	通常伴随在血氧仪或者血压计中
心电	胸 + 四肢	电极片/探针	胸部器官活动引起的生物电变化	便携心电仪（多种导联）
脑电	头部	电极片/探针	脑部器官活动引起的生物电变化	便携心电仪
肌电	四肢肌腱	电极片/探针	被测部位肌肉活动引起的生物电变化	便携肌电仪

2. 便携医疗/健康终端的主要传输接口与协议

便携医疗/健康终端的数据传输分为有线和无线方式。

早期的产品使用有线连接方式，如使用 USB/COM/CAN 线连接到移动式计算机（专用 PAD 或笔记本电脑），再通过互联网实现数据上传。现有的产品大多数采用无线网络的连接方式。采用移动通信网络的设备本身具有远程传输的能力，其他无线网络一般是连接到某个专门网关或手机网关，再由网关连接互联网。

在数据交换方面，目前没有统一的数据交换协议，大部分是自定义的私有协议。不过从医疗信息处理角度 IEEE 制定了一个健康数据交换标准，HL7 也制定了一套规范。但是健康信息太泛，还没有统一标准。

便携医疗/健康终端的数据传输接口与协议   表 7-2

连接方式	硬件接口	传输协议	健康数据协议
有线连接	RJ45（802.3）	TCP/IP	自定义
	USB	USB1.1/2.0/3.0	自定义
	COM	RS232/485	自定义
	CAN	CAN1.1/2.0	自定义
无线连接	Wi-Fi（802.11a/b/g）	TCP/IP	自定义
	Bluetooth（802.15.1）	L2CAP + OBEX	自定义
	Zigbee（802.15.4）	Z-stacks	自定义
	BAN（802.15.6）	IEEE 1451/1073	IEEE 1157（即健康数据交换标准）
	400M/800M	433/315，868/915	自定义
	GPRS/CDMA	TCP/IP，WAP	自定义

7.2.2 感知及数据采集技术体系

感知技术和网络技术是智能化养老基地建设的基础技术，是数据的主要采集渠道。因此，智能化养老基地建设要实现对人、家、基地的全面感知，感知基地内的人、机、物及其环境，并通过体域网、物联网、互联网实现感知设备的互联、感测信息的互通、控制信息的实时可达、服务信息的及时到位。另外，就是收集第三方数据。智能化养老基地数据采集技术体系如图 7-2 所示。

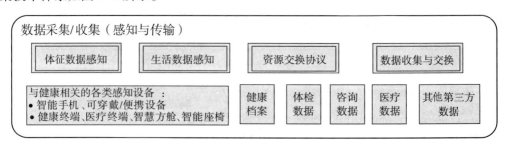

图 7-2　智能化养老基地数据采集技术体系

7.2.3 人体感知与体域网技术

对人的各类信息的感知包括老人的身份识别、活动行为感知、健康指标感知、位置感知与跟踪等，并通过体域网（Body Area Networks，BAN）或健康物联网（Health-IOT）实现互联互通，这是开展健康服务和保障老人生命安全的技术保障基础。感知工具包括各种便携式或可穿戴式的健康终端、定位终端等。传输方式包括蓝牙、Wifi、移动通信网等。数据汇集手段包括手机网关或者专门的体域网网关。

7.2.3.1 身份识别技术

无论是数据管理还是服务都要有明确的对象，必须回答：感测的是谁的数据？为谁提供服务？穿戴设备/智能手机与使用者有固定的绑定关系，可以标明老人身份。但对共享型设备（如社区养老服务中心或医护人员走访所用的检测设备）应该具有适当的快速身份识别功能，以期提高检测和记录的效率。适用于智能化养老基地的身份识别技术主要有标签技术和生物特征鉴别技术。

1. 基于标签技术的身份识别

标签技术包括：条形码和二维码标签、RFID 电子标签等，用相应的阅读器进行标签识别，分别使用。在固定场所可以用专门的阅读器，移动场景下可以用智能手机 + 阅读器 APP。

2. 基于生理特征的身份识别

生物特征鉴别技术常用的有指纹识别技术、虹膜识别技术等，除了专门的识别装置，也可以用智能手机 + 专门的识别配件。

7.2.3.2 活动行为感知技术

基于加速度和陀螺仪传感器来感知人体运动行为（Actions），一方面用于计算热量消耗，另一方面用于精确估算健康指标。当人体活动时，随带的三轴加速度传感器可以感知活动的幅度和活动能量，由此建立人体活动的功率谱模型；依据这些功率谱模型便可以估测老人的运动行为（如走、跑、跳、上楼、下楼、跌倒等）。根据三轴陀螺仪传感器感测到的方位变化量就可以估测人体的姿态（立、坐、卧、躺、斜倾等）。同时可以抽取出相应的运动特征（如平均加速度、标准差、平均绝对差、平均合成加速度、波峰间距、离散分布）。

7.2.3.3 生理指标感知技术

对人体生理指标（Physiology Index）感知主要是感知物理生理指标的电生理指标。其中体温、心率、血压、血氧、血糖等属于生命体征指标，与生命安全戚戚相关，是智能化养老基地的核心感知内容。

1. 基于专门设备的生理指标感知

基于便携健康终端或便携医疗终端等专用检测终端的生理指标感知。一般可用无线采集终端，如无线血压计、无线体温计、无线血氧仪、无线血糖仪、无线脂肪仪、无线心电仪、无线脑电仪等，无线网络以 Wifi、蓝牙为主，可以通过智能手机直接将这些无线终端设备感测的生理指标数据进行汇集并传输健康数据中心或服务平台。如图 7-3 所示。

2. 基于穿戴设备的生理指标实时感知

基于可穿戴健康指标监测设备可以实时感知生理指标，并利用手机进行指标数据的汇集和传输。从无妨碍角度来看，一般有指戴式血氧/脉率计、腕戴式血压/脉率计、臂戴式血压/脉率计、胸罩式心率/呼吸率计、腰戴式心率/呼吸率计。对于有严重的心脑血管疾病和呼吸道疾病的患者，需要 24 小时实时监测他们的生命特征指标，如果监测到危急情况有利于实时告警并救治。

以健康智能腰带为例，它是将加速度传感器、陀螺仪、温度传感器、湿度传感器等传感器集成在一个腰带上，可以测试心率、呼吸率等生理参数，可以探测运动环境的舒适程度，同时也可以检测人的运动状态和意外情况发生。测得的数据可以通过蓝牙通道与手机相连，然后手机将集成模块得到的数据传输到数据管理与分析平台，另外，数据也可以通过 Wifi 传输到嵌入了数据处理分析算法的网关，由网关对数据进行处理后再综合健康服务平台。

3. 基于智能手机传感器的生理指标随时感知技术

单纯利用智能手机传感器也可以感测核心的生理指标，包括血压、心率/脉率、血氧、呼吸率等生命特征参数。如图 7-4 所示。

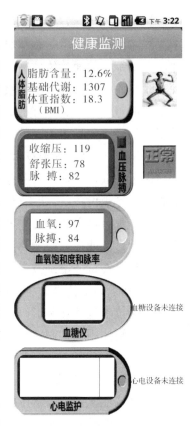

图 7-3　生理指标采集技术

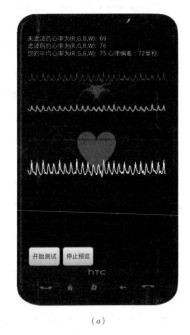

(a)

(b)

图 7-4　基于手机传感器的心率和呼吸率检测系统

(a) 心率检测系统；(b) 呼吸率检测系统

例如，基于血液光电效应利用手机摄像头采集手指颜色数据，通过颜色数据进行统计量分析，分析被测者的心率大小，判断被测者当前心脏活动状态；基于手机加速度传感器测量被测者的心率、呼吸率以及检测意外情况；在手机中嵌入能够计算人体卡路里消耗的软件来督促人们改变生活方式，以及对人们不健康的生活方式及时作出提醒。

7.2.3.4 融合运动参数和体征参数的健康指标监测

健康体检数据和医院的身体监测数据都是在获得一定休息时间后的静息状态下的测量数据。衡量一个人的健康状况评价标准也是静息状态下的评价值。对于可穿戴设备检测得到的生理参数数据一般都是运动状态下的值，不能用静息状态下的评价尺度进行，必须依据当前时刻前若干时间内的运动行为、运动能耗、年龄、性别等进行折算方可评价健康指标，否则将会产生大量误报警。本项目在该方面将进行两项主要研究：建立基于运动行为、运动能耗、年龄、性别等参数的健康指标折算模型；建立适用于静息和运动状态下健康指标的一致性的估算方法，便于健康状态的统一评价和分析。如图7-5所示。

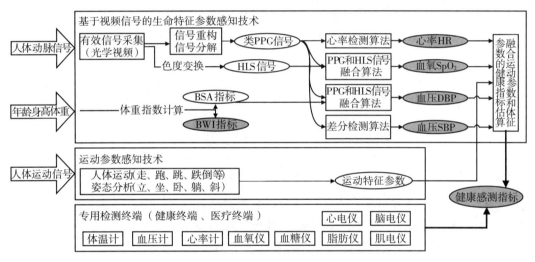

图7-5 智能化养老基地生理指标采集

7.2.3.5 生活参数感知技术

采用调查问卷、上门走访以及相关的智能家居设备感知老人的生活习性、饮食喜好、生活用品用量等生活参数，为饮食干预服务及其物流配送、生活习惯干预服务。

7.2.4 家庭感知与家庭物联网技术

对家庭的各类设施和环境的感知包括智能家居/家电、家庭空气质量、生活环境等，并通过家庭物联网（Home-IOT）实现互联互通，这是生活安全和舒适的技术保障基础。感知工具就是嵌入到家庭环境中感测器、控制器等，包括智能家居（如智能开关、智能插座），智能家电（如冰箱、电视、微波炉、电饭煲、热水器、洗衣机等），智能电表/水表/燃气表，智能安放设备（门窗感测器、烟雾感测器、漏水/电/气探测器、空气质量感测器等），室内温湿度感测器等，还有就是家用型健康终端。传输方式包括蓝牙、Wifi、433/315M等无线网络，或CAN总线、RS485、电力线通信等有线网络等。家庭数据汇集手段主要是智能家庭网关或手机网关。

7.2.4.1 家庭安防技术

一方面，在中国的城市约有50%的独居老人，在农村也有40%的独居老人；另一方面中国有90%以上的老人是居家养老。老人及其子女除了关心老人的身体（生命）安全外，还有就是特别关注家庭生活环境的安全。因此，智能化养老基地建设必须特别关注老人们的生命财产安全，为他们营造安全的家庭生活环境，尽量感测出各种安全隐患，防患于未然。

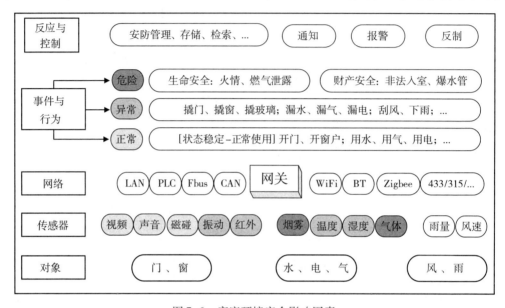

图 7-6　家庭环境安全影响因素

首先要有对引起生命和财产安全的环境影响因素具备良好的感测预警能力。

1. 火情感测技术：通过烟雾探测器/红外火星探测器来感测火情。

2. 燃气泄漏感测技术：通过气体（液化气、天然气等易燃气体）探测器来感测燃气泄漏。

3. 漏电感测技术：可基于电量剧变或电火花探测等技术手段来感测漏电。

其次是对人为安全影响因素（如撬门、撬窗、非法开锁等）具备良好的感测预警能力。除了使用门禁系统外，可以采用基于热感应的门窗红外墙幕防盗预警技术，基于磁力感应的门窗磁碰探测器预警技术，基于震动感应的破裂声探测预警技术，等。

7.2.4.2 室内位置感知与跟踪

基于位置的服务已经给人们带来了诸多便利，在智能化养老基地更是能够发挥威力。如当老人出现生命特征参数异常或身体严重跌倒等情况时，准确掌握危险的发生位置，是派出合适救援人员并实施快速救助，为救治老人生命赢得宝贵时间。

1. 基于 RFID 标签的简单室内位置感知

这是比较简单的粗糙室内位置感知方案。在室内的关键位置（如门口、拐角处等）部署电子标签阅读器，老人佩戴远距离 RFID 标签。定位精度与电子标签阅读器部署密度相关。该方案适用于养老院、福利院等老人集中管理的地方。

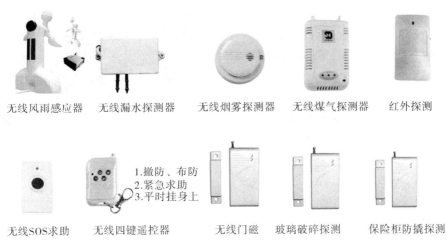

无线风雨感应器　　无线漏水探测器　　无线烟雾探测器　　无线煤气探测器　　红外探测

无线SOS求助　　无线四键遥控器　　无线门磁　　玻璃破碎探测　　保险柜防撬探测

1. 撤防、布防
2. 紧急求助
3. 平时挂身上

图7-7　主要的无线智能家庭安防设备

2. 基于无线射频的室内位置感知与跟踪

基于 Wifi、Bluetooth 等无线电信息进行定位。在室内部署 Wifi 的 AP 热点或蓝牙锚点，老人则佩戴 Wifi 标签或 Bluetooth 标签，通过无线电信号强度 RSSI 的测距原理（RSS 指纹）进行定位并作位置跟踪。这种方案的定位精度 2~3 米左右，缺点是需要为每个室内场景训练并建立大量的初始 RSS 指纹库方可实现定位，部署的人力成本比较高。已有多种手机 APP 定位系统（如 Wimap、定位宝等）。

3. 基于多模融合的室内位置感知与跟踪

基于无线电（Wifi、Bluetooth）信号、地磁场信号、计步器（加速度、陀螺仪）并结合众包思想进行定位。这种方案的定位精度 2~3 米左右，但是 RSS 指纹库的训练量要比第二种方案少很多。大部分智能手机具有配置了所述传感器，安装相应 APP 可实现定位。

7.2.4.3　生活环境舒适性调节技术

随着年龄的增大，老人的生理机理对气候环境的适应能力渐渐变弱，尤其是对冷热的适应性变差了，体感舒适温度与正常成人有一定差别。因此需要通过对家庭环境的感知与调节控制来创建舒适的生活环境。

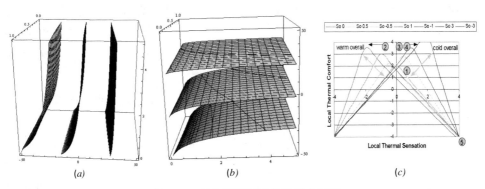

图7-8　家庭环境舒适性的影响因素

（a）空气质量、空气湿度和温度三因素对人体的交叉影响；（b）人体对各种不同环境的反映以及适应程度；

（c）各因素对空气质量的影响程度各有不同（PM10、PM2.5、TSP）

可以通过对室内空气温湿度的感知和老年人年龄与性别等数据，并结合机器学习方法依据老人以往调节温湿度的历史数据的分析并计算出人体感觉最佳的温度、适度和空气流通度等室内舒适环境，即自适应的调节空调、风扇、加湿器、通风装置等智能家电设备为老人创造出舒适的生活环境。这也是改善老人身体健康状态的一条有效途径。

7.2.4.4 智慧家庭物联网融合感知与反馈控制技术

将前述的感知技术和智能家居/家电的控制技术进行融合，为居家养老建立综合性的服务，让他们生活的舒适、方便、安全和健康。

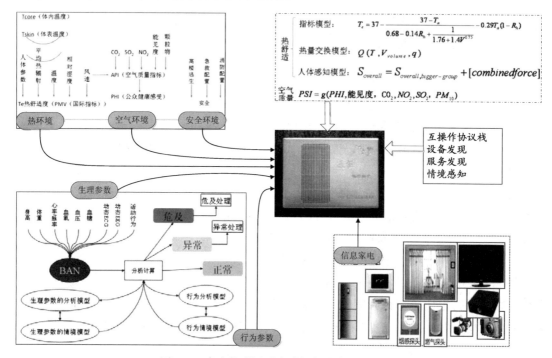

图 7-9 家庭物联网融合感知与综合服务技术

7.2.5 基地的感知与泛在网技术

对基地的各类设施和环境的感知包括社区安防设施、社区暖通设施、社区健康检测设施等，并通过社区物联网（Community-IOT）或互联网实现互联互通。

感知工具就是社区环境中感测器、控制器等，包括智能家居/家电，社区智能安放设备，社区定位设备及其视频跟踪设备，社区健康终端，社区健康体检仪器（如健康车、健康床、健康座椅等），社区医疗设备，社区物流设备等。

传输方式适用于局域范围内的蓝牙、Wifi、433/315M 等局域无线网络和 CAN 总线、RS485、电力线通信等局域有线网络，以及互联网等。

家庭数据汇集手段主要是社区智能网关和数据交换机。

7.2.5.1 基地健康监测

社区有多种老人集聚之地（如社区养老中心、老人活动中心等），一般需设置专门的体检室（或医务室或自检室），并为这样的场所配备较为齐全的生理指标监测设备、运动指标检测设备等。同时还要配备大量的便携医疗终端，便于护理人员深入老人客房巡检之用。

1. 专门场所的健康监测（静态监测）

在社区医务室，或自助体检室的健康指标检测。一般采用固定的医疗终端，检测静息条件下老人的医疗/健康指标（生理指标），由健康物联网网关进行数据汇集和远程传输。

2. 老人活动场所的健康监测（动态监测）

在老人活动室，或健身中心的健康指标检测。一般采用健身器伴侣模式或者穿戴模式的健康终端，检测动态条件下老人的健康指标（生理指标）。由健康物联网网关进行数据汇集和远程传输。

基于健康指标动态监测，可以掌握老人的健康状况与活动量的关系，形成活动与健康的分析模型，为活动干预服务提供依据。

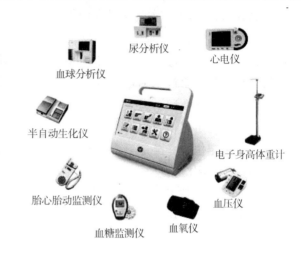

图 7-10 社区健康监测系统（亦可称社区健康服务子云）

7.2.5.2 社区安防技术

1. 多模式门禁

2. 可疑人员判别技术

基于全天候的视频分析技术对社区周边关键场景（如围墙边、出入口周边、单车棚、停车场等）内的可疑游荡人员进行判别，及时向社区物业或保安部门预警。

3. 社区电子围墙

可采用光纤围墙技术或红外墙幕技术，为社区建立电子围墙。

7.2.5.3 室内外位置融合感知与跟踪

当老人在家里等室内环境下可以用室内定位技术掌握他们的行踪。但是在社区或养老院则因老人的活动空间已经延展到室外，此时的定位技术既要室内又要兼顾室外，例如痴呆症患者或者有记忆障碍者就需要进行位置跟踪，以防止老人走失或病卧某处。智能化养老社区室内外融合定位系统如图 7-11 所示。

1. 基于移动通信网的位置感知与跟踪

利用移动通信基站和手机收到的无线信号（GSM/GPRS 或 CDMA）进行定位。可做室外的粗糙定位。定位精度几十米到几百米不等，移动基站稀少的地方可能有公里级的误差。该方案适用于养老院、福利院的老人外出佩戴，预防外出走失寻踪。也可以直接对老人的手机进行跟踪定位。

2. 基于卫星信号的位置感知与跟踪

利用 GPS 或北斗定位系统（BDS）等卫星信号进行定位和跟踪。该方案已经成熟，产品很多。但只能进行室外定位。定位精度几十米。

3. 全时空位置感知与运动轨迹跟踪

全时空多模融合定位技术在室外采用 BDS/GPS 定位，在室内采用低成本高精度 Wifi、磁定位技术与惯导等相结合的定位技术，对老年人健康提供多种个性化服务。该方案由定位服务器和定位客户端组成。多模定位服务器包括数据采集及训练、融合定位两个阶段。在数据采集及训练阶段，客户端软件发送采集到的符合室内定位服务器要求的样本数据到室内定位服务器，室内定位服务器将根据采集到的样本数据进行训练，从而得出定位模型；在融合定位阶段，客户端持续不断的将采集到的 Wifi 信号、GPS 数据、磁数据、方向、运动状态等信息发送到多模定位中间件，多模定位中间件将处理不同类型的数据，决策用户状态和定位结果过滤筛选，最终返回尽可能准确的定位结果和精度；在定位间歇，客户端将使用惯性导航逻辑进行辅助定位。定位服务器支持用户根据需求灵活设置室内定位的精度，可以是定位精度高的需要专业人员部署的室内定位系统，也可以是购买标签对某一室内区域的定位，甚至是不需要部署成本的粗粒度定位。

基于用户定位跟踪信息，可实现基于位置的健康服务，主要包括用户日常运动习惯发掘，运动习惯管理，基于用户运动习惯和附近运动设施的日常运动计划推荐，方舱位置信息管理，基于用户体征和方舱信息的保健计划推荐，根据运动范围和运动状态异常的运动异常管理，根据用户异常行为的紧急情况判定和警报分发处理，此外还有健康百科管理、POI 标记管理、地图信息管理、消息管理等具体应用。

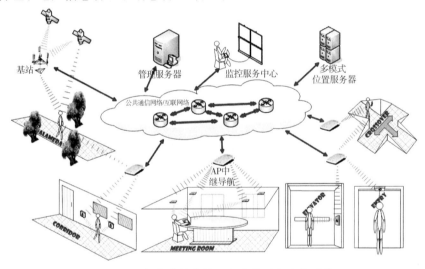

图 7-11　智能化养老社区室内外融合定位系统

7.3　数据管理与分析技术

7.3.1　健康数据管理系统

通过健康终端和医疗终端感测老人的健康数据，一方面是要掌握老人的生理健康状况，另一方面更是要为老人制定健康服务方案并提供最合适的健康或医疗服务。因此，智能化健康基地的基础建设中需要包含健康数据库（即健康档案）管理；同时也要基于健康数据库和医疗数据、健康体检数据以及与健康相关的其他数据进行融合处理，开展健康风险评估分析、健康风险预警，提供医护处理、康护处理等健康干预服务甚至生活干预服务。

7.3.1.1　健康数据管理服务

健康数据（生理指标数据）是因人而异的非常个性化的数据，在用医疗/健康终端仪器检测过程中又会受环境干扰和产生测量误差，还要注意保护个人隐私等事项，因此智能化健康基地须担负健康数据的管理职责，提供系统性的管理服务，为查询、分析给予支撑。

1. 健康数据的规范化与存储管理

考虑到测量误差、环境干扰、采样时间非等间距、终端设备差异性等因素，应该对采集到的健康数据进行规范化处理，建立一致性的数据表达和存储。对于各种影响因素的规范化（预）处理包括：去噪、一致性处理、数据重构等。

对于误差和干扰的数据去噪处理以及删失数据的恢复处理。根据健康终端或医疗所检测数据的噪声特性，通常选用高斯滤波或小波滤波算法。

对于设备差异性导致的数据的一致性处理。设备差异往往导致其精度、标度的偏移，为了健康数据之间的可比性以及与体检数据或医疗数据的可比性，应对健康数据进行一致性处理。

对于非等间距采样的数据的重构处理。医疗/健康设备的传感器，其采样灵敏度、A/D转换速度以及受到CPU处理能力、传输带宽能力等因素的制约，往往会导致采样时间间隔差异（非周期采样），要使得采样数据具有可参照性和生理指标意义表达的完整性，须采用合适的信息重构方法。

因为健康检测指标、采样时间及长度等方面的不确定性，用关系数据库存储将会导致稀疏性，最好使用分布式数据库。

2. 健康数据的统计分析

如同HIS系统一样，要建立健康数据的系列化统计与分析的功能，如统计报表与统计图。更要提供单指标/多指标发展曲线（趋势曲线）、奇异性特征抽取与分析等功能。

7.3.1.2　健康大数据的融合处理分析

1. 数据聚合成就健康大数据

医疗数据只能来自于患者去医院进行诊断和治疗过程中，除非经常性看医生，不然只会有稀少的医疗数据。健康体检数据，一般也只会是一年1~2次而已，也属于稀少数据。从医疗终端采集的健康数据虽比体检数据多，但是能及时反映老人的身体健康状况的数据主要是来自于健康终端所采集的数据，这也是老人长期监测数据的主要组成。考虑到前三种数据出自于医疗专业人员之手，因此需要对来自不同渠道的数据进行聚合，建立健康大数据。

2. 基于健康大数据的健康风险评估分析

将健康检测数据与健康体检数据、医疗数据进行融合后实现健康风险分析是智能化养老基地的突出特点，基于风险分析结果开展健康干预才是智能化养老基地建设的目的。

因此，在智能化养老基地建设中，需要为综合健康服务平台设计健康风险评估分析，并制定相应的健康干预策略以及实时的危险报警。

7.3.2 健康大数据管理技术

医疗数据和健康体检数据属于稀少数据，能及时反映老人的身体健康状况的数据主要是来自于健康终端所采集的数据健康数据，这也是老人长期监测数据的主要组成。考虑到前三种数据出自于医疗专业人员之手，因此需要对来自不同渠道的数据进行聚合，建立健康大数据。健康大数据的高效管理是精准服务的前提。智能化养老基地数据管理技术如图7-12所示。

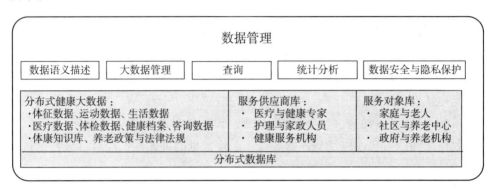

图 7-12　智能化养老基地数据管理技术

7.3.2.1 健康大数据的安全存储管理服务（分布式数据库技术）

采用分布式数据库进行健康大数据的存储与管理。保管好老人的健康数据和各种信息服务资源。社区健康数据属于小区域性数据，具有一定的敏感性，因此，在存储和传递过程中必须加以保护。

将健康大数据存储分为关键资料存储和普通资料存储。针对客户非常敏感的资料和数据提供数据加密存储，数据密码由用户保管，其他任何人都无法打开查看；对于客户一般性文件，采用目录对象安全机制，能够限制其他非本人的网络存取和本地存取，不加密但有权限限制，并有审计功能；在数据容灾方面，采用大型磁盘阵列分布式存储的方式，提供异地容灾备份的服务。

同时，健康大数据也涉及个人隐私问题。应对个人身份信息进行匿名保护。

7.3.2.2 健康数据的统计分析服务（快速查询技术）

如同 HIS 系统一样，要建立健康数据的系列化统计与分析的功能，如统计报表与统计图。更要提供单指标/多指标发展曲线（趋势曲线）、奇异性特征抽取与分析等功能。为社区管理机构、社区健康或医疗服务机构、政府管理机构或决策机构提供精准的数据依据。

7.3.2.3 第三方数据接入与交换技术

除了全面感知智能化养老基地的数据外，还需要收集健康体检数据、医院医疗数据、咨询数据、生活饮食数据、其他服务机构的数据，以此构建基地的健康大数据。

考虑到数据来源不同、数据语义的不一致性等数据对接问题，因此对于第三方数据的接入要交换机制和数据语义描述机制，有利于健康大数据的理解和服务。

7.3.3 健康大数据服务技术

7.3.3.1 融合健康感测指标和健康体检数据的健康风险分析

当前，国际上针对健康风险评估的工具、方法和系统的研究已经成为热门的课题。在慢性病预测预警指标体系层面，主要针对疾病遗传风险评估、慢性病的防治方法和系统、病人群体的风险分层以及疾病感染风险。在风险评估模型与个性化评估工具层面，围绕心血管的指标集成监测、个性化的疾病管理以及心血管疾病和代谢性疾病治疗的风险。在监测终端层面，关注的是疾病监控终端以及监测仪器，主要涉及病人体征、心血管、血糖、体质和病人健康等方面的监测监控，大多都是针对特定疾病的。对于生理指标和风险因素方面的监控的研究相当较少，也没有针对自我监测的指标纳入到分析研究。具体的研究方法如下。

1. 基于 RBF 的健康状态等级预测模型

RBF（Radial Basis Function 径向基函数）网络是一个三层前馈的神经网络。如图 7-13 所示。

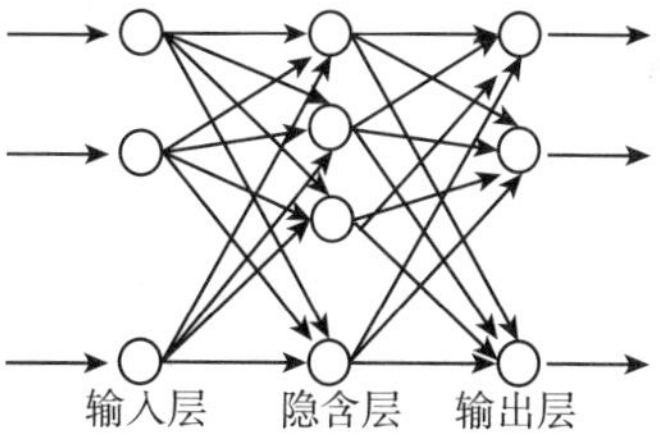

RBF 神经网络结构由简单的三层：输入层、隐含层、输出层网络结构组成。输入层到隐含层采用非线性变换，隐含层到输出层采用线性变换。在 RBF 神经网络中，函数输出 y 具有如下函数关系：$y = \sum_j^h w_j r_j = \sum_j^h w_j \exp\left(\dfrac{\|x-c_j\|}{2\sigma_j^z}\right)$，$j = 1, 2, \cdots h$。$X = [x_1, x_2 \cdots x_t]$，径向基向量表示为 $R = [r_1, r_2 \cdots r_t]$，基函数中心向量表示为：$C = [c_1, c_2 \cdots c_h]$，$c_j = [c_{1j}, c_{2j} \cdots c_{tj}]^T$，隐行层到输出层的权值向量为：$W = [w_1, w_2 \cdots, w_h]$。基函数 r_j，（$j = 1, 2 \cdots h$）取高斯函数：$r_j = \exp\left(\dfrac{\|x-c_j\|}{2\sigma_j^z}\right)$，$j = 1, 2, \cdots h$. σ_j 为径向基函数的中心 $\| \cdot \|$

图 7-13 RBF 神经网络结构

表示欧式范数。RBF 神经网络学习算法需要求解的三个参数：基函数的中心 C，方差 σ，隐含层到输出层的权值 W。基函数的中心 C，方差 σ 主要采用非监督学习方法确定，本文采用 K-均值聚类算法确定中心，然后求解基函数的宽度即方差。当中心和宽度确定以后采用有监督学习算法，计算出隐含层到输出层的权值。

基于 RBF 的神经网络模型如图 7-13，输入变量包括两部分，基于时间队列的健康状态动态数据集 U 和基于横断面静态指标数据集 V 两部分，健康状态动态数据集 U 是基于每年的体检人群体检数据集 Ai 心血管健康状态等级评估模型，将第 i 年健康状态划分为理想状态、一般状态、较差状态三个健康等级状态，然后根据多年的健康状态等级得到体检者的心血管健康状态序列。μ_i 表示第 i 年的健康状态，连续 $1 \sim m$ 年的健康状态数据，便可以形成基于心血管健康状态的序列 $U = \{u_1, u_2, \cdots u_m\}$.

健康数据中有年龄（Age）、性别（Sex）、收缩血压（SBP）、舒张压（SZP）、总胆固醇（TC）、高密度脂蛋白胆固醇（HDL-C）、低密度脂蛋白胆固醇（LDL-C）、甘油三酯（TG）、体质指数（BMI）、空腹血糖（GLU）等多个指标，横断面静态数据集 V 是根据与心血管健康状态的相关性大小，从第 m 年的体检数据选择部分体检指标得到的数据集合。属性选择方法有多种，可利用独立性，相关性，信息熵等多种策略选择。根据相关性权重筛选，选择权重较大的，去掉特征权重较小的得到的特征数据集作为横断面静态指标数据集 $V = \{v_1, v_2, \cdots v_n\}$。

健康状态动态数据集 U 和基于横断面指标静态数据集 V 属性结合产生模型的样本特征向量 $X = \{x_1, x_2, \cdots x_t\}$，$t = m + n$，作为模型的输入样本，时间 t_{m+1} 的 u_{m+1} 的作为期望输出向量集合，使用 RBF 神经网络进行训练。选取自组织学习算法选取 RBF 的中心，具体采用 K-means 算法确定基函数的中心 C，然后求解基函数的宽度即方差 σ，当基函数的中心和基函数的宽度确定以后，训练目标函数：$E = \dfrac{1}{2n} \sum_{i=1}^{n} [d - y(X_i)]^2$，根据最小二乘计算出 w_j，求解 y，$y = \sum_{j}^{h} w_j r_j = \sum_{j}^{h} w_j \exp\left(\dfrac{\|x - c_j\|}{2\sigma_j^z}\right)$，$j = 1, 2, \cdots m$，然后使用测试样本检测模型的实用性和准确性。

2. Cox 比例风险回归模型

Cox 比例风险回归模型是一种多因素分析方法，适用于分析带有截尾生存时间的资料，同时分析众多因素对生存期的影响。

Cox 回归模型公式：$h(t, x) = h_0(t) \cdot \exp(\beta_1 x_1 + \beta_2 x_2 + \cdots + \beta_m x_m)$

其中，x_1、x_2、$\cdots$、x_m、表示研究者认为可能影响生存的因素，也称为协变量；β_1、β_2、$\cdots$、β_m 是回归系数；$h_0(t)$ 为基线风险函数，它是全部协变量 x_1、x_2、$\cdots$、x_m 都为 0 或标准状态下的风险函数；$h(t, x)$ 表示当协变量值固定时的风险函数，它和 $h_0(t)$ 成正比，所以该回归模型也称为比例风险模型。

实施步骤：首先利用基线数据、生存时间以及生存结局资料，估计回归系数 β，同时计算基线风险函数值 $h_0(t)$，然后根据 $h_0(t)$ 和 β 的值，预测 t 年内的患病风险 $h(t, x)$。

3. 基于健康大数据的健康风险评估分析

将健康检测数据与健康体检数据、医疗数据进行融合后实现健康风险分析是智能化养老基地的突出特点，基于上述模型得到健康风险分析结果开展健康干预才是智能化养老基地建设的目的。因此，在智能化养老基地建设中，需要为综合健康服务平台设计健康风险评估分析，并制定相应的健康干预策略以及实时的危险报警。

7.3.3.2 健康大数据挖掘分析

健康大数据挖掘分析采用以下几种方式：

传统 A/B 测试是一种把各组变量随机分配到特定的单变量处理水平，把一个或多个测试组的表现与控制组相比较，进行测试的方式。大数据时代的到来为大规模的测试提供了便利，提高了 A/B 测试的准确性。由于移动医疗设备及技术的迅猛发展，移动分析也逐渐成为 A/B 测试增长最快的一个领域。

聚类分析将物理或抽象的集合分组成为由类似的对象组成的多个类的分析过程。聚类分析是一种探索性的数据挖掘分析方法，不需事先给出具体的分类情况。对于健康大数据的分析处理，通过聚类可以简化后续处理过程，并且可以发现其中隐藏的某些规则，充分发挥了健康大数据的作用。

集成学习是使用一系列"学习器"进行学习，并使用某种规则把各学习结果进行整合从而获得比单个"学习器"更好的学习效果的一种机器学习方法。对于健康大数据的集成学习，可以更好地提炼和把握其中的本质属性。

神经网络是一种模仿动物神经网络行为特征，进行分布式并行信息处理的算法数学模型，它依靠系统的复杂程度，通过调整内部大量节点之间相互连接的关系，来达到处理信息的目的。神经网络作为一门新兴的交叉学科，是人类智能研究的重要组成部分，已成为脑科学、神经科学、认知科学、心理学等共同关注的焦点。神经网络对于大数据的并行处理，无疑也是一种比较可行的方式。

7.3.4　数据安全与隐私保护

养老基地在建设的同时要充分考虑到安全策略、安全技术和安全管理，做到对老年人健康数据的隐私保护。

在安全策略层面，既要考虑行业内的政策标准，也要考虑自身的安全级别、规章制度等；在技术层面上需要考虑实体的物理安全、网络的基础结构、网络层的安全、操作系统平台的安全、应用平台的安全，以及在此基础之上的应用数据的安全。在管理层面，既要考虑安全组织建设，也要考虑人员、系统等的管理。图 7-14 信息与数据安全的体系结构图，体现了数据安全要关注到的各方面的关系。

智能化养老基地的建设由于利用到了智能传感、数据分析、云平台、移动互联网等各方面的技术，而且这些技术都是在整个智慧城市规划中已经明确表明其应用层次以及关联关系。例如在智慧城市的应用关系图中，数据安全就起到了很重要的作用。而且数据安全随着互联网化和移动化的趋势已经不再是一个单纯的技术应用点，而是应用到各个实施层面的整体技术解决方案，以及一整套的安全管理制度。

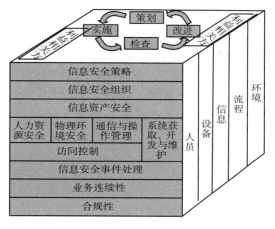

图 7-14　信息与数据安全体系结构图

也只有这样看待数据安全及隐私保护的问题，才能让老年人以及社会各方面放心的进行平台开发以及数据应用。

7.3.4.1　信息安全技术

信息安全技术是指多个层面的保证信息安全的技术，信息安全包括了物理层面、系统层面、网络层面和应用四个层面的安全。物理安全包括机房、场地、设施、动力系统的安全，系统安全，系统安全包括操作系统、数据库和应用服务器等系统软件的安全，网络安全包括网络设备、网络链路和网络服务的安全，应用安全包括业务软件的机密性、完成性和可用性安全。在每个层面为保证安全会使用多种安全技术，信息安全技术层次关系如图

7-15 所示。

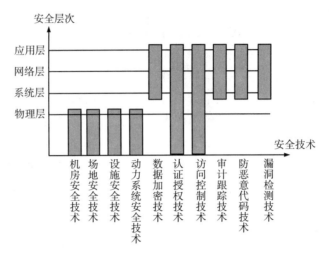

图 7-15 信息安全技术层次关系图

1. 物理层安全技术

1) 机房安全技术

机房安全技术包括温度保持技术，防潮、防尘、防静电、防震动和防噪声技术

2) 场地安全技术

场地安全技术包括了场地自身安全、防火、防雷、门禁、视频监控等技术

3) 设施安全技术

设施安全技术包括设施可靠性、通信物理线路安全性、辐射控制与防电磁泄漏技术

4) 动力系统安全技术

动力系统安全技术包括电源安全技术和空调安全技术

5) 数据加密技术

传统意义上，加密被描述成一种手段，它允许双方在易受窃听的不安全信道上进行保密通信。到后来随着计算机技术和 Internet 的发展，加密技术成为电子商务的主要安全保密措施，是最常用的安全保密手段，利用技术手段把重要的数据变为乱码（加密）传送，到达目的地后再用相同或不同的手段还原（解密）。

加密技术包括两个元素：算法和密钥。算法是指将普通的文本（可以理解的信息）与一串数字（密码）相结合，从而产生不可理解的密文的步骤。密钥是一种参数，它是在明文转换为密文或将密文转换为明文的算法中输入的数据。所以加密技术也成为密钥加密技术。根据密钥的用法，把加密技术分成对称加密技术和非对称加密技术。

对称密码技术又称传统密码技术，就是加密密钥和解密密钥相同，或实质上等同，即从一个易于推出另一个，又称秘密密钥技术或单密钥技术。

非对称密钥算法：又称公开密钥技术，涉及两个不同的密钥。用一个密钥进行加密，而用另一个进行解密。加密密钥可以公开，又称公开密钥，简称公钥；解密密钥必须保密，又称私人密钥，简称私钥。公钥和私钥不能互相推导出来。

6）数字证书技术

使用公钥算法同时出现一个问题，通信的对方如何相信他确实使用的是用户的公钥？解决这个问题的方式就是用数字证书。

数字证书就是互联网通信中标志通信各方身份信息的一串数字，提供了一种在 Internet 上验证通信实体身份的方式，其作用类似于司机的驾驶执照或日常生活中的身份证。身份证需要公安机关来颁发，相应的数字证书也是由称为 PKI/CA（Public Key Infrastructure/Certificate Authority）可信的权威机构来颁发的。

2．认证授权技术

1）认证

认证指用户必须提供他是谁的证明。要进行认证首先用户有一个唯一的标识，而标识必须配以进一步的证明。这些证明可以使密码、口令、密钥、个人身份号码、指纹声波等生物特征或令牌。这些证明将会已经存储的这个主体的信息进行比较，如果证明与存储的信息匹配，那么就说主体通过了认证。认证技术包括目录认证、口令字、生物识别技术、密码字、存储卡和智能卡技术等。

目录认证。目录是一种分层式的数据库，基于 X.500 标准和某种协议，比如轻量级目录访问协议（LDAP）和微软的活动目录（Active Directory）。

口令字。包括一般口令字、认知性口令、一次性口令字和动态令牌。

生物识别技术。包括指纹识别、手形扫描、视网膜扫描、虹膜扫描、动态签名、动态键盘输入、语音识别、面部扫描和手形拓扑。

密码字。利用私钥或数字签名来进行身份识别。

存储卡技术。存储卡中存储用户的标识信息，然后需要用户输入 PIN 码，完成双因子认证。

智能卡技术。智能卡中存储了用户标识和用户身份证明。智能卡包括接触式智能卡和非接触式智能卡。

2）授权

授权指在主体通过认证后，资源的所有者或控制者按照安全策略准许主体访问或使用某种资源，也就是说需要给用户以相应资源的操作权限，比如文件读写、运行程序、访问网络等。授权通过访问控制技术或 PMI 技术实现。

3．访问控制技术

访问控制技术包括基于规则访问控制、限制性的用户接口、访问控制矩阵、访问能力表、访问控制列表（ACL）、基于内容的访问控制和基于情形的访问控制。

1）基于规则访问控制

使用特定的规则来规定主体与客体之间可以做什么，不可以做什么。比如一个公司关于邮件的策略规则为：附件大小不能超过 10M。

2）限制性用户接口

限制性的用户接口通过不允许提交某些功能、信息或访问某些系统资源的请求来限制用户的访问能力。限制性用户接口分成三种：菜单和命令、数据库视图和物理限制接口。

3）访问控制矩阵

访问控制矩阵是一个包含有主体和客体的表，它规定了每个主体能对客体进行的操作。

4）访问控制列表

访问控制列表时一些主体被授权访问一个特定客体的权限列表，是以客体为中心的方法进行访问控制。列表定义了授权的程度，授权可以针对个体，也可以针对组。

5）基于情形的访问控制

基于情形的访问控制是基于一组信息的情况来做访问控制。例如，防火墙在允许数据进行内网前，要先收集数据包的状态信息，根据情形判断是正常的访问还是网络攻击，从而决定是放行还是拒绝。

4. 审计跟踪技术

审计功能可确保用户对其行为负责，通过审计能够追查个人恶意行为、探测入侵、重建事件和系统条件、提供法律追索材料和声称问题报告。

审计跟踪是通过记录用户、系统和应用程序活动来完成的。审计跟踪中包括与操作系统相关的活动、应用程序事件和用户行为有关信息。通过检查性能信息或某些类型的错误和条件，审计跟踪可用来验证系统的健康状态。系统崩溃后，管理员通过检查审计日志，拼凑系统状态信息，可以了解是哪些事件造成系统崩溃。

审计跟踪还能提供有关任何可以活动的警报，以方便以后调查。另外，还可用于准确判断攻击的范围和已经造成的破坏的程度。

审计跟踪技术包括：入侵检测和日志审计两种。

1）入侵检测

入侵检测通过检查操作系统的审计信息或网络数据包信息，检测系统中违背安全策略或危及系统安全的行为或活动，从而保护信息系统的资源不受拒绝服务攻击，防止系统数据的泄露、篡改和破坏。

入侵检测技术又分成两大类：异常入侵检测和误用入侵检测。异常入侵检测根据系统中的网络流量、用户的使用操作等异常行为判断入侵是否发生。误用入侵检测则是通过攻击特征模式匹配发现入侵。

2）日志审计

日志审计是指用手工或自动的方法检验审计跟踪信息，并进行检验和解释。一般手工方法适用于事件性的检查，当发生安全违规、无法解释的系统活动或系统崩溃后，管理员会集中所有的导致该事件的活动，然后进行检查，查找问题根源。自动方法适于实时进行的审计检查，适用一个自动化的工具在审计信息被建立时进行检验。

5. 防恶意软件技术

1）恶意软件分析

恶意代码分析是一个多步过程，他深入研究恶意软件结构和功能，有利于对抗措施的发展。按照分析过程中恶意代码的执行状态可以把恶意代码分析技术分成静态分析技术和动态分析技术两大类。

2）恶意软件静态分析

静态分析技术就是在不执行二进制程序的条件下，利用分析工具对恶意代码的静态特征和功能模块进行分析的技术。该技术不仅可以找到恶意代码的特征字符串、特征代码段等，而且可以得到恶意代码的功能模块和各个功能模块的流程图。由于恶意代码从本质上是由计算机指令构成的，因此根据分析过程是否考虑构成恶意代码的计算机指令的语义。

3）恶意软件动态分析

动态分析技术是指恶意代码执行的情况下，利用程序调试工具对恶意代码实施跟踪和观察，确定恶意代码的工作过程，对静态分析结果进行验证。根据分析过程中是否需要考虑恶意代码的语义特征。

4）恶意软件防御

防御恶意软件有三种方法：基于特征的扫描、基于校验和检查和沙箱技术。

5）误用检测技术

误用检测技术也称基于特征的扫描技术，是目前检测恶意代码最常用的技术。该技术主要基于模式匹配的思想。要进行误用检测，必须首先建立一个恶意代码特征库，然后对计算机程序进行扫描并与恶意代码的特征子进行匹配比较，从而判断被扫描程序是否被恶意代码感染。

误用检测技术目前广泛用于反病毒引擎中，具有准确、易于管理和误报率低的优点。但随着压缩和加密技术的发展，以及特征库的越来越庞大，检测效率大大降低。同时对于变形病毒也显得力不从心。

6）完整性检测技术。

完整性检测技术也称为基于校验和的检查技术。主要通过 Hash 值和循环冗余码来实现，即首先将未被恶意代码感染的系统生成检测数据，然后周期性地使用校验和法检测文件的改变情况，只要文件内部有一个比特发生了变化，校验和值就会改变，从而可判断目标软件是否被恶意软件感染。

Windows、Android 及 IOS 下的代码签名技术就属于完整性检测技术的具体应用。

7）权限控制技术

权限控制技术通过适当的控制计算机系统中程序的权限，使其仅仅具有完成正常任务的最小权限，即使该程序中包含恶意代码，该恶意代码也不能或者不能完全实现其恶意目的。通过权限控制技术来防御恶意代码的技术主要有以下两种：沙箱技术和安全操作系统。

沙箱技术是指系统根据每个应用程序可以访问的资源，以及系统授权给该应用程序的权限建立一个属于该应用程序的"沙箱"，限制恶意代码的运行。每个应用程序以及操作系统和驱动程序都运行在自己受保护的"沙箱"之中，不能影响其他程序的运行，也不能影响操作系统的正常运行。Java 虚拟机就是一个典型的沙箱。

安全操作系统具有一套强制访问控制机制，他首先将计算机系统划分为 3 个空间：系统管理空间、用户空间和保护空间。其次再将进入系统的用户划分为不具有特权的普通用户和系统管理员两类。则系统用户对系统空间的访问必须遵循以下原则：

（1）系统管理空间不能被普通用户读写。用户空间包含用户的应用程序和数据，可以被用户读写。

（2）保护空间的程序和数据不能被用户空间的进程修改，但可以被用户空间的进程读取。

（3）一般通用的命令和应用程序放在保护空间内，供用户使用。由于普通用户对保护空间的数据只能读不能写，从而限制了恶意代码的传播。

（4）在用户空间内，不同用户的安全级别不同，恶意代码只能感染同级别的用户的程序和数据，限制了恶意代码的传播范围。

6. 漏洞检测技术

漏洞检测就是对重要计算机信息系统进行检查，发现其中可被黑客利用的漏洞。漏洞检测的结果实际上就是系统安全性能的一个评估，它指出了哪些攻击是可能的，因此成为安全方案的一个重要组成部分。

漏洞检测从底层技术来说可以分为基于主机的检测和基于网络的检测。

基于主机的检测就是对系统中不合适的设置、脆弱的口令以及其他同安全规则相抵触的对象进行检查。检测项目包括账号文件、组文件、系统权限、系统配置文件、关键文件、日志文件、用户口令、网络接口状态、系统服务和软件脆弱性。

基于网络的检测是使用特定的工具或执行一些脚本，对系统进行攻击，并记录它的反应，从而发现漏洞。检测项目包括目标系统开放的端口、系统服务、系统信息、系统漏洞、远程服务漏洞、木马检测盒拒绝服务攻击检测。基于网络的检测站在入侵者的角度进行检测，能发现系统中最危险、最可能被入侵者渗透的漏洞。

7.3.4.2　信息安全管理

1. 信息安全管理现状

为什么拥有了防火墙、杀毒软件、入侵检测、入侵防御、网络管理平台，但仍出现这么多的安全问题？这是因为常规的信息安全理念往往局限在网络边界处，经过各种安全技术的使用，将来自外部网络空间的攻击和威胁大大减少，却忽略了来自内部网络的攻击和威胁。

经过多年的发展，我国已经建成了国家信息安全组织保障体系。2014年2月27日，中央网络安全和信息化领导小组成立，从而把信息安全提升到国家战略高度。该领导小组将着眼国家安全和长远发展，统筹协调涉及经济、政治、文化、社会及军事等各个领域的网络安全和信息化重大问题，研究制定网络安全和信息化发展战略、宏观规划和重大政策，推动国家网络安全和信息化法治建设，不断增强安全保障能力。但是，在信息安全管理方面仍存在很多诸如评估体系部完善、信息安全意识淡薄、技术创新不足和监管力度不够的问题。

2. 信息安全管理

信息安全管理涉及信息和网络系统的各个层面，以及信息系统生命周期的各阶段，不同方面的管理内容彼此之间存在一定的关联性，它们共同构成一个全面的有机整体，以使管理措施保障达到信息安全的目的。

1) 信息安全管理目标

信息安全管理的目标是使信息系统达到所需的安全级别，并将安全风险控制在用户可接受的范围内。

2) 信息安全管理对象

信息安全管理的对象从内涵来说是信息及信息载体-信息系统，从外延来说其范围由实际应用环境来界定。

3) 信息安全管理原则

信息安全管理的原则包括：策略指导原则、风险评估原则、预防为主原则、适度原则、立足国内原则、成熟技术原则、规范标准原则、均衡防护原则、分权制衡原则、全体参与原则、应急恢复原则和持续发展原则。

3. ISO/IEC27001 信息安全管理体系

ISO27001 是信息安全领域的管理体系标准，类似于质量管理体系认证的 ISO9000 标准，引入信息安全管理体系就可以协调各个方面信息管理，从而使管理更为有效。保证信息安全不是仅有一个防火墙，或找一个 24 小时提供信息安全服务的公司就可以达到的。它需要全面的综合管理。

ISO/IEC17799—2000 包含了 10 项控制细则、36 个控制目标和 127 个控制方式来帮助组织识别在运作过程中对信息安全有影响的元素，组织可以根据适用的法律法规和章程加以选择和使用，或者增加其他附加控制。

4. 数据流转与隐私保护

用户的隐私保护是一个多方面的技术和管理问题。前面所列举的两个方面强调了安全技术和安全管理两个方面。而随着智能化养老基地的数据应用到更多的层面，更有必要关注随着数据的流转而涉及的不同的部门以及不同的数据处理需求而带来的隐私保护的问题。

在一个通用的互联网平台中，数据流转与隐私保护关系如图 7-16 所示。

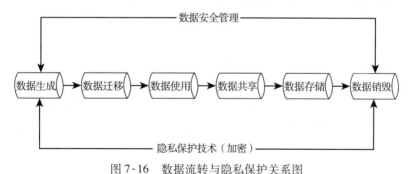

图 7-16 数据流转与隐私保护关系图

7.4 服务管理与评价技术

7.4.1 养老对象评价技术

7.4.1.1 养老对象的健康评价

在《社会养老服务体系建设规划（2011～2015）》中提出我国社会养老服务的功能定

位，我国的社会养老服务体系主要由居家养老、社区养老和机构养老三个有机部分组成。居家养老服务涵盖生活照料、家政服务、康复护理、医疗保健、精神慰藉等，以上门服务为主要形式。对身体状况较好、生活基本能自理的老年人，提供家庭服务、老年食堂、法律服务等服务；对生活不能自理的高龄、独居、失能等老年人提供家务劳动、家庭保健、辅具配置、送饭上门、无障碍改造、紧急呼叫和安全援助等服务。

这里涉及对老龄对象的身体状况、生活自理能力，失智或半失智等的评价判断，以便对老龄对象进行分类看护，给以不同的生活照料，康复监护和医疗措施。

7.4.1.2 养老对象健康评估内容

社会上为适应这种健康评估的需求，提出了很多"中国老年人口健康评价指标"研究成果。另一方面不少的医疗器械公司研制出了大量的健康监测仪器。对于老年人健康的评估包含：躯体健康评估、心理健康评估和社会健康评估三部分，或称为生理和心理（主观与客观）评估，主张生理和心理健康指标并重。还包括健康史采集、生命体征参数及体表五官参数采集，日常生活能力量表和日常生活功能指数评估表等。有的成果还将日常自理功能（ADL）和社会服务设施利用功能（IADL）与健康预期寿命结合研究，或可作为综合判断老年人口健康评价的标准。在当今大数据时代，经过对老年人各种信息数据的采集，经过智能化的分析评估，拟将对老年人口作出较符合实际的评估。

7.4.1.3 养老对象健康评估设施

目前有一些社区健康服务中心，建立了"社区健康自测小屋"装备了多种健康监测仪器：血压、血糖、心电图、心脑血管功能等，还要再添置肺功能、骨密度、心电图、心脑血管功能等，常见健康指标就都能自测。某些医疗器械公司成套地推出了社区（居家）健康检测系统：对老年人生命体征参数（包括心电、呼吸、体温、血氧、血压等）进行动态实时监测和显示，并远程传输给健康监护中心，还支持生理参数异常提供报警，或提供医学报告打印。

例如在北京西城区已有15家社区卫生服务中心建立了"健康自测小屋"。"健康自测小屋"分为中医和西医两个区。在西医区，有血压仪、血糖仪、骨密度仪、心电图仪、身体成分分析仪等9种设备，居民可以自助检测身高、体重、血压、血糖、肺功能、骨密度、心电图、心脑血管功能等健康指标。中医检测区，有五脏相音辨识评估系统、健康状态辨识系统和证素辨识系统。居民在健康状态辨识系统和证素辨识系统前点击鼠标回答74道选择题，就能得知自身属于哪种体质，系统给出评估报告。还会给居民提出健康指导，比如如何通过饮食、起居、运动等方式调理身体。

7.4.2 定位、生命体征监控系统

定位、生命体征监控系统建设应符合下列要求：

1. 系统建设主要面向入住老人、服务护理工作人员，对老人的生命体征和采用实时定位手段进行及时、动态测量采集、测量数据远传、后台系统体征数据异常值处理、数据分析对比存储、生命体征危险报警等。后台系统通过指标数据的对比分析后，确认了存在危险情况时采用声音、显示器、短信、邮件、电话等方式通知老人、服务护理工作人员对

现场进行处置。视情形严重性通知老人家属。

2. 系统主要由终端信息源、局域网和计算机系统及相应软件组成。系统整体组建架构，宜根据养老机构建设规模、水平和实际需求进行相应硬件与应用软件配置并组网。

3. 系统所有信息数据应由养老机构信息中心集中监管。系统显示屏配置，应向直接护理部门提供相关信息和图像，合理配置显示屏的类型及尺寸。各类显示屏应具有多种输入接口方式。

4. 系统建设对其终端（生命体征感知设备和定位设备）持有者，按使用方式可分为固定式、便携式、穿戴式等，采集的生命体征数据可通过 RJ45、Zigbee、GPRS、Wifi、3G、4G 等方式，定位数据可通过 GPRS、Wifi、3G、4G 等方式传送到后台数据中心，实现统一处理。对其居住环境状况感知包括室内温湿度、空气质量、易燃气体、室内入侵探测、报警装置，以及将这些感知信号接入的室内主机，传送到后台数据中心，实现统一处理。

5. 系统主工作站宜设置专用的防火墙、服务器、控制器、路由器以及大数据存储设备，并宜配置数据采集、处理、判决及发布的相关软件和档案库管理软件，工作站设备合理配置应致使系统能支持多通道显示、多画面显示、多列表显示和支持所有格式的图像、视频、文件显示以及支持同时控制多台显示屏显示相同或不同的内容，系统还应支持双向接入，即可根据需求，不仅可将第三方系统纳入到本信息系统，而且可以将信息发布集成到其他系统里，比如现场实况、会议系统、监控系统、会诊系统等。

6. 系统的数据传输应配置专用网络适配器，并宜纳入建筑物内信息专网或内网的语音、数据、图像传输信息网络系统，并进行宽带、无阻塞信息传递。

7. 系统终端和环境传感器、网络设备、显示设备的技术指标、环境指标、材料指标、电器性能应符合国家现行标准规范的质量要求。系统所用相关软件应符合工业和信息化部现行技术规范和标准或经权威机构认证。

8. 系统应能够提供持续开发接口及开发服务，可按实际需求进行应用软件二次开发，并应预留与物联网及移动互联网集成平台融合接口。同时支持平台开放业务，可通过手机 APP 提供更便利的访问方式。

7.4.3　紧急求助及防跌倒等预测报警系统

紧急求助及防跌倒等预测报警系统具有下列功能：

1. 系统建设主要用于向入住老人、服务护理工作人员和安保人员，对老人的起居生活、居住环境进行及时、动态采集、数据远传、后台系统通过终端报警提示、图像分析对比，确认了存在危险情况时采用声音、显示器、短信、邮件、电话等方式通知老人、服务护理工作人员和安保人员到达现场进行处置，视情形严重性通知老人家属。

2. 系统主要由终端信息源、局域网和计算机系统及相应软件组成。系统整体组建架构，宜根据养老机构建设规模、水平和实际需求进行相应硬件与应用软件配置并组网。

3. 系统所有信息数据应由养老机构信息中心和安保中心集中监管。系统显示屏配置，应向直接护理部门和安保部门根据所需提供相关信息和图像，合理配置显示屏的类型及尺寸。各类显示屏应具有多种输入接口方式。报警信息通过信息中心或安保中心下达到服务护理工作人员和安保人员，以便采取应急措施。

4. 系统建设对其终端须有主动或被动报警触发功能，按使用方式可分为固定式、便携式、穿戴式等，采集的报警语音、数据、图像可通过 RJ45、Zigbee、GPRS、Wifi、3G、4G 等方式传送到后台数据中心，实现统一处理。

5. 系统建设在必要的环境位置上架设视频监控设备实时传送，一旦出现异常，系统会即时收到预警信息并进行弹屏显示，及时通知服务护理工作人员，以提供及时的医疗救助。视频和图像可通过 RJ45、GPRS、Wifi、3G、4G 等方式传送到后台数据中心，实现统一处理。

6. 系统建设对老人居住环境状况的感知包括可视对讲、室内温湿度、空气质量、易燃气体、烟雾感应、室内入侵探测、报警装置，以及将这些感知信号接入的室内主机，传送到后台数据中心，实现统一处理。

7. 系统主工作站宜设置专用的防火墙、服务器、控制器、路由器以及大数据存储设备，并宜配置数据采集、处理、判决及发布的相关软件和档案库软件，工作站设备合理配置应致使系统能支持多通道显示、多画面显示、多列表显示和支持所有格式的图像、视频、文件显示以及支持同时控制多台显示屏显示相同或不同的内容，系统还应支持双向接入，即可根据需求，不仅可将第三方系统纳入到本信息系统，而且可以将信息发布集成到其他系统里，比如现场实况、会议系统、监控系统、会诊系统等。

8. 系统的数据传输应配置专用网络适配器，并宜纳入建筑物内信息专网或内网的语音、数据、图像传输信息网络系统，并进行宽带、无阻塞信息传递。

9. 系统终端和环境传感器、网络设备、显示设备的技术指标、环境指标、材料指标、电器性能应符合国家现行标准规范的质量要求。系统所用相关软件应符合工业和信息化部现行技术规范和标准或经权威机构认证。

10. 系统应能够提供持续开发接口及开发服务，可按实际需求进行应用软件二次开发，并应预留与物联网及移动互联网集成平台融合接口。同时支持平台开放业务，可通过手机 APP 提供更便利的访问方式。

7.4.4 社区老人社交服务技术

智能化养老基地包含社区养老、居家养老，要为老人创造和谐的社交服务，如亲情沟通、网络交友与沟通、趣味相投的阅读与讨论等。这就是老人社交平台的功能。

1. 老人亲情沟通服务系统

虽然在社区养老中心可以解决老人之间的面对面沟通交流，但是老人更希望与家人（儿孙们）和亲友的"面对面"亲情沟通。在家庭养老的老人尤其是独居老人更是成天或常年与孤独相伴，更渴望与子女或亲友"面对面"亲情沟通。那么，基于音视频远程交互技术就可以为老人与子女或亲友之间建立远程的"面对面"亲情沟通服务。

2. 老人交友与阅读学习

为应对孤独、预防老年痴呆症等，可建立老人交友与学习的平台。相关技术包括：老人社交关系感知、老人兴趣感知、基于兴趣的交友推荐、基于兴趣的学习谈论和阅读推荐等。

7.4.5 基于位置的健康服务

基于用户定位跟踪信息，可实现基于位置的健康服务，主要包括用户日常运动习惯发掘，运动习惯管理，基于用户运动习惯和附近运动设施的日常运动计划推荐，方舱位置信息管理，基于用户体征和方舱信息的保健计划推荐，根据运动范围和运动状态异常的运动异常管理，根据用户异常行为的紧急情况判定和警报分发处理，此外还有健康百科管理，POI 标记管理，地图信息管理，消息管理等具体应用。

基于位置的健康服务架构如图 7-17 所示。它主要包括两个部分，基于 TCP 连接的供移动平台客户端使用的应用系统及通过 WEB 方式访问的 HTTP 应用系统。服务器编译和运行在 Linux 操作系统之上。TCP 连接和会话管理模块、请求消息转发模块由 Linux C 语言编写，具有支持高并发、异步通信的能力。模块调用逻辑、数据库管理、日志、安全等基础模块使用 Python 语言编写，具有良好的可扩展性和性能。所有业务模块也都采用 Python 语言编写，作为单独的脚本模块供调用，使得系统具有优良的可扩展性。应用服务器提供的开放 API 涉及账户、地图、POI 标记、公共设施信息、方舱信息、活动信息、好友信息、消息等方面数据的查询接口。开放 API 采用 JSON 格式的消息。应用服务器具有的二次开发能力主要体现在其模块化框架设计之上，开发方可以很容易的开发低耦合的新业务模块集成进系统并迅速提供新的服务。应用数据库采用面向文档的数据库 Mongodb 搭建。该数据库具有无模式、查询及索引方式灵活、支持复制集、主备、自动分片等特性，在满足系统需求的同时又赋予了系统高度数据可扩展性。

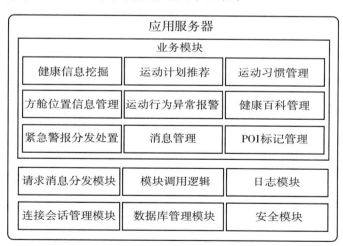

图 7-17 基于位置的健康服务架构

一般某种特定类型的标记具有特定的功能，在界面上点击后能够选择进行的后续操作具有不同的流程和内容。另外，平台提供全局搜索功能，能够根据用户输入的关键词搜索附件的兴趣点，从而向用户展示其关注的特定应用功能。

7.4.6 服务设计与服务评价技术

智能化养老综合服务平台承担了大健康数据的管理职责，更是要为老人健康提供系统性的服务。服务主要包括三类：生活干预类、健康干预类、行政介入干预类。核心健康服务框架如图7-18所示。

1. 生活类干预服务设计

为老人提供运动计划、饮食药膳计划、生活方式改善计划等服务，提供位置服务、家政服务等。从生活的方方面面帮助老人。

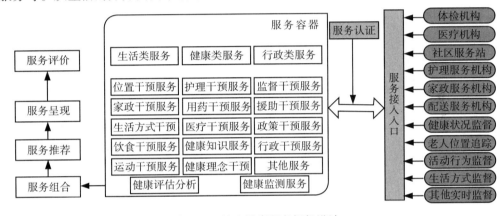

图7-18 核心健康服务框架设计

2. 健康/医疗类干预服务设计

首先是要让老人树立良好的健康理念并灌输健康知识，再就是从医疗角度提供服务（如主动医疗服务、用药提醒服务）、对于非自理病患老人还要提供护理性干预服务等。从医疗上得到保障。

3. 行政介入类干预服务设计

充分发挥政府在养老方面的管理智能和监督职责。

4. 服务评价

建立良好的服务质量评价，促进服务质量的提升。

7.4.7 健康大数据可视化呈现

面对海量的数据，如何将其清晰明朗地展现给用户是大数据处理所面临的巨大挑战，本项目采用"标签云"和"历史流图"设计方法。其中标签云对于不同的对象用标签来表示，标签的排列顺序一般依照字典排序，按照热门程度确定字体的大小和颜色。例如对于某个文档，出现频度越高的单词将会越大，反之越小。这样，便可以根据字母表顺序和字体的大小来对各单词的具体情况一目了然。通过将地图上的各个物理位置根据描述同类健康体质的具体程度用"标签云"表示，使得管理者对各个区域的健康程度有个清晰的了解。

对于一个面向大众的开放文档，编辑和查阅都是自由的，用户可以随时自由的对文档行增加或删除操作。"历史流图"中，横坐标轴表示时间，纵坐标轴表示作者，不同作者的不同内容对应中间部分不同颜色和长度，随着时间的推移，文档的内容不断变化，作者也在不断增加中。通过对"历史流图"的观察，很容易看出各人对该文档的贡献，当然，除了发现有人对文档给出有益的编辑外，也存在着一些破坏文档、删除内容的人，但总有逐渐被修复回去的规律，同样市民对于健康观点和健康状态的不断描述可以分析其心理、生理、习惯等等信息。

7.4.8　云集成数据服务平台

在第二章曾经阐述智能化的养老综合服务平台是一个智能化的虚拟服务平台。它集成若干个功能子系统，这些子系统具有各自独立的功能，在平台内实现对不同子系统的集中管理与控制，包括感知采集处理系统、资源数据中心、服务器群集、门户及引导系统及服务接口模块集等。智能化综合服务平台以浏览器的形式提供 Web 服务接口。

为了在开发智能化养老基地和社区养老综合服务平台时能够节约资源和减少开发时的开销，通常是将智能化的养老综合服务平台的软件和数据存在云端，在基地或社区只存放一台云服务管理终端，这台终端以浏览器的形式提供虚拟综合服务平台的 Web 服务接口。在云服务器上能提供的各种功能子系统都由管理终端的 Web 服务接口向云端映射实现这些子系统的服务，这台智能管理终端是一台虚拟化的养老综合服务平台，通过它就能操控云集成数据服务平台。

第八章　保障体系、运维及规范化管理体系

8.1　总体规划设计

要制定智能化养老基地服务发展的总体规划，根据国家有关规定，纳入当地经济社会发展总体规划和基地建设总体规划中，统筹安排，执行规划。要落实国务院《意见》的规定，按照人均用地不少于 0.1 平方米的标准，分区分级规划设置养老服务设施。要结合国务院《意见》提出的 2020 年养老服务业发展目标，合理确定本地区养老服务设施特别是居家和基地养老服务设施、各类养老机构建设具体目标，测算出建设规模、用地需求，按规划分解确定年度用地计划，逐年抓好落实。

要在 2014 年 12 月 20 日前完成清理检查居住（小）区配建居家和基地养老服务设施的情况工作，未按规定配建居家和基地养老服务设施的，自 2014 年 5 月 28 日起 1 年内完成整改方案制定并启动整改工作，限期落实。

8.2　政策与标准

各地要加强组织领导，密切沟通合作，定期开展督促检查，加快推进城镇养老服务设施建设。

1. 明确责任，分工负责。要落实工作责任，完善工作流程，形成政府统一领导、部门密切合作的良性工作机制。编制新建居住（小）区规划时，住房城乡建设、规划等部门要依据当地控制性详细规划和养老服务设施建设专项规划、建设年度计划等，按相关用地标准、设计规范提出养老服务设施规划要求；国土资源部门对规划可以分宗的养老服务设施用地，应按相关政策单独办理供地手续，对需要在其他建筑物内部配建或确实不具备单宗划宗条件的养老服务设施，国土资源部门可将规划确定的配建养老服务设施指标纳入所在宗地的土地供应条件，并在土地出让合同或划拨决定书中明确约定土地使用权人需要承担配建任务的具体内容。配建养老服务设施建成后，土地使用权人应按相关约定、规定交付相关单位或按国家相关规定严格使用管理。各地要采取有效措施，严格养老服务设施使用方向的管理，严禁改变用途。

2. 加强协调，提高效率。要建立起有效的沟通协调机制，发挥部门联动效应，共同做好城镇养老服务设施建设工作。对于条件成熟的养老服务设施项目，要及时跟进服务，开辟"绿色通道"；对于在建设过程中出现的情况，要及时沟通协调解决；要建立联合督查制度，定期对工作进展情况进行督促检查；要建立责任追究制度，明确各部门在工作推

进中的责任分工。

3. 整合资源，发挥效益。要加强城镇养老服务设施与基地服务中心（服务站）及基地卫生、文化、体育等设施的功能衔接，做到资源整合，提高使用率，发挥综合效益。要研究制定政策措施，支持和引导各类社会主体参与城镇养老服务设施的建设、运营和管理，提供养老服务。城镇各类具有为老年人服务功能的设施都要向老年人开放。要按照无障碍设施工程建设相关标准和规范，推动和扶持老年人家庭无障碍设施的改造，加快推进坡道、电梯等与老年人日常生活密切相关的公共设施改造。

4. 落实政策，强化扶持。城镇养老服务设施建设按国家有关规定享受优惠政策，其建设过程中发生的规费按有关政策给予减免。城镇养老服务设施用电、用水、用气、用热按居民生活类价格执行。

5. 依法履职，加强监管。明确用于城镇养老服务设施建设的用地、用房，不得挪作他用。非经法定程序，不得改变养老服务设施的用途。严禁养老服务设施建设用地、用房改变用途、容积率等土地使用条件搞房地产开发。各地民政、住房城乡建设、国土资源、规划部门要依法加强监督管理。

要严格执行养老服务设施建设标准，要全面掌握、正确执行标准规定，提高从业人员技术能力。工程项目建设单位、咨询机构、设计单位、施工单位、监理单位应严格执行有关标准；建设项目土地供应、城市规划行政许可、工程设计文件审查、工程质量安全监管、工程项目竣工备案等职能部门和机构，应按照法律法规和有关标准的规定把好审查关、监督关。

8.3　社保服务及管理体系

要全面贯彻落实《城乡养老保险制度衔接暂行办法》，有利于健全和完善统筹城乡的社会保障体系，有利于促进劳动力的合理流动，有利于更好地保障城乡参保人员特别是广大农民工的养老保险权益。要根据统一规范、及时准确的原则，按照简化操作、方便群众的要求，及时调整完善本地区的经办管理程序，做好相关流程的对接。

认真抓好信息系统建设和统计工作。将进一步完善社会保险关系转移信息系统，增加城乡养老保险制度衔接有关功能，统一有关电子化流程和接口规范。做好本地业务管理系统调整工作，构建全国统一的经办服务信息化工作网络，提高城乡养老保险制度衔接电子化应用水平。要切实组织好所属地区的数据统计、核实、汇总和上报工作，确保数据真实、及时和准确。

8.4　安全与运维管理

养老机构的全面安全要求和管理，可参照民政部标准 MZ/T032—2012《养老机构安全管理》，包括安全管理体系、设备设施安全、食品安全、消防安全、医疗护理安全、人身安全、财产安全、信息安全、突发事件应急管理要求和安全教育培训要求等。

1. 负责智能化养老基地运维和技术支持

1）根据智能化养老基地运营战略和目标，负责智能化养老基地整体架构、栏目、应用系统等技术开发方案制定和组织开发，保障智能化养老基地技术的稳定性和先进性。

2）负责智能化养老基地栏目和应用系统的使用培训和操作使用指南编写，对用户使用过程中出现问题的沟通和解决。

3）智能化养老基地设备和软件购买计划书的拟定，包括采购数量、品牌规格、技术参数。会同行政部进行采购。

4）智能化养老基地设备和软件操作规程和应用管理制度的制定，并负责监督执行。

5）智能化养老基地设备和软件安装、调试和验收，使用培训和维修保养。

6）智能化养老基地日常运行过程中信息安全和技术问题的协调解决，保障智能化养老基地 24 小时安全稳定运行。

7）智能化养老基地技术服务外包管理，主要包括技术外包开发、运行服务托管和空间域名管理。

8）负责智能化养老基地管理系统及设备保密口令的设置和保存，保密口令设路后报中心主任备案，保密口令设定后任何人不得随意更改，保密口令每季度更新一次。

9）负责智能化养老基地新程序、新系统和智能化养老基地改版升级方案技术的设计开发。

2. 负责智能化养老基地信息和技术安全

1）执行国家和省上有关网络信息技术安全的法律法规，与通信管理和网络安全监管部门联络，及时处理智能化养老基地信息技术安全方面存在的问题，确保智能化养老基地安全、稳定、可靠运行。

2）智能化养老基地信息技术安全保密制度和工作流程的制定，落实信息技术安全保密责任制，执行"谁主管、谁负责，谁主办、谁负责"的原则，责任到人。

3）在服务器和计算机之间设路硬件防火墙，在服务器及工作站上均安装防病毒软件，进行硬件和技术双保护，确保智能化养老基地不受病毒和黑客攻击。

4）负责智能化养老基地信息技术安全应急处理预案制定和实施。

5）安排专人监控智能化养老基地各频道、各页面、各版块、各栏目信息内容，建立智能化养老基地信息技术安全监控值班登记制度，发现问题及时处理，并登记问题和处理结果登记。

6）建立多机备份智能化养老基地信息服务系统机制，一旦主系统遇到故障或受到攻击导致不能正常运行，可以在最短的时间内替换主系统提供服务。

7）建立智能化养老基地系统集中式权限管理，按照岗位职责设定工作人员操作权限，针对不同应用系统、终端、操作人员，设路共享数据库信息的访问权限，并设路密码。不同的操作人员设定不同的用户名，且定期更换，严禁操作人员泄漏密码。

8.5 保障环境

保障环境包括：组织保障、资金保障、安全保障、维保保障、服务技能训等。

1. 加强组织领导

各级政府要高度重视老龄问题，加强老龄工作。把发展老龄事业纳入重要议事日程，列入经济社会发展总体规划，及时解决老龄工作中的矛盾和问题。健全党政主导、老龄委协调、部门尽责、社会参与、全民关怀的大老龄工作格局。

2. 加大改革创新力度

进一步解放思想，坚持改革，在体制机制、政策制度、工作思路和发展模式等方面加大创新力度，围绕涉老社会保障制度的配套衔接、老龄事业投入机制、政府购买服务方式、老龄服务市场准入与日常监管、民办养老机构扶持政策、基地养老服务资源的综合开发利用、老龄社会组织规范化建设等比较突出的矛盾和问题，深入开展调查研究，逐步完善政策法规制度，创新体制机制。

3. 建立多元长效投入机制

各级政府要根据经济发展状况和老龄工作实际，多渠道筹资，不断加大老龄事业投入。进一步完善实施促进老龄事业发展的税收政策，政策引导与体制创新并重，调动社会资本投入老龄事业的积极性。大力发展老龄慈善事业。

4. 加强人才队伍建设

加强老龄工作队伍的思想建设、组织建设、作风建设和业务能力建设。加快养老服务业人才培养，特别是养老护理员、老龄产业管理人员的培养。根据国家职业标准，组织开展养老护理人员职业培训和职业资格认证工作。有条件的普通高校和职业学校，在相关专业开设老年学、老年护理学、老年心理学等课程。大力发展为老服务志愿者队伍和社会工作者队伍。

5. 建立监督检查评估机制

本规划由全国老龄工作委员会负责协调、督促、检查有关部门执行，2015 年对规划的执行情况进行全面评估。

6. 资金保障

建立健全政府、企业等多方参与、稳定增长、市场化运作的多元投融资机制。以基础网络、智慧应用系统开发以及系统运行维护管理依托，实行组建市信息发展投资公司及智能化养老运营公司的模式，开展股份制联合的公司化专业化投资运营，实现优势互补，减少低水平重复建设，提高市场主体的制度化的信息安全保障水平。根据智能化养老基地建设的尤其是要加强统筹兼顾协力推进的特点，创新政府资金的扶持办法和有效动态支持机制。积极争取国家开发银行及其他金融机构对创建国家智能化养老基地试点的资金支持。确保政府财政专项资金投入。

7. 机制保障

建立智能化养老基地评价机制。评价是检验养老基地建设成效的有效手段，要把绩效评价作为制度性工作，在适当的时候要建立养老基地评价评估中心，为养老基地建设提供评价服务；组织制订《养老基地评价指标体系》，把产业发展、减排量和资源利用率、政府服务效能、基础设施建设、老人生活水平和生活品质指数等指标作为重要考核评价指标；逐步建立智能化养老基地评价机制，引导智能化养老基地建设与运行的方向，评估智能化养老基地建设程度，发现智能化养老基地建设中存在的问题，寻找智能化养老基地建设薄弱环节，及时调整建设规划和方案，从整体上促进智能化养老基地建设。

完善风险管理机制。坚持顶层设计，坚持规范标准，严格项目审批过程，在重点工程项目实施前，充分开展风险和效益评估工作，通过风险识别、风险分析和风险评价，认识风险并合理运用各种风险应对措施、管理方法技术和手段，对项目风险实行有效控制，确保其规范、标准、质量、进度符合智能化养老基地总体建设的要求，保证智能化养老基地融合、共享、一体化的建设方向。

完善软环境保障机制。不断完善与智能化养老基地发展相适应的标准、制度等软环境，建立政务信息资源共享开放和社会化开发利用机制，健全智能化养老基地信息安全保障体系。出台《市政务信息资源共享管理办法》，鼓励政府部门公开内部可共享信息资源，明确信息资源提供方的信息公开职责，形成数据生产、数据加工与数据服务的清晰链条，做到"一数一源"，保证信息的权威准确；对共享数据资源实现动态管理，明确信息资源使用各方查询、交换信息资源的管理流程，保证共享数据库中信息资源的及时更新。加快制定创建国家智能化养老基地试点项目建设、应用推广、信息共享交换和运行管理等各环节的标准和规范，包括信息资源分类标准、信息资源标识符编码规范、核心元数据编码规范、目录体系指南等，及时发布并指导各部门严格按标准规范进行信息资源采集、加工与交换工作。加大系统防护技术、安全检测技术、安全响应技术、灾难恢复与备份技术的研发投入，提升安全加密、电子认证、网络防御、应急响应、容灾备份、安全测试、风险评估等信息安全产品和服务的水平及产业化程度。

完善市场准入管理机制。结合"诚信信息查询平台"，以企业及个人信用信息系统建设带动云计算服务等相关产业的诚信机制建设，加强联合征信系统建设，扩大征信体系的覆盖范围，积极推进网上远程核名与查询，规范资信评估机构和信用制度。制定出台《智能化养老基地运营商引入管理办法》，明确智能化养老基地运营商参与的领域、资格要求、后续政策等事项。

8.6 运营及维保服务体系

充分发挥市场在资源配置中的基础性作用，为各类服务主体营造平等参与、公平竞争的环境，实现社会养老服务可持续发展。

公办养老机构应充分发挥其基础性、保障性作用。按照国家分类推进事业单位改革的总体思路，理顺公办养老机构的运行机制，建立责任制和绩效评价制度，提高服务质量和效率。

鼓励有条件或新建的公办养老机构实行公建民营，通过公开招投标选定各类专业化的机构负责运营。负责运营的机构应坚持公益性质，通过服务收费、慈善捐赠、政府补贴等多种渠道筹集运营费用，确保自身的可持续发展。

加强对非营利性社会办养老机构的培育扶持，采取民办公助等形式，给予相应的建设补贴或运营补贴，支持其发展。鼓励民间资本投资建设专业化的服务设施，开展社会养老服务。

推动社会专业机构以输出管理团队、开展服务指导等方式参与养老服务设施运营，引导养老机构向规模化、专业化、连锁化方向发展。鼓励社会办养老机构收养政府供养对象，共享资源，共担责任。

8.7　运维服务队伍建设

智能化养老基地服务队伍的规模、素质有待扩大、提高。各地智能化养老基地服务的提供者主要分为两类：一类是受薪的服务人员，另一类是不受薪的志愿服务人员。由于智能化养老基地服务对象的有效需求不足，使得智能化养老基地服务中心或服务站雇用的服务人员数量严重不足；另外，现有智能化养老基地服务人员的专业化程度不高，绝大部分人员没有经过系统的专业培训，不具备养老服务护理员的专业资质和执业资格。

以完善的运维服务制度、流程为基础。为保障运行维护工作的质量和效率，应制定相对完善、切实可行的运行维护管理制度和规范，确定各项运维活动的标准流程和相关岗位设置等，使运维人员在制度和流程的规范和约束下协同操作。

以先进、成熟的运维管理平台为手段。通过建立统一、集成、开放并可扩展的运维管理平台，实现对各类运维事件的全面采集、及时处理与合理分析，实现运行维护工作的智能化和高效率。

以高素质的运维服务队伍为保障。运维服务的顺利实施离不开高素质的运维服务人员，因此必须不断提高运维服务队伍的专业化水平，才能有效利用技术手段和工具，做好各项运维工作。

为确保运维服务工作正常、有序、高效、协调地进行，需要根据管理内容和要求制定一系列管理制度，覆盖各类运维对象，包括从投产管理、日常运维管理到下线管理以及应急处理的各个方面。此外，为实现运维服务工作流程的规范化和标准化，还需要制定流程规范，确定各流程中的岗位设置、职责分工以及流程执行过程中的相关约束。

为保障运行维护体系的高效、协调运行，应依据管理环节、管理内容、管理要求制定统一的运行维护工作流程，实现运行维护工作的标准化、规范化。其环节包括事件管理、问题管理、变更管理和配置管理。

8.8　智能物业管理服务

专业化管理是提高管理服务水平的先决条件。专业化体现在专业技能和专业素质两方面。因此，要求智能化养老基地首先要搞好人力资源管理，提高员工的专业技能。员工是基地最有价值的资源，也是唯一能提供竞争优势的潜在力量。员工管理是服务行业的核心工作，提高管理服务水平，根本途径是员工管理素质的提高。

规范化管理是增强服务质量观念的前提。没有规矩，不成方圆。在市场经济日益成熟的今天，智能化养老基地应当有意识地引进国外已经成熟的管理，经营和服务思想、方法，以科学的手段规范管理。建立一套完整、规范的管理体系、工作标准和服务程序，明确规定每一个岗位的工作职能、每一类工作的操作步骤、各种问题的处理方法，由"人治"变为"法治"，让每一个员工工作都有章可循，才能确保工作质量，全面提高基地的管理水平和服务质量。通过调查分析业主的真正需要，科学地分解、组合管理服务过程，最大限度地提高工作效率，从而使管理工作步入标准化、规范化的轨道。

科学化管理是创造基地高效率的保证。科学技术是第一生产力，这已经是被现实证明的真理。因此，研究和应用新的物业管理技术，全面提升管理服务平台，节约服务成本，将会为智能化养老基地提供新的竞争手段。智能化养老基地一要建立智能物业管理信息系统，实行电脑化管理。利用智能物业管理信息系统，在记录、查询有关物业管理资料的基础上，参与物业管理决策，及时、准确地反映基地经营管理中的状况，提高自动化程度，减少重复的工作，节省人力，大大提高工作效率。二要采用网络科技，实现智能化管理。物业管理应适应社会发展的需要，要突破传统的观念，引入网络科技手段，才能发挥智能建筑应有效果，最大限度地满足居民的需求。

8.9 智能一卡通服务

智能一卡通服务应涵盖考勤、门禁、POS机消费、电子巡更、停车场管理、电子书借阅、电梯层控等终端应用系统，各服务提供商应遵循以下原则进行建设。

以人为本："人"是管理的主体，系统设计应紧紧围绕着人们的实际需求，以实用、简便、经济、安全的原则，同时照顾到不同职务层次、不同部门的需要，满足管理这一特定使用功能。

适用性：当今科技发展迅速，可应用于一卡通系统的技术和产品可谓层出不穷，工程中选用的系统和产品都应能使用户得到实实在在的受益，并满足近期使用和远期发展的需要。在多种实现途经中，选择最经济可行的途径。

先进性：系统的设计和产品选用在投入使用时应具有一定的技术先进性，但不盲目追求尚不成熟的新技术或不实用的新功能，以充分保护用户的投资。

可靠性：系统的设计应具有较高的可靠性，在系统故障或事故造成中断后，能确保数据的准确性、完整性和一致性，并具备迅速恢复的功能。

实施的可行性：以现有成熟的产品为对象设计，同时还考虑到周边信息通信环境的现状和技术的发展趋势，并考虑行政主管部门归口管理的要求，使设计的方案现实可行。

标准化、开放性：标准化、开放性是信息技术发展的必然趋势，在可能的条件下，设计中采用的产品都尽可能是标准化、具良好开放性的，并遵循国际上通行的通信协议。应用软件尽量采用已商品化的通用软件，减少二次开发的工作量和利于日后的使用和维护。

可扩充性：系统设计中考虑到今后技术的发展和使用的需要，具有更新、扩充和升级的可能。

数据安全：采取必要的措施保障内各智能化系统数据的安全。

易操作性：智能化养老是面向各种管理层次使用的系统，系统及其功能的配置以能给用户提供舒、安全、方便、快捷为准则，其操作应简便易学，而绝不能因"智能"而给用户带来不便，甚至烦恼。

针对性：基地智能化系统的设置并非千篇一律的，而应根据工程的实际情况，如工程规模、配套设施、市场定位、用户对象、管理要求、规划及平面布局等等因素，作出有针对性的设计。

8.10 运维服务及标范化管理体系建设评价标准建议

1. 应设立养老服务指导机构，配备专职人员，负责指导协调智能化养老基地服务工作的开展。

2. 应掌握服务对象的生活状况、家庭状况、身体状况、经济状况，发放并收集《智能化养老基地服务对象信息表》，建立智能化养老基地服务信息系统。

3. 建立智能化养老基地服务对象评估体系和服务补贴制度。根据老人身体状况、经济状况进行分类管理。对经济困难，且身体状况为失能（智）、半失能（智）的老人，由老人或其家属提出申请并经管理部门评估后享受政府购买服务，服务对象分类标准参见有关标准。对有服务需求的其他老人，智能化养老基地服务机构为他们提供服务时，应予适当优惠。

4. 根据本地区服务对象的总体需求，选择和确定、建设一定数量的智能化养老基地服务机构。

5. 定期对智能化养老基地服务机构进行检查和评定，检查与评定内容参见有关标准。

6. 建立智能化养老基地信息处理中心，接受服务对象的服务请求和紧急求助，并将服务对象的需求反馈到服务机构。

7. 建立健全全民参与养老服务的渠道和机制，鼓励志愿者参与智能化养老基地服务。

对于养老服务机构建设评价等级标准可参考浙江省地方标准 DB33/T837—2011《智能化养老基地服务与管理规范》6 服务机构等级划分。

附录 A　相关标准

A.1　标准体系框架

标准体系采用层次结构，分为基础标准、通用标准和专用标准三个层次，层次表示标准间的主从关系，上层标准的内容是下层标准内容的共性提升，上层标准制约下层标准，并指导下层标准。

养老设施或住宅相关标准按照标准应用类型划分为建筑/建设、服务和管理规范三大类，框架如图 A-1 所示。

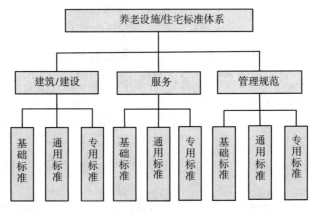

图 A-1　养老设施或住宅标准体系框架

养老设施或住宅相关标准按照标准应用的三大类型进行养老设施标准的梳理，具体介绍如下。

A.2　工程标准

养老设施及住宅建筑/建设类标准如表 A-1 所示：

工程标准

表 A-1

编号	标准名称	标准号	备注
1	老年人居住建筑	04J923	现行
2	老年养护院标准设计样图	13J817	现行
3	老年人居住建筑设计标准	GB/T 50340-2003	现行
4	城镇老年人设施规划规范	GB 50437—2007	现行
5	养老设施建筑设计规范	GB 50867—2013	即将实施
6	老年人建筑设计规范	JGJ 122—1999	现行
7	养老设施建筑设计标准	DGJ 08-1982-2000	现行
8	基地老年人日间照料中心建设标准	建标 143-2010	现行
9	老年养护院建设标准	建标 144-2010	现行
10	老年人和残疾人指南、住房设备	JSA S 0024—2004	现行
11	老龄宜居基地（基地）基本要求	LM 0001—2013	即将实施
12	老龄宜居基地（基地）评价指南	LM 0002—2013	即将实施
13	社会单位消防安全能力建设第6部分：医院、养老院、福利院、幼儿园	DB21/T 1813.6—2010	现行
14	消防安全四个能力建设第5部分：医院、养老院、福利院、幼儿园	DB63/ 944.5—2010	现行
15	医院、养老院、福利院、幼儿园消防安全"四个能力"建设标准	DB64/T 592-2010	现行
16	医院、养老院、福利院、幼儿园消防安全"四个能力"建设指南	DB13/T 1194—2010	现行
17	养老设施智能化设计规范		待编
18	养老设施智能化施工规范		待编
19	养老设施智能化检测验收规范		待编

A.3 产品及服务标准

养老设施及住宅信息服务类标准如表 A-2 所示：

产品及服务标准 表 A-2

编号	标准名称	标准号	备注
1	居家养老服务规范	SB/T 10944—2012	现行
2	养老服务机构老年人健康评估服务规范	DB11/T 305—2005	现行
3	养老服务机构老年人健康评估规范	DB13/T 1603—2012	现行
4	养老服务机构服务质量规范	DB13/T 1185—2010	现行
5	辽宁省养老机构服务质量规范	DB21/T 2094—2013	现行
6	基地居家养老服务规范	DB21/T 2044—2012	现行
7	基地居家养老服务规范	DB31/T 461—2009	现行
8	养老机构设施与服务要求	DB31/T 685—2013	现行
9	家政服务 居家养老服务质量规范	DB37/T 1111—2008	现行
10	家政培训服务规范 第1部分：居家养老	DB37/T 1598.1—2010	现行
11	智能化养老综合服务平台技术规范		待编

A.4 管理标准

养老设施及住宅管理规范类标准如表 A-3 所示：

管理规范 表 A-3

编号	标准名称	标准号	备注
1	养老机构基本规范	GB/T 29353—2012	现行
2	老年人社会福利机构基本规范	MZ 008—2001	现行
3	养老机构安全管理	MZ/T 032—2012	现行
4	养老服务机构院内感染控制规范	DB11/T 149—2008	现行

附录 B 文件汇编

（以发布时间顺序排列）

1. 十部委《关于全面推进居家养老服务工作的意见》（2008-02-22）
2. 《中国老龄事业发展十二五规划》（2011-09-23）
3. 《社会养老服务体系建设规划》（2011-2015年）（2011-12-16）
4. 民政部关于推进养老服务评估工作的指导意见（2013-08-01）
5. 国务院《关于促进健康服务业发展的若干意见》（2013-10-14）
6. 国务院《关于加快发展养老服务业的若干意见》（2013-10-23）
7. 民政部关于建立养老服务协作与对口支援机制的意见（2013-12-20）
8. 民政部、发展改革委《关于开展养老服务业综合改革试点工作的通知》（2014-01-06）
9. 关于加强养老服务标准化工作的指导意见（2014-01-26）
10. 住房城乡建设部等部门《关于加强养老服务设施规划建设工作的通知》（2014-02-13）
11. 关于印发《城乡养老保险制度衔接暂行办法》的通知（2014-02-24）
12. 关于推进养老机构责任保险工作的指导意见（2014-02-28）
13. 国土资源部关于印发《养老服务设施用地指导意见》的通知（2014-04-23）
14. 四部门《关于推进城镇养老服务设施建设工作的通知》（2014-05-28）
15. 教育部等九部门关于加快推进养老服务业人才培养的意见（2014-06-18）
16. 民政部《关于开展国家智能养老物联网应用示范工程的通知》（2014-06-20）
17. 十部委《关于加快推进健康与养老服务工程建设的通知》（2014-10-10）

B.1 十部委《关于全面推进居家养老服务工作的意见》

各省、自治区、直辖市、计划单列市及新疆生产建设兵团老龄工作委员会办公室、发展改革委、教育厅（教委、教育局）、民政厅（局）、劳动和社会保障厅（局）、财政厅（局）、建设厅（委、局）、卫生厅（局）、人口计生委、地方税务局：

随着我国人口老龄化进程加快，家庭养老功能日益弱化，老年人养老服务已经成为重大的社会问题。但目前我国居家养老服务供给不足、比重偏低、质量不高，不能满足老年人日益增长的服务需求。为全面推进居家养老服务工作，提高老年人生命生活质量，提出如下意见：

一、重要意义

居家养老服务是指政府和社会力量依托社区，为居家的老年人提供生活照料、家政服务、康复护理和精神慰藉等方面服务的一种服务形式。它是对传统家庭养老模式的补充与更新，是我国发展社区服务，建立养老服务体系的一项重要内容。

全面推进居家养老服务，是破解我国日趋尖锐的养老服务难题，切实提高广大老年人生命、生活质量的重要出路；是弘扬中华民族尊老敬老优良传统，尊重老年人情感和心理需求的人性化选择；是促进家庭和谐、社区和谐和代际和谐，推动社会主义和谐社会建设的重要举措；也是加快发展服务业，扩大就业渠道和促进经济增长的重要途径。

二、基本任务

发展居家养老服务，要以科学发展观为统领，以构建社会主义和谐社会为目标，坚持政府主导和社会参与，不断加大工作力度，积极推动居家养老服务在城市社区普遍展开，同时积极向农村社区推进。力争"十一五"期间，全国城市社区基本建立起多种形式、广泛覆盖的居家养老服务网络，使社区居家养老服务设施不断充实，服务内容和形式不断丰富，专业化和志愿者相结合的居家养老服务队伍不断壮大，居家养老服务的组织管理体制和监督评估机制逐步建立、健全和完善。农村社区依托乡镇敬老院、村级组织活动场所等现有设施资源，力争80%左右的乡镇拥有一处集院舍住养和社区照料、居家养老等多种服务功能于一体的综合性老年福利服务中心，1/3左右的村委会和自然村拥有一所老年人文化活动和服务的站点。

发展居家养老服务，必须坚持以下几项原则：坚持以人为本。从老年人实际需求出发，为老年人提供方便、快捷、高质量、人性化的服务；坚持依托社区。在社区层面普遍建立居家养老服务机构、场所和服务队伍，整合社会资源，调动各方面的积极性，共同营造老年人居家养老服务的社会环境；坚持因地制宜。紧密结合当地实际，与本地经济社会发展水平相适应，与社区人文环境和老年人的需求相适应，循序渐进，稳步推开；坚持社会化方向。采取多种形式，充分调动社会各方面力量参与和支持居家养老服务。

三、保障措施

（一）制定居家养老服务发展规划。各级政府应紧密结合本地实际，科学地研究制定本地城乡社区发展居家养老服务规划，并把它纳入当地经济社会发展总体规划和社区建设总体规划中，统筹安排，推动居家养老服务快速健康发展。

（二）加大政府投入力度，合理配置资源。各级政府应转变职能，随着经济发展和社会进步，逐步加大投入，研究制定"民办公助"的政策措施，鼓励和支持社会力量参与、兴办居家养老服务业。各级政府要统筹考虑居家养老服务设施建设、队伍建设和运营管理等问题，合理配置资源。有条件的地区可针对性地设立专项资金，开设资助项目，探索适应当地特点的居家养老服务模式。

（三）贯彻落实支持居家养老服务的优惠政策。贯彻落实国家现行关于养老服务机构的税收优惠政策，对养老院类的养老服务机构提供的养老服务免征营业税，对各类非营利性养老服务机构免征自用房产、土地的房产税、城镇土地使用税等。

（四）整合资源，建立和完善社区居家养老服务网络。要按照当地社区建设规划和老年人实际需要，协同各个部门，整合资源，在城市社区和大部分农村乡镇建设综合性居家养老服务中心、居家养老服务站点等基础性服务设施，大力推动专业化的老年医疗卫生、康复护理、文体娱乐、信息咨询、老年教育等服务项目的开展，构建社区为老服务网络，为老年人提供就近就便的多种服务。吸引生活自理的老人走出家门到社区为老服务设施接受服务和参加活动；对生活不能自理的老人则采取派专人上门包护，满足老年人生活照料、医疗护理、文化娱乐、心理慰藉等多种需求。依托城市社区信息平台，在社区普遍建立为老服务热线、紧急救援系统、数字网络系统等多种求助和服务形式，建设便捷有效的为老服务信息系统。

（五）加强专业化与志愿者相结合的居家养老服务队伍建设。要鼓励各类职业培训机构对居家养老服务人员开展职业技能培训，考试合格发给相应的职业资格证书。认真实施专业社会工作者职业水平评价制度，科学界定居家养老服务中职业社会工作者的岗位和职责，加强对社工专业人才的吸纳与培养。同时，加强居家养老服务人员的职业道德教育，改善和提高服务队伍的整体素质。

要大力发展社区居家养老服务志愿者组织，鼓励和支持社区居民和社区单位等为居家的老年人提供多种形式的养老服务。

要逐步改善和提高居家养老服务人员的地位和待遇。紧密结合社会工作者职业水平评价制度的实行，为居家养老服务的专业人员落实相应的物质待遇；对符合条件的从事居家养老服务人员，要按规定享受相应的就业再就业扶持政策。

（六）积极培育和发展居家养老服务组织。按照政府职能转变以及与企业、事业、社团分离的原则，对居家养老服务中能够与政府剥离的服务职能都要尽可能交给社会组织和非营利机构去办，交给市场和企业去办。各级政府应积极培育、规范管理各类居家养老服务机构，鼓励居家养老服务机构发展连片辐射、连锁经营、统一管理的服务模式。

（七）建立居家养老服务管理体制。各地政府应加强对居家养老服务工作的管理和监督，建立相应工作机制。在区、街道（乡镇）和社区（村）建立居家养老服务中心、站点，受政府委托负责本辖区居家养老服务的实施和管理，其主要职责是：建立老年人信息库，发布老年人服务需求信息和社会服务供给信息，对享受政府补贴的居家老人进行资格评估；对居家养老服务人员相关资格进行审查，接受服务对象的服务信息反馈，检查监督服务质量。承担政府委托的其他养老服务事项。

（八）切实加强对居家养老服务工作的领导。各级政府应充分认识新形势下发展居家养老服务的重要性，把它列入政府工作议程，并根据本意见的精神，抓紧制定符合当地实际的政策措施。各有关部门要加强配合，积极支持居家养老服务的发展。各级老龄工作委员会办公室要认真履行综合协调职能，配合相关部门，积极推动居家养老服务工作的开展。

全国老龄委办公室　发展改革委　教育部

民政部　劳动保障部　财政部

建设部　卫生部　人口计生委　税务总局

二○○八年一月二十九日

B. 2 《中国老龄事业发展十二五规划》

为积极应对人口老龄化，加快发展老龄事业，根据《中华人民共和国国民经济和社会发展第十二个五年规划纲要》、《中华人民共和国老年人权益保障法》和《中共中央国务院关于加强老龄工作的决定》（中发〔2000〕13号），制定本规划。

一、背景

（一）"十一五"期间取得的主要成就

"十一五"时期是老龄事业快速发展的五年。养老保障体系逐步完善，覆盖范围进一步扩大，企业职工基本养老保险制度实现全覆盖，企业退休人员养老金水平连续五年提高，基本养老保险实现了省级统筹，新型农村社会养老保险开始试点并逐步扩大范围。职工和城镇居民基本医疗保险制度实现全覆盖，新型农村合作医疗参合率稳步提高。老年社会福利和社会救助制度逐步建立，城乡计划生育家庭养老保障支持政策逐步形成。老龄服务体系建设扎实推进，在城市深入开展并逐步向农村延伸，养老服务机构和老年活动设施建设取得较大进步。老年教育、文化、体育事业较快发展，老年精神文化生活更加丰富。全社会老龄意识明显增强，敬老爱老助老社会氛围日益浓厚，老年人权益得到较好保障。老龄领域的科学研究、国际交流与合作取得了新的进展。广大老年群众坚持老有所为，积极参与经济社会建设和公益活动，在构建社会主义和谐社会中发挥了重要作用。

（二）"十二五"时期老龄事业面临的形势

"十二五"时期是我国全面建设小康社会的关键时期，也是老龄事业发展的重要机遇期。

长期以来，党和政府十分关心老年群众，不断采取积极措施，推动老龄事业发展进步，取得举世瞩目的成就，为老龄事业持续发展奠定了很好的基础。但是，在快速发展的老龄化进程中，老龄事业和老龄工作相对滞后的矛盾日益突出。主要表现在：社会养老保障制度尚不完善，公益性老龄服务设施、服务网络建设滞后，老龄服务市场发育不全、供给不足，老年社会管理工作相对薄弱，侵犯老年人权益的现象仍时有发生。对此，我们必须高度重视，认真解决。

"十二五"时期，随着第一个老年人口增长高峰到来，我国人口老龄化进程将进一步加快。从2011年到2015年，全国60岁以上老年人将由1.78亿增加到2.21亿，平均每年增加老年人860万；老年人口比重将由13.3%增加到16%，平均每年递增0.54个百分点。老龄化进程与家庭小型化、空巢化相伴随，与经济社会转型期的矛盾相交织，社会养老保障和养老服务的需求将急剧增加。未来20年，我国人口老龄化日益加重，到2030年全国老年人口规模将会翻一番，老龄事业发展任重道远。我们必须深刻认识发展老龄事业的重要性和紧迫性，充分利用当前经济社会平稳较快发展和社会抚养比较低的有利时机，着力解决老龄工作领域的突出矛盾和问题，从物质、精神、服务、政策、制度和体制机制等方面打好应对人口老龄化挑战的基础。

二、指导思想、发展目标和基本原则

(一) 指导思想

高举中国特色社会主义伟大旗帜，以邓小平理论和"三个代表"重要思想为指导，深入贯彻落实科学发展观，适应人口老龄化新形势，以科学发展为主题，以改革创新为动力，建立健全老龄战略规划体系、社会养老保障体系、老年健康支持体系、老龄服务体系、老年宜居环境体系和老年群众工作体系，服务经济社会改革发展大局，努力实现老有所养、老有所医、老有所教、老有所学、老有所为、老有所乐的工作目标，让广大老年人共享改革发展成果。

(二) 主要发展目标

——建立应对人口老龄化战略体系基本框架，制定实施老龄事业中长期发展规划。

——健全覆盖城乡居民的社会养老保障体系，初步实现全国老年人人人享有基本养老保障。

——健全老年人基本医疗保障体系，基层医疗卫生机构为辖区内 65 岁及以上老年人开展健康管理服务，普遍建立健康档案。

——建立以居家为基础、社区为依托、机构为支撑的养老服务体系，居家养老和社区养老服务网络基本健全，全国每千名老年人拥有养老床位数达到 30 张。

——全面推行城乡建设涉老工程技术标准规范、无障碍设施改造和新建小区老龄设施配套建设规划标准。

——增加老年文化、教育和体育健身活动设施，进一步扩大各级各类老年大学（学校）办学规模。

——加强老年社会管理工作。各地成立老龄工作委员会，80% 以上退休人员纳入社区管理服务对象，基层老龄协会覆盖面达到 80% 以上，老年志愿者数量达到老年人口的10% 以上。

(三) 基本原则

1. 老龄事业与经济社会发展相适应。紧紧围绕全面建设小康社会和构建社会主义和谐社会宏伟目标，确立老龄事业在改革发展大局中的重要地位，促进老龄事业与经济社会协调发展。

2. 立足当前与着眼长远相结合。从我国的基本国情出发，把着力解决当前的突出矛盾和应对人口老龄化长期挑战紧密联系，注重体制机制创新和法规制度建设，统筹兼顾，综合施策，实现全面、协调、可持续发展。

3. 政府引导与社会参与相结合。按照社会主义市场经济的要求，积极发展老龄服务业。加强政策指导、资金支持、市场培育和监督管理，发挥市场机制在资源配置上的基础性作用，充分调动社会各方面力量积极参与老龄事业发展。

4. 家庭养老与社会养老相结合。充分发挥家庭和社区功能，着力巩固家庭养老地位，优先发展社会养老服务，构建居家为基础、社区为依托、机构为支撑的社会养老服务体系，创建中国特色的新型养老模式。

5. 统筹协调与分类指导相结合。注重城乡、区域协调发展，加大对农村和中西部地区的政策支持力度，资源配置向基层、特别是农村和中西部地区倾斜。充分发挥各地优势和群众的创造性，因地制宜地开展老龄工作，发展老龄事业。

6. 道德规范与法律约束相结合。广泛开展孝亲敬老道德教育，加强老龄法制工作，为老龄工作和老龄事业的全面发展提供动力和保证。

三、主要任务

（一）老年社会保障

1. 加快推进养老保险制度建设。实现新型农村社会养老保险和城镇居民养老保险制度全覆盖。完善实施城镇职工基本养老保险制度，全面落实城镇职工基本养老保险省级统筹，实现基础养老金全国统筹，做好城镇职工基本养老保险关系转移接续工作。逐步推进城乡养老保障制度有效衔接，推动机关事业单位养老保险制度改革。建立随工资增长、物价上涨等因素调整退休人员基本养老金待遇的正常机制。发展企业年金和职业年金。发挥商业保险补充性作用。

2. 完善基本医疗保险制度。进一步完善职工基本医疗保险、城镇居民基本医疗保险、新型农村合作医疗制度。逐步提高城镇居民医保和新农合人均筹资标准及保障水平，减轻老年人等参保人员的医疗费用负担。提高职工医保、城镇居民医保、新农合基金最高支付限额和政策范围内住院费用支付比例，全面推进门诊统筹。做好各项制度间的衔接，逐步提高统筹层次，加快实现医保关系转移接续和医疗费用异地就医结算。全面推进基本医疗费用即时结算，改革付费方式。积极发展商业健康保险，完善补充医疗保险制度。

3. 加大老年社会救助力度。完善城乡最低生活保障制度，将符合条件的老年人全部纳入最低生活保障范围。根据经济社会发展水平，适时调整最低生活保障和农村五保供养标准。完善城乡医疗救助制度，着力解决贫困老年人的基本医疗保障问题。完善临时救助制度，保障因灾因病等支出性生活困难老年人的基本生活。

4. 完善老年社会福利制度。积极探索中国特色社会福利的发展模式，发展适度普惠型的老年社会福利事业，研究制定政府为特殊困难老年人群购买服务的相关政策。进一步完善老年人优待办法，积极为老年人提供各种形式的照顾和优先、优待服务，逐步提高老年人的社会福利水平。有条件的地方可发放高龄老年人生活补贴和家庭经济困难的老年人养老服务补贴。

（二）老年医疗卫生保健

1. 推进老年医疗卫生服务网点和队伍建设。将老年医疗卫生服务纳入各地卫生事业发展规划，加强老年病医院、护理院、老年康复医院和综合医院老年病科建设，有条件的三级综合医院应当设立老年病科。基层医疗卫生机构积极开展老年人医疗、护理、卫生保健、健康监测等服务，为老年人提供居家康复护理服务。基层医疗卫生机构应加强人员队伍建设，切实提高开展老年人卫生服务的能力。

2. 开展老年疾病预防工作。基层医疗卫生机构要为辖区内 65 岁及以上老年人开展健康管理服务，建立健康档案。组织老年人定期进行生活方式和健康状况评估，开展体格检查，及时发现健康风险因素，促进老年疾病早发现、早诊断和早治疗。开展老年疾病防控知识的宣传，做好老年人常见病、慢性病的健康指导和综合干预。

3. 发展老年保健事业。广泛开展老年健康教育，普及保健知识，增强老年人运动健身和心理健康意识。注重老年精神关怀和心理慰藉，提供疾病预防、心理健康、自我保健及伤害预防、自救等健康指导和心理健康指导服务，重点关注高龄、空巢、患病等老年人的心理健康状况。鼓励为老年人家庭成员提供专项培训和支持，充分发挥家庭成员的精神关爱和心理支持作用。老年性痴呆、抑郁等精神疾病的早期识别率达到40%。

（三）老年家庭建设

1. 改善老年人居住条件。引导开发老年宜居住宅和代际亲情住宅，鼓励家庭成员与老年人共同生活或就近居住。推动和扶持老年人家庭无障碍改造。

2. 完善家庭养老支持政策。完善老年人口户籍迁移管理政策，为老年人随赡养人迁徙提供条件。健全家庭养老保障和照料服务扶持政策，完善农村计划生育家庭奖励扶助制度和计划生育家庭特别扶助制度，落实城镇独生子女父母年老奖励政策，建立奖励扶助金动态调整机制。

3. 弘扬孝亲敬老传统美德。强化尊老敬老道德建设，提倡亲情互助，营造温馨和谐的家庭氛围，发挥家庭养老的基础作用。努力建设老年温馨家庭，提高老年人居家养老的幸福指数。

（四）老龄服务

1. 重点发展居家养老服务。建立健全县（市、区）、乡镇（街道）和社区（村）三级服务网络，城市街道和社区基本实现居家养老服务网络全覆盖；80%以上的乡镇和50%以上的农村社区建立包括老龄服务在内的社区综合服务设施和站点。加快居家养老服务信息系统建设，做好居家养老服务信息平台试点工作，并逐步扩大试点范围。培育发展居家养老服务中介组织，引导和支持社会力量开展居家养老服务。鼓励社会服务企业发挥自身优势，开发居家养老服务项目，创新服务模式。大力发展家庭服务业，并将养老服务特别是居家老年护理服务作为重点发展任务。积极拓展居家养老服务领域，实现从基本生活照料向医疗健康、辅具配置、精神慰藉、法律服务、紧急救援等方面延伸。

2. 大力发展社区照料服务。把日间照料中心、托老所、星光老年之家、互助式社区养老服务中心等社区养老设施，纳入小区配套建设规划。本着就近、就便和实用的原则，开展全托、日托、临托等多种形式的老年社区照料服务。

3. 统筹发展机构养老服务。按照统筹规划、合理布局的原则，加大财政投入和社会筹资力度，推进供养型、养护型、医护型养老机构建设。积极推进养老机构运营机制改革与完善，探索多元化、社会化的投资建设和管理模式。进一步完善和落实优惠政策，鼓励社会力量参与公办养老机构建设和运行管理。"十二五"期间，新增各类养老床位342万张。

4. 优先发展护理康复服务。在规划、完善医疗卫生服务体系和社会养老服务体系中，加强老年护理院和康复医疗机构建设。政府重点投资兴建和鼓励社会资本兴办具有长期医疗护理、康复促进、临终关怀等功能的养老机构。根据《护理院基本标准》加强规范管理。地（市）级以上城市至少要有一所专业性养老护理机构。研究探索老年人长期护理制度，鼓励、引导商业保险公司开展长期护理保险业务。

5. 切实加强养老服务行业监管。进一步完善养老机构行政管理的法律法规，建立养老机构准入、退出与监管制度，做好养老机构登记注册和日常检查、监督管理工作。寄宿制养老机构等关系老年人安全和健康的重要场所，要列入消防安全和卫生许可制度重点管理范围。

（五）老年人生活环境

1. 加快老年活动场所和便利化设施建设。在城乡规划建设中，充分考虑老年人需求，加强街道、社区"老年人生活圈"配套设施建设，着力改善老年人的生活环境。通过新建和资源整合，缓解老年生活基础设施不足的矛盾。利用公园、绿地、广场等公共空间，开辟老年人运动健身场所。

2. 完善涉老工程建设技术标准体系和实施监督制度。按照适应老龄化的要求，对现行老龄设施工程建设技术标准规范进行全面梳理、审定、修订和完善，在规划、设计、施工、监理、验收等各个环节加强技术标准的实施与监督，形成有效规范的约束机制。

3. 加快推进无障碍设施建设。突出高龄和失能老年人居家养老服务设施、环境的无障碍改造，推行无障碍进社区、进家庭。加快对居住小区、园林绿地、道路、建筑物等与老年人日常生活密切相关的设施无障碍改造步伐，方便老年人出行和参与社会生活。研究制定《无障碍环境建设条例》，继续开展全国无障碍建设城市创建工作。

4. 推动建设老年友好型城市和老年宜居社区。创新老年型社会新思维，树立老年友好环境建设和家庭发展的新理念。研究编制建设老年友好型城市、老年宜居社区指南，发挥典型示范作用。

（六）老龄产业

1. 完善老龄产业政策。把老龄产业纳入经济社会发展总体规划，列入国家扶持行业目录。研究制定、落实引导和扶持老龄产业发展的信贷、投资等支持政策。鼓励社会资本投入老龄产业。引导老年人合理消费，培育壮大老年用品消费市场。

2. 促进老年用品、用具和服务产品开发。重视康复辅具、电子呼救等老年特需产品的研究开发。拓展适合老年人多样化需求的特色护理、家庭服务、健身休养、文化娱乐、金融理财等服务项目。培育一批生产老年用品、用具和提供老年服务的龙头企业，打造一批老龄产业知名品牌。

3. 加强老年旅游服务工作。积极开发符合老年需求、适合老年人年龄特点的旅游产品。完善旅游景区、宾馆饭店、旅游道路的老年服务设施建设。完善针对老年人旅游的导游讲解、线路安排等特色服务。规范老年人旅游服务市场秩序。

4. 引导老龄产业健康发展。研究制定老年产品用品质量标准，加强老龄产业市场监督管理。发挥老龄产业行业协会和中介组织的积极作用，加强信息服务和行业自律。疏通老龄产业发展融资渠道。

（七）老年人精神文化生活

1. 加强老年教育工作。创新老年教育体制机制，探索老年教育新模式，丰富教学内容。加大对老年大学（学校）建设的财政投入，积极支持社会力量参与发展老年教育，扩大各级各类老年大学办学规模。充分发挥党支部、基层自治组织和老年群众组织的作用，做好新形势下老年思想教育工作。

2. 加强老年文化工作。加强农村文化设施建设，完善城市社区文化设施。鼓励创作老年题材的文艺作品，增加老年公共文化产品供给。鼓励和支持各级广播电台、电视台积极开设专栏，加大老年文化传播和老龄工作宣传力度。支持老年群众组织开展各种文化娱乐活动，丰富老年人的精神文化生活。

3. 加强老年体育健身工作。在城乡建设、旧城改造和社区建设中，要安排老年体育健身活动场所。加强老年体育组织建设，积极组织老年人参加全民健身活动。经常参加体育健身的老年人达到50%以上。举办第二届全国老年人体育健身大会。

4. 扩大老年人社会参与。注重开发老年人力资源，支持老年人以适当方式参与经济发展和社会公益活动。贯彻落实《中共中央办公厅国务院办公厅转发〈中央组织部、中央宣传部、中央统战部、人事部、科技部、劳动保障部、解放军总政治部、中国科协关于进一步发挥离退休专业技术人员作用的意见〉的通知》（中办发〔2005〕9号），健全政策措施，搭建服务平台，支持广大离退休专业技术人员更好地发挥作用。重视发挥老年人在社区服务、关心教育下一代、调解邻里纠纷和家庭矛盾、维护社会治安等方面的积极作用。不断探索"老有所为"的新形式，积极做好"银龄行动"组织工作，广泛开展老年志愿服务活动，老年志愿者数量达到老年人口的10%以上。

（八）老年社会管理

1. 加强基层老龄工作机构和老年群众组织建设。各地要建立老龄工作委员会，城乡社区（村、居）要健全老龄工作机制。加强基层老年协会规范化建设，充分发挥老年人自我管理、自我教育、自我服务的积极作用。"十二五"期间，成立老年协会的城镇社区达到95%以上，农村社区（行政村）达到80%以上。

2. 做好离退休人员管理服务工作。充分利用社区资源面向全体老年人开展服务，切实把为离退休老年人服务工作纳入社区服务范围。推进街道（乡镇）、社区劳动保障工作平台建设，为退休人员提供方便、快捷、高效、优质的服务。"十二五"期末，纳入社区管理服务的企业退休人员比例达到80%以上。

（九）老年人权益保障

1. 加强老龄法制建设。推进老年人权益保障法制化进程，做好修订《中华人民共和国老年人权益保障法》的相关工作，开展执法检查和普法教育，提高老年人权益保障法制化水平。

2. 健全老年维权机制。弘扬孝亲敬老美德，促进家庭和睦、代际和顺。加强弱势老年人社会保护工作，把高龄、孤独、空巢、失能和行为能力不健全的老年人列为社会维权服务重点对象。加强对养老机构服务质量的检查、监督，维护老年人的生活质量与生命尊严，杜绝歧视、虐待老年人现象。

3. 做好老年人法律服务工作。拓展老年人维权法律援助渠道，扩大法律援助覆盖面。重点在涉及老年人医疗、保险、救助、赡养、住房、婚姻等方面，为老年人提供及时、便利、高效、优质的法律服务。加大对侵害老年人权益案件的处理力度，切实保障老年人的合法权益。

4. 加强青少年尊老敬老的传统美德教育。在义务教育中，增加孝亲敬老教育内容，开展形式多样的尊老敬老社会实践活动，营造良好的校园文化环境。

（十）老龄科研

1. 抓好重点科研项目。开展应对人口老龄化战略研究，制定国家老龄事业中长期发展规划。做好老年人生活状况追踪调查，开展区域性应对人口老龄化战略研究工作，为制定老龄政策提供决策依据。

2. 加强老龄学科教育和专业人才培养。按照老龄事业发展规划和重点发展领域，统筹部署职业教育、高等教育学科专业设置，培养技能型、应用型、复合型人才，做好人力资源支撑，服务老龄事业发展。

3. 推进信息化建设。建立老龄事业信息化协同推进机制，建立老龄信息采集、分析数据平台，健全城乡老年人生活状况跟踪监测系统。

（十一）老龄国际交流与合作

广泛开展双边、多边国际交流，增进相互了解。积极发挥我国在国际老龄领域的重要影响，深化国际合作。密切跟踪联合国大会老龄问题工作组对建构老年人权利国际保护机制的动向，积极发挥作用，引导相关进程朝有利方向发展。积极研究借鉴国外应对人口老龄化理念和经验，做好联合国人口基金第七周期老龄项目。完成《国际老龄行动计划》在中国执行情况的检查评估。

四、保障措施

（一）加强组织领导

各级政府要高度重视老龄问题，加强老龄工作。把发展老龄事业纳入重要议事日程，列入经济社会发展总体规划，及时解决老龄工作中的矛盾和问题。健全党政主导、老龄委协调、部门尽责、社会参与、全民关怀的大老龄工作格局。

（二）加大改革创新力度

进一步解放思想，坚持改革，在体制机制、政策制度、工作思路和发展模式等方面加大创新力度，围绕涉老社会保障制度的配套衔接、老龄事业投入机制、政府购买服务方式、老龄服务市场准入与日常监管、民办养老机构扶持政策、社区养老服务资源的综合开发利用、老龄社会组织规范化建设等比较突出的矛盾和问题，深入开展调查研究，逐步完善政策法规制度，创新体制机制。

（三）建立多元长效投入机制

各级政府要根据经济发展状况和老龄工作实际，多渠道筹资，不断加大老龄事业投入。进一步完善实施促进老龄事业发展的税收政策，政策引导与体制创新并重，调动社会资本投入老龄事业的积极性。大力发展老龄慈善事业。

（四）加强人才队伍建设

加强老龄工作队伍的思想建设、组织建设、作风建设和业务能力建设。加快养老服务业人才培养，特别是养老护理员、老龄产业管理人员的培养。根据国家职业标准，组织开展养老护理人员职业培训和职业资格认证工作。有条件的普通高校和职业学校，在相关专业开设老年学、老年护理学、老年心理学等课程。大力发展为老服务志愿者队伍和社会工作者队伍。

（五）建立监督检查评估机制

本规划由全国老龄工作委员会负责协调、督促、检查有关部门执行，2015 年对规划的执行情况进行全面评估。

B.3 《社会养老服务体系建设规划》（2011-2015 年）

为积极应对人口老龄化，建立起与人口老龄化进程相适应、与经济社会发展水平相协调的社会养老服务体系，实现党的十七大确立的"老有所养"的战略目标和十七届五中全会提出的"优先发展社会养老服务"的要求，根据《中华人民共和国国民经济和社会发展第十二个五年规划纲要》和《中国老龄事业发展"十二五"规划》，制定本规划。

一、规划背景

（一）现状和问题

自 1999 年我国步入老龄化社会以来，人口老龄化加速发展，老年人口基数大、增长快并日益呈现高龄化、空巢化趋势，需要照料的失能、半失能老人数量剧增。第六次全国人口普查显示，我国 60 岁及以上老年人口已达 1.78 亿，占总人口的 13.26%，加强社会养老服务体系建设的任务十分繁重。

近年来，在党和政府的高度重视下，各地出台政策措施，加大资金支持力度，使我国的社会养老服务体系建设取得了长足发展。养老机构数量不断增加，服务规模不断扩大，老年人的精神文化生活日益丰富。截至 2010 年底，全国各类收养性养老机构已达 4 万个，养老床位达 314.9 万张。社区养老服务设施进一步改善，社区日间照料服务逐步拓展，已建成含日间照料功能的综合性社区服务中心 1.2 万个，留宿照料床位 1.2 万张，日间照料床位 4.7 万张。以保障三无、五保、高龄、独居、空巢、失能和低收入老人为重点，借助专业化养老服务组织，提供生活照料、家政服务、康复护理、医疗保健等服务的居家养老服务网络初步形成。养老服务的运作模式、服务内容、操作规范等也不断探索创新，积累了有益的经验。

但是，我国社会养老服务体系建设仍然处于起步阶段，还存在着与新形势、新任务、新需求不相适应的问题，主要表现在：缺乏统筹规划，体系建设缺乏整体性和连续性；社区养老服务和养老机构床位严重不足，供需矛盾突出；设施简陋、功能单一，难以提供照料护理、医疗康复、精神慰藉等多方面服务；布局不合理，区域之间、城乡之间发展不平衡；政府投入不足，民间投资规模有限；服务队伍专业化程度不高，行业发展缺乏后劲；国家出台的优惠政策落实不到位；服务规范、行业自律和市场监管有待加强等。

（二）必要性和可行性

我国的人口老龄化是在"未富先老"、社会保障制度不完善、历史欠账较多、城乡和区域发展不平衡、家庭养老功能弱化的形势下发生的，加强社会养老服务体系建设的任务十分繁重。

加强社会养老服务体系建设，是应对人口老龄化、保障和改善民生的必然要求。目前，我国是世界上唯一一个老年人口超过 1 亿的国家，且正在以每年 3% 以上的速度快速增长，是同期人口增速的五倍多。预计到 2015 年，老年人口将达到 2.21 亿，约占总人口的16%；2020年达到2.43亿，约占总人口的18%。随着人口老龄化、高龄化的加剧，失能、半失能老年人的数量还将持续增长，照料和护理问题日益突出，人民群众的养老服务需求日益增长，加快社会养老服务体系建设已刻不容缓。

加强社会养老服务体系建设，是适应传统养老模式转变、满足人民群众养老服务需求的必由之路。长期以来，我国实行以家庭养老为主的养老模式，但随着计划生育基本国策的实施，以及经济社会的转型，家庭规模日趋小型化，"4-2-1"家庭结构日益普遍，空巢家庭不断增多。家庭规模的缩小和结构变化使其养老功能不断弱化，对专业化养老机构和社区服务的需求与日俱增。

加强社会养老服务体系建设，是解决失能、半失能老年群体养老问题、促进社会和谐稳定的当务之急。目前，我国城乡失能和半失能老年人约3300万，占老年人口总数的19%。由于现代社会竞争激烈和生活节奏加快，中青年一代正面临着工作和生活的双重压力，照护失能、半失能老年人力不从心，迫切需要通过发展社会养老服务来解决。

加强社会养老服务体系建设，是扩大消费和促进就业的有效途径。庞大的老年人群体对照料和护理的需求，有利于养老服务消费市场的形成。据推算，2015年我国老年人护理服务和生活照料的潜在市场规模将超过4500亿元，养老服务就业岗位潜在需求将超过500万个。

在面对挑战的同时，我国社会养老服务体系建设也面临着前所未有的发展机遇。加强社会养老服务体系建设，已越来越成为各级党委政府关心、社会广泛关注、群众迫切期待解决的重大民生问题。同时，随着我国综合国力的不断增强，城乡居民收入的持续增多，公共财政更多地投向民生领域，以及人民群众自我保障能力的提高，社会养老服务体系建设已具备了坚实的社会基础。

二、内涵和定位

（一）内涵

社会养老服务体系是与经济社会发展水平相适应，以满足老年人养老服务需求、提升老年人生活质量为目标，面向所有老年人，提供生活照料、康复护理、精神慰藉、紧急救援和社会参与等设施、组织、人才和技术要素形成的网络，以及配套的服务标准、运行机制和监管制度。

社会养老服务体系建设应以居家为基础、社区为依托、机构为支撑，着眼于老年人的实际需求，优先保障孤老优抚对象及低收入的高龄、独居、失能等困难老年人的服务需求，兼顾全体老年人改善和提高养老服务条件的要求。社会养老服务体系建设是应对人口老龄化的一项长期战略任务，是坚持政府主导，鼓励社会参与，不断完善管理制度，丰富服务内容，健全服务标准，满足人民群众日益增长的养老服务需求的持续发展过程。本建设规划仅着眼于构建体系建设的基本框架。

（二）功能定位

我国的社会养老服务体系主要由居家养老、社区养老和机构养老等三个有机部分组成。

居家养老服务涵盖生活照料、家政服务、康复护理、医疗保健、精神慰藉等，以上门服务为主要形式。对身体状况较好、生活基本能自理的老年人，提供家庭服务、老年食堂、法律服务等服务；对生活不能自理的高龄、独居、失能等老年人提供家务劳动、家庭保健、辅具配置、送饭上门、无障碍改造、紧急呼叫和安全援助等服务。有条件的地方可以探索对居家养老的失能老年人给予专项补贴，鼓励他们配置必要的康复辅具，提高生活自理能力和生活质量。

社区养老服务是居家养老服务的重要支撑，具有社区日间照料和居家养老支持两类功能，主要面向家庭日间暂时无人或者无力照护的社区老年人提供服务。在城市，结合社区服务设施建设，增加养老设施网点，增强社区养老服务能力，打造居家养老服务平台。倡议、引导多种形式的志愿活动及老年人互助服务，动员各类人群参与社区养老服务。在农村，结合城镇化发展和新农村建设，以乡镇敬老院为基础，建设日间照料和短期托养的养老床位，逐步向区域性养老服务中心转变，向留守老年人及其他有需要的老年人提供日间照料、短期托养、配餐等服务；以建制村和较大自然村为基点，依托村民自治和集体经济，积极探索农村互助养老新模式。

机构养老服务以设施建设为重点，通过设施建设，实现其基本养老服务功能。养老服务设施建设重点包括老年养护机构和其他类型的养老机构。老年养护机构主要为失能、半失能的老年人提供专门服务，重点实现以下功能：

1. 生活照料。设施应符合无障碍建设要求，配置必要的附属功能用房，满足老年人的穿衣、吃饭、如厕、洗澡、室内外活动等日常生活需求。

2. 康复护理。具备开展康复、护理和应急处置工作的设施条件，并配备相应的康复器材，帮助老年人在一定程度上恢复生理功能或减缓部分生理功能的衰退。

3. 紧急救援。具备为老年人提供突发性疾病和其他紧急情况的应急处置救援服务能力，使老年人能够得到及时有效的救援。鼓励在老年养护机构中内设医疗机构。符合条件的老年养护机构还应利用自身的资源优势，培训和指导社区养老服务组织和人员，提供居家养老服务，实现示范、辐射、带动作用。其他类型的养老机构根据自身特点，为不同类型的老年人提供集中照料等服务。

三、指导思想和基本原则

（一）指导思想

以邓小平理论和"三个代表"重要思想为指导，深入贯彻落实科学发展观，以满足老年人的养老服务需求为目标，从我国基本国情出发，坚持政府主导、政策扶持、多方参与、统筹规划，在"十二五"期间，初步建立起与人口老龄化进程相适应、与经济社会发展水平相协调，以居家为基础、社区为依托、机构为支撑的社会养老服务体系，让老年人安享晚年，共享经济社会发展成果。

（二）基本原则

1. 统筹规划、分级负责。加强社会养老服务体系建设是一项长期的战略任务，各级政府对养老机构和社区养老服务设施的建设和发展统筹考虑、整体规划。中央制定全国总体规划，确定建设目标和主要任务，制定优惠政策，支持重点领域建设；地方制定本地规划，承担主要建设任务，落实优惠政策，推动形成基层网络，保障其可持续发展。

2. 政府主导、多方参与。加强政府在制度、规划、筹资、服务、监管等方面的职责，加快社会养老服务设施建设。发挥市场在资源配置中的基础性作用，打破行业界限，开放社会养老服务市场，采取公建民营、民办公助、政府购买服务、补助贴息等多种模式，引导和支持社会力量兴办各类养老服务设施。鼓励城乡自治组织参与社会养老服务。充分发挥专业化社会组织的力量，不断提高社会养老服务水平和效率，促进有序竞争机制的形成，实现合作共赢。

3. 因地制宜、突出重点。根据区域内老年人口数量和养老服务发展水平，充分依托现有资源，合理安排社会养老服务体系建设项目。以居家养老服务为导向，以长期照料、护理康复和社区日间照料为重点，分类完善不同养老服务机构和设施的功能，优先解决好需求最迫切的老年群体的养老问题。

4. 深化改革、持续发展。按照管办分离、政事政企分开的原则，统筹推进公办养老服务机构改革。区分营利性与非营利性，加强对社会养老服务机构的登记和监管。盘活存量，改进管理。完善养老服务的投入机制、服务规范、建设标准、评价体系，促进信息化建设，加快养老服务专业队伍建设，确保养老机构良性运行和可持续发展。

四、目标和任务

（一）建设目标

到 2015 年，基本形成制度完善、组织健全、规模适度、运营良好、服务优良、监管到位、可持续发展的社会养老服务体系。每千名老年人拥有养老床位数达到 30 张。居家养老和社区养老服务网络基本健全。

（二）建设任务

改善居家养老环境，健全居家养老服务支持体系。以社区日间照料中心和专业化养老机构为重点，通过新建、改扩建和购置，提升社会养老服务设施水平。充分考虑经济社会发展水平和人口老龄化发展程度，"十二五"期间，增加日间照料床位和机构养老床位340 余万张，实现养老床位总数翻一番；改造 30% 现有床位，使之达到建设标准。

在居家养老层面，支持有需求的老年人实施家庭无障碍设施改造。扶持居家服务机构发展，进一步开发和完善服务内容和项目，为老年人居家养老提供便利服务。

在城乡社区养老层面，重点建设老年人日间照料中心、托老所、老年人活动中心、互助式养老服务中心等社区养老设施，推进社区综合服务设施增强养老服务功能，使日间照料服务基本覆盖城市社区和半数以上的农村社区。

在机构养老层面，重点推进供养型、养护型、医护型养老设施建设。县级以上城市，至少建有一处以收养失能、半失能老年人为主的老年养护设施。在国家和省级层面，建设若干具有实训功能的养老服务设施。

加强养老服务信息化建设，依托现代技术手段，为老年人提供高效便捷的服务，规范行业管理，不断提高养老服务水平。

（三）建设方式

通过新建、扩建、改建、购置等方式，因地制宜建设养老服务设施。新建小区要统筹规划，将养老服务设施建设纳入公建配套实施方案。鼓励通过整合、置换或转变用途等方式，将闲置的医院、企业、农村集体闲置房屋以及各类公办培训中心、活动中心、疗养院、小旅馆、小招待所等设施资源改造用于养老服务。通过设备和康复辅具产品研发、养老服务专用车配备和信息化建设，全面提升社会养老服务能力。

（四）运行机制

充分发挥市场在资源配置中的基础性作用，为各类服务主体营造平等参与、公平竞争的环境，实现社会养老服务可持续发展。

公办养老机构应充分发挥其基础性、保障性作用。按照国家分类推进事业单位改革的总体思路，理顺公办养老机构的运行机制，建立责任制和绩效评价制度，提高服务质量和效率。

鼓励有条件或新建的公办养老机构实行公建民营，通过公开招投标选定各类专业化的机构负责运营。负责运营的机构应坚持公益性质，通过服务收费、慈善捐赠、政府补贴等多种渠道筹集运营费用，确保自身的可持续发展。

加强对非营利性社会办养老机构的培育扶持，采取民办公助等形式，给予相应的建设补贴或运营补贴，支持其发展。鼓励民间资本投资建设专业化的服务设施，开展社会养老服务。

推动社会专业机构以输出管理团队、开展服务指导等方式参与养老服务设施运营，引导养老机构向规模化、专业化、连锁化方向发展。鼓励社会办养老机构收养政府供养对象，共享资源，共担责任。

（五）资金筹措

社会养老服务体系建设资金需多方筹措，多渠道解决。

要充分发挥市场机制的基础性作用，通过用地保障、信贷支持、补助贴息和政府采购等多种形式，积极引导和鼓励企业、公益慈善组织及其他社会力量加大投入，参与养老服务设施的建设、运行和管理。

地方各级政府要切实履行基本公共服务职能，强化在社会养老服务体系建设中的支出责任，安排财政性专项资金，支持公益性养老服务设施建设。民政部本级福利彩票公益金及地方各级彩票公益金要增加资金投入，优先保障社会养老服务体系建设。

中央设立专项补助投资，依据各地经济社会发展水平、老龄人口规模等，积极支持地方社会养老服务体系发展，重点用于社区日间照料中心和老年养护机构设施建设。

五、保障措施

（一）强化统筹规划，加强组织领导。从构建社会主义和谐社会的战略高度，充分认识加强社会养老服务体系建设的重要意义，增强使命感、责任感和紧迫感，将社会养老服务体系建设摆上各级政府的重要议事日程和目标责任考核范围，纳入经济社会发展规划，切实抓实抓好。各地要建立由民政、发展改革、老龄部门牵头，相关部门参与的工作机制，加强组织领导，加强协调沟通，加强对规划实施的督促检查，确保规划目标的如期实现。鼓励社会各界对规划实施进行监督。

（二）加大资金投入，建立长效机制。对公办养老机构保障所需经费，应列入财政预算并建立动态保障机制。采取公建民营、委托管理、购买服务等多种方式，支持社会组织兴办或者运营的公益性养老机构。鼓励和引导金融机构在风险可控和商业可持续的前提下，创新金融产品和服务方式，改进和完善对社会养老服务产业的金融服务，增加对养老服务企业及其建设项目的信贷投入。积极探索拓展社会养老服务产业市场化融资渠道。积极探索采取直接补助或贴息的方式，支持民间资本投资建设专业化的养老服务设施。

（三）加强制度建设，确保规范运营。建立、健全相关法律法规，建立养老服务准入、退出、监管制度，加大执法力度，规范养老服务市场行为。制定和完善居家养老、社区养老服务和机构养老服务的相关标准，建立相应的认证体系，大力推动养老服务标准化，促进养老服务示范活动深入开展。建立养老机构等级评定制度。建立老年人入院评估、养老服务需求评估等评估制度。

（四）完善扶持政策，推动健康发展。各级政府应将社会养老服务设施建设纳入城乡建设规划和土地利用规划，合理安排，科学布局，保障土地供应。符合条件的，按照土地划拨目录依法划拨。研究制定财政补助、社会保险、医疗等相关扶持政策，贯彻落实好有关税收以及用水、用电、用气等优惠政策。有条件的地方，可以探索实施老年护理补贴、护理保险，增强老年人对护理照料的支付能力。支持建立老年人意外伤害保险制度，构建养老服务行业风险合理分担机制。建立科学合理的价格形成机制，规范服务收费项目和标准。

（五）加快人才培养，提升服务质量。加强养老服务职业教育培训，有计划地在高等院校和中等职业学校增设养老服务相关专业和课程，开辟养老服务培训基地，加快培养老年医学、护理、营养和心理等方面的专业人才，提高养老服务从业人员的职业道德、业务技能和服务水平。如养老机构具有医疗资质，可以纳入护理类专业实习基地范围，鼓励大专院校学生到各类养老机构实习。加强养老服务专业培训教材开发，强化师资队伍建设。推行养老护理员职业资格考试认证制度，五年内全面实现持证上岗。完善培训政策和方法，加强养老护理员职业技能培训。探索建立在养老服务中引入专业社会工作人才的机制，推动养老机构开发社工岗位。开展社会工作的学历教育和资格认证。支持养老机构吸纳就业困难群体就业。加快培育从事养老服务的志愿者队伍，实行志愿者注册制度，形成专业人员引领志愿者的联动工作机制。

（六）运用现代科技成果，提高服务管理水平。以社区居家老年人服务需求为导向，以社区日间照料中心为依托，按照统筹规划、实用高效的原则，采取便民信息网、热线电话、爱心门铃、健康档案、服务手册、社区呼叫系统、有线电视网络等多种形式，构建社区养老服务信息网络和服务平台，发挥社区综合性信息网络平台的作用，为社区居家老年人提供便捷高效的服务。在养老机构中，推广建立老年人基本信息电子档案，通过网上办公实现对养老机构的日常管理，建成以网络为支撑的机构信息平台，实现居家、社区与机构养老服务的有效衔接，提高服务效率和管理水平。加强老年康复辅具产品研发。

各地可根据本规划，结合实际，制定本地区的社会养老服务体系建设规划。

B.4　民政部关于推进养老服务评估工作的指导意见

民发〔2013〕127 号

各省、自治区、直辖市民政厅（局），新疆生产建设兵团民政局：

为深入贯彻《中华人民共和国老年人权益保障法》（以下简称《老年人权益保障法》）关于建立健全养老服务评估制度的要求，全面落实《国务院办公厅关于印发社会养老服务体系建设规划（2011~2015 年）的通知》（国办发〔2011〕60 号）和《民政部关于开展"社会养老服务体系建设推进年"活动暨启动"敬老爱老助老工程"的意见》（民发〔2012〕35 号）等文件精神，推动建立统一规范的养老服务评估制度，提出如下意见：

一、充分认识养老服务评估工作的重要意义

养老服务评估，是为科学确定老年人服务需求类型、照料护理等级以及明确护理、养老服务等补贴领取资格等，由专业人员依据相关标准，对老年人生理、心理、精神、经济条件和生活状况等进行的综合分析评价工作。从评估时间上可以分为首次评估（准入评估）和持续评估（跟踪式评估）。建立健全养老服务评估制度，是积极应对人口老龄化、深入贯彻落实《老年人权益保障法》，保障老年人合法权益的重要举措；是推进社会养老服务体系建设，提升养老服务水平，充分保障经济困难的孤寡、失能、高龄、失独等老年人服务需求的迫切需要；是合理配置养老服务资源，充分调动和发挥社会力量参与，全面提升养老机构服务质量和运行效率的客观要求。各地要站在坚持以人为本、加强社会建设的高度，从大力发展养老服务事业的全局出发，提高思想认识，加强组织领导，完善配套措施，稳步推进养老服务评估工作深入开展。

二、推进养老服务评估工作的总体要求

（一）指导思想

以科学发展观为指导，以保障老年人养老服务需求为核心，科学确定评估标准，认真制定评估方案，合理设计评估流程，积极培育评估队伍，广泛吸收社会力量参与，高效利用评估结果，为建立和完善以居家为基础、社区为依托、机构为支撑的社会养老服务体系，实现老有所养目标发挥积极作用，逐步实现基本养老服务均等化。

（二）基本原则

1. 权益优先，平等自愿。坚持老年人权益优先，把推进养老服务评估工作与保障老年人合法权益、更好地享受社会服务和社会优待结合起来。坚持平等自愿，尊重受评估老年人意愿，切实加强隐私保护。

2. 政府指导，社会参与。充分发挥政府在推动养老服务评估工作中的主导作用，进一步明确部门职责、理顺关系，建立完善资金人才保障机制。充分发挥和依托专业机构、养老机构、第三方社会组织的技术优势，强化社会监督，提升评估工作的社会参与度和公信力。

3. 客观公正，科学规范。以评估标准为工具，逐步统一工作规程和操作要求，保证结果真实准确。逐步扩大持续评估项目范围，努力提升评估质量。坚持中立公正立场，客观真实地反映老年人能力水平和服务需求。

4. 试点推进，统筹兼顾。试点先行，不断完善工作步骤和推进方案，建立符合本地区养老服务发展特点和水平的评估制度，并逐步扩大试点范围。要把推进养老服务评估工作与做好居家社区养老服务、机构养老等工作紧密结合，建立衔接紧密、信息互联共享的合作机制。

（三）主要目标

2013 年底前，各地要根据本意见制定实施方案，确定开展评估地区范围，做好组织准备工作，落实评估机构和人员队伍。2014 年初要启动评估工作试点，根据进展情况逐步扩大覆盖范围。到"十二五"末，力争建立起科学合理、运转高效的长效评估机制，基本实现养老服务评估科学化、常态化和专业化。

三、推进养老服务评估工作的主要任务

（一）探索建立评估组织模式。养老服务评估可以由基层民政部门、乡镇人民政府（街道办事处）、社会组织以及养老机构单独或者联合组织开展，养老服务评估可以分为居家养老服务需求评估、机构养老服务需求评估和补贴领取资格评估等。各地要依据本地社会养老服务体系建设情况和老年人需求实际，积极探索在社区公共服务平台建立评估站点；要采取政府购买服务、社工介入等方式，积极鼓励社会力量参与，合理确定本地区养老服务评估形式。要加大宣传引导力度，充分调动老年人参与的积极性和主动性。

（二）探索完善评估指标体系。民政部将于近期发布的《老年人能力评估》行业标准，是养老服务评估工作的主要依据。该标准为老年人能力评估提供了统一、规范和可操作的评估工具，规定老年人能力评估的对象、指标、实施及结果。标准下发后，各地应当积极采用该标准，或者根据该标准结合实际情况制订或者修改地方标准。老年人能力评估应当以确定老年人服务需求为重点，突出老年人自我照料能力评估。评估指标应当涵盖日常行为能力、精神卫生情况、感知觉情况、社会参与状况等方面，所需健康体检应当在经卫生行政部门许可的开展健康体检服务的医疗机构内进行。对老年人经济状况、居住状况、生活环境等方面的评估标准，各地可根据当地平均生活水平、养老服务资源状况、护理或者养老服务补贴相关政策等综合制定。要将定性分析和定量分析相结合，积极探索将评估指标与可通过面谈、走访等方法观察反映的指标相结合，逐步建立科学、全面、开放的评估指标体系。

（三）探索完善评估流程。养老服务评估应当包括申请、初评、评定、社会公示、结果告知、部门备案等环节。评估申请要坚持自愿原则，由老年人本人或者代理人提出；无民事行为能力或者限制民事行为能力的老年人可以由其监护人提出申请。评估应当按照先易后难原则，首先评估老年人经济状况、身份特征等借助相关材料即可核实的项目，然后再评估生活环境、能力状况等需要实地核实、检查的项目。要根据评估项目，合理确定评估时间，在优先保障评估质量的前提下，兼顾评估效率。对受年龄增长等原因影响较大的评估项目，应当进行持续评估。对首次评估确定为完全失能等级且康复难度大的老年人，可不再进行持续评估。评估结果应当及时告知评估对象，评估对象或者利害关系人对评估结果有异议的，可申请原评估机构重新评估。评估过程中应当加强对受评估老年人个人信息的保护，除养老服务等补贴领取资格的评估需要在本村（居）民委员会范围内公示外，评估机构不得泄露评估结果。

（四）探索评估结果综合利用机制。评估结果是制定国家宏观养老政策，推进养老社会化服务的重要基础资料，是争取财政经费保障，保证各项针对老年人的服务和优待措施落实的主要依据。各地要充分运用好评估结果，使评估工作综合效益最大化。一是用于推进居家养老服务社会化。居家养老服务机构可以根据评估结果分析老年人服务需求，在征得老年人同意的前提下，加强与相关服务单位的对接，制定个性化的服务方案，提高居家养老服务的针对性和效率。二是用于确定机构养老需求和照料护理等级。对于经评估属于经济困难的孤寡、失能、高龄、失独等老年人，政府投资兴办的养老机构，应当优先安排入住。养老机构应当将评估结果作为老年人入院、制定护理计划和风险防范的主要依据。三是用于老年人健康管理。各地要把评估工作纳入养老服务信息系统建设，并结合国家社会养老综合信息服务平台建设及应用示范工程项目，推进建立老年人健康档案，提高康复护理等服务水平。四是作为养老机构的立项依据。要根据服务辐射区域内老年人能力和需求评估状况，合理规划建设符合实际需要的养老机构，提高设施设备使用效率。同时，各地要逐步建立护理补贴和养老服务补贴制度，有效利用评估结果，完善并落实老年人社会福利政策。对于经评估属于生活长期不能自理、经济困难的老年人，可以根据其失能程度等情况作为给予护理补贴依据；对于经评估属于经济困难的老年人，可以给予养老服务补贴。

（五）探索建立养老评估监督机制。各地民政部门要加强对养老服务评估工作的指导，探索建立有效的监督约束机制，畅通评估对象利益表达渠道。各地民政部门和评估机构应当通过网络、服务须知、宣传手册等载体，主动公开评估指标、流程，自觉接受社会监督。各地民政部门要以定期检查和随机抽查等方式对评估指标、评估结果等进行检查。对评估行为不规范的机构和人员，予以纠正并向社会公开。要建立养老服务评估档案，妥善保管申请书、评估报告及建议等文档，逐步提高评估工作信息化水平。

四、推进养老服务评估工作的保障措施

（一）加强组织领导。各地民政部门要按照养老服务工作关口前移和重心下沉的要求，切实加强领导，把评估纳入养老服务工作重要议事日程，制定切实可行的实施方案，建立分工明确、责任到人的推进机制，为评估工作顺利开展提供坚强组织保障。各地可选择基础条件好、工作积极性高的地区作为先行试点，给予指导和支持，定期研究分析进展情况，不断总结完善评估方式方法。各地民政部门要加强对评估工作重点难点问题的研究，积极协调相关部门，增进共识、凝聚合力、攻坚克难，努力形成结果共享、协同推进的工作格局。要充分整合现有资金渠道，积极争取当地财政支持，引导社会力量投入，福利彩票公益金可用于支持养老服务评估试点，建立经费保障机制，为评估工作提供保障。

（二）加强人才队伍建设。养老服务评估工作专业性强，标准比较细致，各地要依托专业机构、相关机构和社会组织加强评估机构建设，有条件的地方可以建立专门的评估机构。要依托大中专院校、示范养老机构，加快培养评估专业人才。要选择责任心强、业务素质过硬的人员参与评估，加强岗前培训，使其具备医学、心理学、社会学、法律、社会保障、社会工作等基础知识。要建立养老服务评估专家队伍，积极开展技术指导，提供有力人才支持。

（三）营造良好社会环境。要抓紧制定完善与《老年人权益保障法》等法律法规要求相适应的具体措施，建立健全有利于养老服务评估示范推广、创新创制的政策体系，建立社会力量参与的激励评价机制，加快推进与养老服务评估配套的行业标准、信息化管理等软环境建设。要把推动养老服务评估工作与落实老年人合法权益，改善老年人生活、健康、安全以及参与社会发展的保障条件结合起来，积极营造敬老、爱老、助老的浓厚社会氛围。

民 政 部
2013 年 7 月 30 日

B.5 国务院《关于促进健康服务业发展的若干意见》

国发〔2013〕40号

各省、自治区、直辖市人民政府，国务院各部委、各直属机构：

新一轮医药卫生体制改革实施以来，取得重大阶段性成效，全民医保基本实现，基本医疗卫生制度初步建立，人民群众得到明显实惠，也为加快发展健康服务业创造了良好条件。为实现人人享有基本医疗卫生服务的目标，满足人民群众不断增长的健康服务需求，要继续贯彻落实《中共中央　国务院关于深化医药卫生体制改革的意见》（中发〔2009〕6号），坚定不移地深化医药卫生体制改革，坚持把基本医疗卫生制度作为公共产品向全民提供的核心理念，按照保基本、强基层、建机制的基本原则，加快健全全民医保体系，巩固完善基本药物制度和基层运行新机制，积极推进公立医院改革，统筹推进基本公共卫生服务均等化等相关领域改革。同时，要广泛动员社会力量，多措并举发展健康服务业。

健康服务业以维护和促进人民群众身心健康为目标，主要包括医疗服务、健康管理与促进、健康保险以及相关服务，涉及药品、医疗器械、保健用品、保健食品、健身产品等支撑产业，覆盖面广，产业链长。加快发展健康服务业，是深化医改、改善民生、提升全民健康素质的必然要求，是进一步扩大内需、促进就业、转变经济发展方式的重要举措，对稳增长、调结构、促改革、惠民生，全面建成小康社会具有重要意义。为促进健康服务业发展，现提出以下意见：

一、总体要求

（一）指导思想

以邓小平理论、"三个代表"重要思想、科学发展观为指导，在切实保障人民群众基本医疗卫生服务需求的基础上，转变政府职能，加强政策引导，充分调动社会力量的积极性和创造性，大力引入社会资本，着力扩大供给、创新服务模式、提高消费能力，不断满足人民群众多层次、多样化的健康服务需求，为经济社会转型发展注入新的动力，为促进人的全面发展创造必要条件。

（二）基本原则

坚持以人为本、统筹推进。把提升全民健康素质和水平作为健康服务业发展的根本出发点、落脚点，切实维护人民群众健康权益。区分基本和非基本健康服务，实现两者协调发展。统筹城乡、区域健康服务资源配置，促进均衡发展。

坚持政府引导、市场驱动。强化政府在制度建设、规划和政策制定及监管等方面的职责。发挥市场在资源配置中的基础性作用，激发社会活力，不断增加健康服务供给，提高服务质量和效率。

坚持深化改革、创新发展。强化科技支撑，拓展服务范围，鼓励发展新型业态，提升健康服务规范化、专业化水平，建立符合国情、可持续发展的健康服务业体制机制。

（三）发展目标

到 2020 年，基本建立覆盖全生命周期、内涵丰富、结构合理的健康服务业体系，打造一批知名品牌和良性循环的健康服务产业集群，并形成一定的国际竞争力，基本满足广大人民群众的健康服务需求。健康服务业总规模达到 8 万亿元以上，成为推动经济社会持续发展的重要力量。

——医疗服务能力大幅提升。医疗卫生服务体系更加完善，形成以非营利性医疗机构为主体、营利性医疗机构为补充，公立医疗机构为主导、非公立医疗机构共同发展的多元办医格局。康复、护理等服务业快速增长。各类医疗卫生机构服务质量进一步提升。

——健康管理与促进服务水平明显提高。中医医疗保健、健康养老以及健康体检、咨询管理、体质测定、体育健身、医疗保健旅游等多样化健康服务得到较大发展。

——健康保险服务进一步完善。商业健康保险产品更加丰富，参保人数大幅增加，商业健康保险支出占卫生总费用的比重大幅提高，形成较为完善的健康保险机制。

——健康服务相关支撑产业规模显著扩大。药品、医疗器械、康复辅助器具、保健用品、健身产品等研发制造技术水平有较大提升，具有自主知识产权产品的市场占有率大幅提升，相关流通行业有序发展。

——健康服务业发展环境不断优化。健康服务业政策和法规体系建立健全，行业规范、标准更加科学完善，行业管理和监督更加有效，人民群众健康意识和素养明显提高，形成全社会参与、支持健康服务业发展的良好环境。

二、主要任务

（一）大力发展医疗服务

加快形成多元办医格局。切实落实政府办医责任，合理制定区域卫生规划和医疗机构设置规划，明确公立医疗机构的数量、规模和布局，坚持公立医疗机构面向城乡居民提供基本医疗服务的主导地位。同时，鼓励企业、慈善机构、基金会、商业保险机构等以出资新建、参与改制、托管、公办民营等多种形式投资医疗服务业。大力支持社会资本举办非营利性医疗机构、提供基本医疗卫生服务。进一步放宽中外合资、合作办医条件，逐步扩大具备条件的境外资本设立独资医疗机构试点。各地要清理取消不合理的规定，加快落实对非公立医疗机构和公立医疗机构在市场准入、社会保险定点、重点专科建设、职称评定、学术地位、等级评审、技术准入等方面同等对待的政策。对出资举办非营利性医疗机构的非公经济主体的上下游产业链项目，优先按相关产业政策给予扶持。鼓励地方加大改革创新力度，在社会办医方面先行先试，国家选择有条件的地区和重点项目作为推进社会办医联系点。

优化医疗服务资源配置。公立医院资源丰富的城市要加快推进国有企业所办医疗机构改制试点；国家确定部分地区进行公立医院改制试点。引导非公立医疗机构向高水平、规模化方向发展，鼓励发展专业性医院管理集团。二级以上医疗机构检验对所有医疗机构开放，推动医疗机构间检查结果互认。各级政府要继续采取完善体制机制、购买社会服务、加强设施建设、强化人才和信息化建设等措施，促进优质资源向贫困地区和农村延伸。各地要鼓励以城市二级医院转型、新建等多种方式，合理布局、积极发展康复医院、老年病医院、护理院、临终关怀医院等医疗机构。

推动发展专业、规范的护理服务。推进临床护理服务价格调整，更好地体现服务成本和护理人员技术劳动价值。强化临床护理岗位责任管理，完善质量评价机制，加强培训考核，提高护理质量，建立稳定护理人员队伍的长效机制。科学开展护理职称评定，评价标准侧重临床护理服务数量、质量、患者满意度及医德医风等。加大政策支持力度，鼓励发展康复护理、老年护理、家庭护理等适应不同人群需要的护理服务，提高规范化服务水平。

（二）加快发展健康养老服务

推进医疗机构与养老机构等加强合作。在养老服务中充分融入健康理念，加强医疗卫生服务支撑。建立健全医疗机构与养老机构之间的业务协作机制，鼓励开通养老机构与医疗机构的预约就诊绿色通道，协同做好老年人慢性病管理和康复护理。增强医疗机构为老年人提供便捷、优先优惠医疗服务的能力。推动二级以上医院与老年病医院、老年护理院、康复疗养机构等之间的转诊与合作。各地要统筹医疗服务与养老服务资源，合理布局养老机构与老年病医院、老年护理院、康复疗养机构等，形成规模适宜、功能互补、安全便捷的健康养老服务网络。

发展社区健康养老服务。提高社区为老年人提供日常护理、慢性病管理、康复、健康教育和咨询、中医保健等服务的能力，鼓励医疗机构将护理服务延伸至居民家庭。鼓励发展日间照料、全托、半托等多种形式的老年人照料服务，逐步丰富和完善服务内容，做好上门巡诊等健康延伸服务。

（三）积极发展健康保险

丰富商业健康保险产品。在完善基本医疗保障制度、稳步提高基本医疗保障水平的基础上，鼓励商业保险公司提供多样化、多层次、规范化的产品和服务。鼓励发展与基本医疗保险相衔接的商业健康保险，推进商业保险公司承办城乡居民大病保险，扩大人群覆盖面。积极开发长期护理商业险以及与健康管理、养老等服务相关的商业健康保险产品。推行医疗责任保险、医疗意外保险等多种形式医疗执业保险。

发展多样化健康保险服务。建立商业保险公司与医疗、体检、护理等机构合作的机制，加强对医疗行为的监督和对医疗费用的控制，促进医疗服务行为规范化，为参保人提供健康风险评估、健康风险干预等服务，并在此基础上探索健康管理组织等新型组织形式。鼓励以政府购买服务的方式委托具有资质的商业保险机构开展各类医疗保险经办服务。

（四）全面发展中医药医疗保健服务

提升中医健康服务能力。充分发挥中医医疗预防保健特色优势，提升基层中医药服务能力，力争使所有社区卫生服务机构、乡镇卫生院和70%的村卫生室具备中医药服务能力。推动医疗机构开展中医医疗预防保健服务，鼓励零售药店提供中医坐堂诊疗服务。开发中医诊疗、中医药养生保健仪器设备。

推广科学规范的中医保健知识及产品。加强药食同用中药材的种植及产品研发与应用，开发适合当地环境和生活习惯的保健养生产品。宣传普及中医药养生保健知识，推广科学有效的中医药养生、保健服务，鼓励有资质的中医师在养生保健机构提供保健咨询和调理等服务。鼓励和扶持优秀的中医药机构到境外开办中医医院、连锁诊所等，培育国际知名的中医药品牌和服务机构。

（五）支持发展多样化健康服务

发展健康体检、咨询等健康服务。引导体检机构提高服务水平，开展连锁经营。加快发展心理健康服务，培育专业化、规范化的心理咨询、辅导机构。规范发展母婴照料服务。推进全科医生服务模式和激励机制改革试点，探索面向居民家庭的签约服务。大力开展健康咨询和疾病预防，促进以治疗为主转向预防为主。

发展全民体育健身。进一步开展全民健身运动，宣传、普及科学健身知识，提高人民群众体育健身意识，引导体育健身消费。加强基层多功能群众健身设施建设，到2020年，80%以上的市（地）、县（市、区）建有"全民健身活动中心"，70%以上的街道（乡镇）、社区（行政村）建有便捷、实用的体育健身设施。采取措施推动体育场馆、学校体育设施等向社会开放。支持和引导社会力量参与体育场馆的建设和运营管理。鼓励发展多种形式的体育健身俱乐部和体育健身组织，以及运动健身培训、健身指导咨询等服务。大力支持青少年、儿童体育健身，鼓励发展适合其成长特点的体育健身服务。

发展健康文化和旅游。支持健康知识传播机构发展，培育健康文化产业。鼓励有条件的地区面向国际国内市场，整合当地优势医疗资源、中医药等特色养生保健资源、绿色生态旅游资源，发展养生、体育和医疗健康旅游。

（六）培育健康服务业相关支撑产业

支持自主知识产权药品、医疗器械和其他相关健康产品的研发制造和应用。继续通过相关科技、建设专项资金和产业基金，支持创新药物、医疗器械、新型生物医药材料研发和产业化，支持到期专利药品仿制，支持老年人、残疾人专用保健用品、康复辅助器具研发生产。支持数字化医疗产品和适用于个人及家庭的健康检测、监测与健康物联网等产品的研发。加大政策支持力度，提高具有自主知识产权的医学设备、材料、保健用品的国内市场占有率和国际竞争力。

大力发展第三方服务。引导发展专业的医学检验中心和影像中心。支持发展第三方的医疗服务评价、健康管理服务评价，以及健康市场调查和咨询服务。公平对待社会力量提供食品药品检测服务。鼓励药学研究、临床试验等生物医药研发服务外包。完善科技中介体系，大力发展专业化、市场化的医药科技成果转化服务。

支持发展健康服务产业集群。鼓励各地结合本地实际和特色优势，合理定位、科学规划，在土地规划、市政配套、机构准入、人才引进、执业环境等方面给予政策扶持和倾斜，打造健康服务产业集群，探索体制创新。要通过加大科技支撑、深化行政审批制度改革、产业政策引导等综合措施，培育一批医疗、药品、医疗器械、中医药等重点产业，打造一批具有国际影响力的知名品牌。

（七）健全人力资源保障机制

加大人才培养和职业培训力度。支持高等院校和中等职业学校开设健康服务业相关学科专业，引导有关高校合理确定相关专业人才培养规模。鼓励社会资本举办职业院校，规范并加快培养护士、养老护理员、药剂师、营养师、育婴师、按摩师、康复治疗师、健康管理师、健身教练、社会体育指导员等从业人员。对参加相关职业培训和职业技能鉴定的人员，符合条件的按规定给予补贴。建立健全健康服务业从业人员继续教育制度。各地要把发展健康服务业与落实各项就业创业扶持政策紧密结合起来，充分发挥健康服务业吸纳就业的作用。

促进人才流动。加快推进规范的医师多点执业。鼓励地方探索建立区域性医疗卫生人才充分有序流动的机制。不断深化公立医院人事制度改革，推动医务人员保障社会化管理，逐步变身份管理为岗位管理。探索公立医疗机构与非公立医疗机构在技术和人才等方面的合作机制，对非公立医疗机构的人才培养、培训和进修等给予支持。在养老机构服务的具有执业资格的医护人员，在职称评定、专业技术培训和继续医学教育等方面，享有与医疗机构医护人员同等待遇。深入实施医药卫生领域人才项目，吸引高层次医疗卫生人才回国服务。

（八）夯实健康服务业发展基础

推进健康服务信息化。制定相关信息数据标准，加强医院、医疗保障等信息管理系统建设，充分利用现有信息和网络设施，尽快实现医疗保障、医疗服务、健康管理等信息的共享。积极发展网上预约挂号、在线咨询、交流互动等健康服务。以面向基层、偏远和欠发达地区的远程影像诊断、远程会诊、远程监护指导、远程手术指导、远程教育等为主要内容，发展远程医疗。探索发展公开透明、规范运作、平等竞争的药品和医疗器械电子商务平台。支持研制、推广适应广大乡镇和农村地区需求的低成本数字化健康设备与信息系统。逐步扩大数字化医疗设备配备，探索发展便携式健康数据采集设备，与物联网、移动互联网融合，不断提升自动化、智能化健康信息服务水平。

加强诚信体系建设。引导企业、相关从业人员增强诚信意识，自觉开展诚信服务，加强行业自律和社会监督，加快建设诚信服务制度。充分发挥行业协会、学会在业内协调、行业发展、监测研究，以及标准制订、从业人员执业行为规范、行业信誉维护等方面的作用。建立健全不良执业记录制度、失信惩戒以及强制退出机制，将健康服务机构及其从业人员诚信经营和执业情况纳入统一信用信息平台。加强统计监测工作，加快完善健康服务业统计调查方法和指标体系，健全相关信息发布制度。

三、政策措施

（一）放宽市场准入。建立公开、透明、平等、规范的健康服务业准入制度，凡是法律法规没有明令禁入的领域，都要向社会资本开放，并不断扩大开放领域；凡是对本地资本开放的领域，都要向外地资本开放。民办非营利性机构享受与同行业公办机构同等待遇。对连锁经营的服务企业实行企业总部统一办理工商注册登记手续。各地要进一步规范、公开医疗机构设立的基本标准、审批程序，严控审批时限，下放审批权限，及时发布机构设置和规划布局调整等信息，鼓励有条件的地方采取招标等方式确定举办或运行主体。简化对康复医院、老年病医院、儿童医院、护理院等紧缺型医疗机构的立项、开办、执业资格、医保定点等审批手续。研究取消不合理的前置审批事项。放宽对营利性医院的数量、规模、布局以及大型医用设备配置的限制。

（二）加强规划布局和用地保障。各级政府要在土地利用总体规划和城乡规划中统筹考虑健康服务业发展需要，扩大健康服务业用地供给，优先保障非营利性机构用地。新建居住区和社区要按相关规定在公共服务设施中保障医疗卫生、文化体育、社区服务等健康服务业相关设施的配套。支持利用以划拨方式取得的存量房产和原有土地兴办健康服务业，土地用途和使用权人可暂不变更。连续经营 1 年以上、符合划拨用地目录的健康服务项目可按划拨土地办理用地手续；不符合划拨用地目录的，可采取协议出让方式办理用地手续。

（三）优化投融资引导政策。鼓励金融机构按照风险可控、商业可持续原则加大对健康服务业的支持力度，创新适合健康服务业特点的金融产品和服务方式，扩大业务规模。积极支持符合条件的健康服务企业上市融资和发行债券。鼓励各类创业投资机构和融资担保机构对健康服务领域创新型新业态、小微企业开展业务。政府引导、推动设立由金融和产业资本共同筹资的健康产业投资基金。创新健康服务业利用外资方式，有效利用境外直接投资、国际组织和外国政府优惠贷款、国际商业贷款。大力引进境外专业人才、管理技术和经营模式，提高健康服务业国际合作的知识和技术水平。

（四）完善财税价格政策。建立健全政府购买社会服务机制，由政府负责保障的健康服务类公共产品可通过购买服务的方式提供，逐步增加政府采购的类别和数量。创新财政资金使用方式，引导和鼓励融资性担保机构等支持健康服务业发展。将健康服务业纳入服务业发展引导资金支持范围并加大支持力度。符合条件、提供基本医疗卫生服务的非公立医疗机构，其专科建设、设备购置、人才队伍建设纳入财政专项资金支持范围。完善政府投资补助政策，通过公办民营、民办公助等方式，支持社会资本举办非营利性健康服务机构。经认定为高新技术企业的医药企业，依法享受高新技术企业税收优惠政策。企业、个人通过公益性社会团体或者县级以上人民政府及其部门向非营利性医疗机构的捐赠，按照税法及相关税收政策的规定在税前扣除。发挥价格在促进健康服务业发展中的作用。非公立医疗机构用水、用电、用气、用热实行与公立医疗机构同价政策。各地对非营利性医疗机构建设免予征收有关行政事业性收费，对营利性医疗机构建设减半征收有关行政事业性收费。清理和取消对健康服务机构不合法、不合理的行政事业性收费项目。纠正各地自行出台的歧视性价格政策。探索建立医药价格形成新机制。非公立医疗机构医疗服务价格实行市场调节价。

（五）引导和保障健康消费可持续增长。政府进一步加大对健康服务领域的投入，并向低收入群体倾斜。完善引导参保人员利用基层医疗服务、康复医疗服务的措施。着力建立健全工伤预防、补偿、康复相结合的工伤保险制度体系。鼓励地方结合实际探索对经济困难的高龄、独居、失能老年人补贴等直接补助群众健康消费的具体形式。企业根据国家有关政策规定为其员工支付的补充医疗保险费，按税收政策规定在企业所得税税前扣除。借鉴国外经验并结合我国国情，健全完善健康保险有关税收政策。

（六）完善健康服务法规标准和监管。推动制定、修订促进健康服务业发展的相关法律、行政法规。以规范服务行为、提高服务质量和提升服务水平为核心，健全服务标准体系，强化标准的实施，提高健康服务业标准化水平。在新兴的健康服务领域，鼓励龙头企业、地方和行业协会参与制订服务标准。在暂不能实行标准化的健康服务行业，广泛推行服务承诺、服务公约、服务规范等制度。完善监督机制，创新监管方式，推行属地化管理，依法规范健康服务机构从业行为，强化服务质量监管和市场日常监管，严肃查处违法经营行为。

（七）营造良好社会氛围。充分利用广播电视、平面媒体及互联网等新兴媒体深入宣传健康知识，鼓励开办专门的健康频道或节目栏目，倡导健康的生活方式，在全社会形成重视和促进健康的社会风气。通过广泛宣传和典型报道，不断提升健康服务业从业人员的社会地位。规范药品、保健食品、医疗机构等方面广告和相关信息发布行为，严厉打击虚假宣传和不实报道，积极营造良好的健康消费氛围。

各地区、各部门要高度重视，把发展健康服务业放在重要位置，加强沟通协调，密切协作配合，形成工作合力。各有关部门要根据本意见要求，各负其责，并按职责分工抓紧制定相关配套文件，确保各项任务措施落实到位。省级人民政府要结合实际制定具体方案、规划或专项行动计划，促进本地区健康服务业有序快速发展。发展改革委要会同有关部门对落实本意见的情况进行监督检查和跟踪分析，重大情况和问题及时向国务院报告。国务院将适时组织专项督查。

国务院

2013 年 9 月 28 日

B.6 国务院《关于加快发展养老服务业的若干意见》

国发〔2013〕35 号

各省、自治区、直辖市人民政府，国务院各部委、各直属机构：

近年来，我国养老服务业快速发展，以居家为基础、社区为依托、机构为支撑的养老服务体系初步建立，老年消费市场初步形成，老龄事业发展取得显著成就。但总体上看，养老服务和产品供给不足、市场发育不健全、城乡区域发展不平衡等问题还十分突出。当前，我国已经进入人口老龄化快速发展阶段，2012 年底我国 60 周岁以上老年人口已达1.94 亿，2020 年将达到 2.43 亿，2025 年将突破 3 亿。积极应对人口老龄化，加快发展养老服务业，不断满足老年人持续增长的养老服务需求，是全面建成小康社会的一项紧迫任务，有利于保障老年人权益，共享改革发展成果，有利于拉动消费、扩大就业，有利于保障和改善民生，促进社会和谐，推进经济社会持续健康发展。为加快发展养老服务业，现提出以下意见：

一、总体要求

（一）指导思想

以邓小平理论、"三个代表"重要思想、科学发展观为指导，从国情出发，把不断满足老年人日益增长的养老服务需求作为出发点和落脚点，充分发挥政府作用，通过简政放权，创新体制机制，激发社会活力，充分发挥社会力量的主体作用，健全养老服务体系，满足多样化养老服务需求，努力使养老服务业成为积极应对人口老龄化、保障和改善民生的重要举措，成为扩大内需、增加就业、促进服务业发展、推动经济转型升级的重要力量。

（二）基本原则

深化体制改革。 加快转变政府职能，减少行政干预，加大政策支持和引导力度，激发各类服务主体活力，创新服务供给方式，加强监督管理，提高服务质量和效率。坚持保障基本。以政府为主导，发挥社会力量作用，着力保障特殊困难老年人的养老服务需求，确保人人享有基本养老服务。加大对基层和农村养老服务的投入，充分发挥社区基层组织和服务机构在居家养老服务中的重要作用。支持家庭、个人承担应尽责任。

注重统筹发展。 统筹发展居家养老、机构养老和其他多种形式的养老，实行普遍性服务和个性化服务相结合。统筹城市和农村养老资源，促进基本养老服务均衡发展。统筹利用各种资源，促进养老服务与医疗、家政、保险、教育、健身、旅游等相关领域的互动发展。

完善市场机制。 充分发挥市场在资源配置中的基础性作用，逐步使社会力量成为发展养老服务业的主体，营造平等参与、公平竞争的市场环境，大力发展养老服务业，提供方便可及、价格合理的各类养老服务和产品，满足养老服务多样化、多层次需求。

（三）发展目标

到 2020 年，全面建成以居家为基础、社区为依托、机构为支撑的，功能完善、规模适度、覆盖城乡的养老服务体系。养老服务产品更加丰富，市场机制不断完善，养老服务业持续健康发展。

——服务体系更加健全。生活照料、医疗护理、精神慰藉、紧急救援等养老服务覆盖所有居家老年人。符合标准的日间照料中心、老年人活动中心等服务设施覆盖所有城市社区，90% 以上的乡镇和 60% 以上的农村社区建立包括养老服务在内的社区综合服务设施和站点。全国社会养老床位数达到每千名老年人 35-40 张，服务能力大幅增强。

——产业规模显著扩大。以老年生活照料、老年产品用品、老年健康服务、老年体育健身、老年文化娱乐、老年金融服务、老年旅游等为主的养老服务业全面发展，养老服务业增加值在服务业中的比重显著提升，全国机构养老、居家社区生活照料和护理等服务提供 1000 万个以上就业岗位。涌现一批带动力强的龙头企业和大批富有创新活力的中小企业，形成一批养老服务产业集群，培育一批知名品牌。

——发展环境更加优化。养老服务业政策法规体系建立健全，行业标准科学规范，监管机制更加完善，服务质量明显提高。全社会积极应对人口老龄化意识显著增强，支持和参与养老服务的氛围更加浓厚，养老志愿服务广泛开展，敬老、养老、助老的优良传统得到进一步弘扬。

二、主要任务

（一）统筹规划发展城市养老服务设施

加强社区服务设施建设。各地在制定城市总体规划、控制性详细规划时，必须按照人均用地不少于 0.1 平方米的标准，分区分级规划设置养老服务设施。凡新建城区和新建居住（小）区，要按标准要求配套建设养老服务设施，并与住宅同步规划、同步建设、同步验收、同步交付使用；凡老城区和已建成居住（小）区无养老服务设施或现有设施没有达到规划和建设指标要求的，要限期通过购置、置换、租赁等方式开辟养老服务设施，不得挪作他用。

综合发挥多种设施作用。各地要发挥社区公共服务设施的养老服务功能，加强社区养老服务设施与社区服务中心（服务站）及社区卫生、文化、体育等设施的功能衔接，提高使用率，发挥综合效益。要支持和引导各类社会主体参与社区综合服务设施建设、运营和管理，提供养老服务。各类具有为老年人服务功能的设施都要向老年人开放。

实施社区无障碍环境改造。各地区要按照无障碍设施工程建设相关标准和规范，推动和扶持老年人家庭无障碍设施的改造，加快推进坡道、电梯等与老年人日常生活密切相关的公共设施改造。

（二）大力发展居家养老服务网络

发展居家养老便捷服务。地方政府要支持建立以企业和机构为主体、社区为纽带、满足老年人各种服务需求的居家养老服务网络。要通过制定扶持政策措施，积极培育居家养老服务企业和机构，上门为居家老年人提供助餐、助浴、助洁、助急、助医等定制服务；大力发展家政服务，为居家老年人提供规范化、个性化服务。要支持社区建立健全居家养老服务网点，引入社会组织和家政、物业等企业，兴办或运营老年供餐、社区日间照料、老年活动中心等形式多样的养老服务项目。

发展老年人文体娱乐服务。地方政府要支持社区利用社区公共服务设施和社会场所组织开展适合老年人的群众性文化体育娱乐活动，并发挥群众组织和个人积极性。鼓励专业养老机构利用自身资源优势，培训和指导社区养老服务组织和人员。

发展居家网络信息服务。地方政府要支持企业和机构运用互联网、物联网等技术手段创新居家养老服务模式，发展老年电子商务，建设居家服务网络平台，提供紧急呼叫、家政预约、健康咨询、物品代购、服务缴费等适合老年人的服务项目。

（三）大力加强养老机构建设

支持社会力量举办养老机构。各地要根据城乡规划布局要求，统筹考虑建设各类养老机构。在资本金、场地、人员等方面，进一步降低社会力量举办养老机构的门槛，简化手续、规范程序、公开信息，行政许可和登记机关要核定其经营和活动范围，为社会力量举办养老机构提供便捷服务。鼓励境外资本投资养老服务业。鼓励个人举办家庭化、小型化的养老机构，社会力量举办规模化、连锁化的养老机构。鼓励民间资本对企业厂房、商业设施及其他可利用的社会资源进行整合和改造，用于养老服务。

办好公办保障性养老机构。各地公办养老机构要充分发挥托底作用，重点为"三无"（无劳动能力，无生活来源，无赡养人和扶养人或者其赡养人和扶养人确无赡养和扶养能力）老人、低收入老人、经济困难的失能半失能老人提供无偿或低收费的供养、护理服务。政府举办的养老机构要实用适用，避免铺张豪华。

开展公办养老机构改制试点。有条件的地方可以积极稳妥地把专门面向社会提供经营性服务的公办养老机构转制成为企业，完善法人治理结构。政府投资兴办的养老床位应逐步通过公建民营等方式管理运营，积极鼓励民间资本通过委托管理等方式，运营公有产权的养老服务设施。要开展服务项目和设施安全标准化建设，不断提高服务水平。

（四）切实加强农村养老服务

健全服务网络。要完善农村养老服务托底的措施，将所有农村"三无"老人全部纳入五保供养范围，适时提高五保供养标准，健全农村五保供养机构功能，使农村五保老人老有所养。在满足农村五保对象集中供养需求的前提下，支持乡镇五保供养机构改善设施条件并向社会开放，提高运营效益，增强护理功能，使之成为区域性养老服务中心。依托行政村、较大自然村，充分利用农家大院等，建设日间照料中心、托老所、老年活动站等互助性养老服务设施。农村党建活动室、卫生室、农家书屋、学校等要支持农村养老服务工作，组织与老年人相关的活动。充分发挥村民自治功能和老年协会作用，督促家庭成员承担赡养责任，组织开展邻里互助、志愿服务，解决周围老年人实际生活困难。

拓宽资金渠道。各地要进一步落实《中华人民共和国老年人权益保障法》有关农村可以将未承包的集体所有的部分土地、山林、水面、滩涂等作为养老基地，收益供老年人养老的要求。鼓励城市资金、资产和资源投向农村养老服务。各级政府用于养老服务的财政性资金应重点向农村倾斜。

建立协作机制。城市公办养老机构要与农村五保供养机构等建立长期稳定的对口支援和合作机制，采取人员培训、技术指导、设备支援等方式，帮助其提高服务能力。建立跨地区养老服务协作机制，鼓励发达地区支援欠发达地区。

（五）繁荣养老服务消费市场

拓展养老服务内容。各地要积极发展养老服务业，引导养老服务企业和机构优先满足老年人基本服务需求，鼓励和引导相关行业积极拓展适合老年人特点的文化娱乐、体育健身、休闲旅游、健康服务、精神慰藉、法律服务等服务，加强残障老年人专业化服务。

开发老年产品用品。相关部门要围绕适合老年人的衣、食、住、行、医、文化娱乐等需要，支持企业积极开发安全有效的康复辅具、食品药品、服装服饰等老年用品用具和服务产品，引导商场、超市、批发市场设立老年用品专区专柜；开发老年住宅、老年公寓等老年生活设施，提高老年人生活质量。引导和规范商业银行、保险公司、证券公司等金融机构开发适合老年人的理财、信贷、保险等产品。

培育养老产业集群。各地和相关行业部门要加强规划引导，在制定相关产业发展规划中，要鼓励发展养老服务中小企业，扶持发展龙头企业，实施品牌战略，提高创新能力，形成一批产业链长、覆盖领域广、经济社会效益显著的产业集群。健全市场规范和行业标准，确保养老服务和产品质量，营造安全、便利、诚信的消费环境。

（六）积极推进医疗卫生与养老服务相结合。

推动医养融合发展。各地要促进医疗卫生资源进入养老机构、社区和居民家庭。卫生管理部门要支持有条件的养老机构设置医疗机构。医疗机构要积极支持和发展养老服务，有条件的二级以上综合医院应当开设老年病科，增加老年病床数量，做好老年慢病防治和康复护理。要探索医疗机构与养老机构合作新模式，医疗机构、社区卫生服务机构应当为老年人建立健康档案，建立社区医院与老年人家庭医疗契约服务关系，开展上门诊视、健康查体、保健咨询等服务，加快推进面向养老机构的远程医疗服务试点。医疗机构应当为老年人就医提供优先优惠服务。

健全医疗保险机制。对于养老机构内设的医疗机构，符合城镇职工（居民）基本医疗保险和新型农村合作医疗定点条件的，可申请纳入定点范围，入住的参保老年人按规定享受相应待遇。完善医保报销制度，切实解决老年人异地就医结算问题。鼓励老年人投保健康保险、长期护理保险、意外伤害保险等人身保险产品，鼓励和引导商业保险公司开展相关业务。

三、政策措施

（一）完善投融资政策。要通过完善扶持政策，吸引更多民间资本，培育和扶持养老服务机构和企业发展。各级政府要加大投入，安排财政性资金支持养老服务体系建设。金融机构要加快金融产品和服务方式创新，拓宽信贷抵押担保物范围，积极支持养老服务业的信贷需求。积极利用财政贴息、小额贷款等方式，加大对养老服务业的有效信贷投入。加强养老服务机构信用体系建设，增强对信贷资金和民间资本的吸引力。逐步放宽限制，鼓励和支持保险资金投资养老服务领域。开展老年人住房反向抵押养老保险试点。鼓励养老机构投保责任保险，保险公司承保责任保险。地方政府发行债券应统筹考虑养老服务需求，积极支持养老服务设施建设及无障碍改造。

（二）完善土地供应政策。各地要将各类养老服务设施建设用地纳入城镇土地利用总体规划和年度用地计划，合理安排用地需求，可将闲置的公益性用地调整为养老服务用地。民间资本举办的非营利性养老机构与政府举办的养老机构享有相同的土地使用政策，可以依法使用国有划拨土地或者农民集体所有的土地。对营利性养老机构建设用地，按照国家对经营性用地依法办理有偿用地手续的规定，优先保障供应，并制定支持发展养老服务业的土地政策。严禁养老设施建设用地改变用途、容积率等土地使用条件搞房地产开发。

（三）完善税费优惠政策。落实好国家现行支持养老服务业的税收优惠政策，对养老机构提供的养护服务免征营业税，对非营利性养老机构自用房产、土地免征房产税、城镇土地使用税，对符合条件的非营利性养老机构按规定免征企业所得税。对企事业单位、社会团体和个人向非营利性养老机构的捐赠，符合相关规定的，准予在计算其应纳税所得额时按税法规定比例扣除。各地对非营利性养老机构建设要免征有关行政事业性收费，对营利性养老机构建设要减半征收有关行政事业性收费，对养老机构提供养老服务也要适当减免行政事业性收费，养老机构用电、用水、用气、用热按居民生活类价格执行。境内外资本举办养老机构享有同等的税收等优惠政策。制定和完善支持民间资本投资养老服务业的税收优惠政策。

（四）完善补贴支持政策。各地要加快建立养老服务评估机制，建立健全经济困难的高龄、失能等老年人补贴制度。可根据养老服务的实际需要，推进民办公助，选择通过补助投资、贷款贴息、运营补贴、购买服务等方式，支持社会力量举办养老服务机构，开展养老服务。民政部本级彩票公益金和地方各级政府用于社会福利事业的彩票公益金，要将50%以上的资金用于支持发展养老服务业，并随老年人口的增加逐步提高投入比例。国家根据经济社会发展水平和职工平均工资增长、物价上涨等情况，进一步完善落实基本养老、基本医疗、最低生活保障等政策，适时提高养老保障水平。要制定政府向社会力量购买养老服务的政策措施。

（五）完善人才培养和就业政策。教育、人力资源社会保障、民政部门要支持高等院校和中等职业学校增设养老服务相关专业和课程，扩大人才培养规模，加快培养老年医学、康复、护理、营养、心理和社会工作等方面的专门人才，制定优惠政策，鼓励大专院校对口专业毕业生从事养老服务工作。充分发挥开放大学作用，开展继续教育和远程学历教育。依托院校和养老机构建立养老服务实训基地。加强老年护理人员专业培训，对符合条件的参加养老护理职业培训和职业技能鉴定的从业人员按规定给予相关补贴，在养老机构和社区开发公益性岗位，吸纳农村转移劳动力、城镇就业困难人员等从事养老服务。养老机构应当积极改善养老护理员工作条件，加强劳动保护和职业防护，依法缴纳养老保险费等社会保险费，提高职工工资福利待遇。养老机构应当科学设置专业技术岗位，重点培养和引进医生、护士、康复医师、康复治疗师、社会工作者等具有执业或职业资格的专业技术人员。对在养老机构就业的专业技术人员，执行与医疗机构、福利机构相同的执业资格、注册考核政策。

（六）鼓励公益慈善组织支持养老服务。引导公益慈善组织重点参与养老机构建设、养老产品开发、养老服务提供，使公益慈善组织成为发展养老服务业的重要力量。积极培育发展为老服务公益慈善组织。积极扶持发展各类为老服务志愿组织，开展志愿服务活动。倡导机关干部和企事业单位职工、大中小学学生参加养老服务志愿活动。支持老年群众组织开展自我管理、自我服务和服务社会活动。探索建立健康老人参与志愿互助服务的工作机制，建立为老志愿服务登记制度。弘扬敬老、养老、助老的优良传统，支持社会服务窗口行业开展"敬老文明号"创建活动。

四、组织领导

（一）健全工作机制。各地要将发展养老服务业纳入国民经济和社会发展规划，纳入政府重要议事日程，进一步强化工作协调机制，定期分析养老服务业发展情况和存在问题，研究推进养老服务业加快发展的各项政策措施，认真落实养老服务业发展的相关任务要求。民政部门要切实履行监督管理、行业规范、业务指导职责，推动公办养老机构改革发展。发展改革部门要将养老服务业发展纳入经济社会发展规划、专项规划和区域规划，支持养老服务设施建设。财政部门要在现有资金渠道内对养老服务业发展给予财力保障。老龄工作机构要发挥综合协调作用，加强督促指导工作。教育、公安消防、卫生计生、国土、住房城乡建设、人力资源社会保障、商务、税务、金融、质检、工商、食品药品监管等部门要各司其职，及时解决工作中遇到的问题，形成齐抓共管、整体推进的工作格局。

（二）开展综合改革试点。国家选择有特点和代表性的区域进行养老服务业综合改革试点，在财政、金融、用地、税费、人才、技术及服务模式等方面进行探索创新，先行先试，完善体制机制和政策措施，为全国养老服务业发展提供经验。

（三）强化行业监管。民政部门要健全养老服务的准入、退出、监管制度，指导养老机构完善管理规范、改善服务质量，及时查处侵害老年人人身财产权益的违法行为和安全生产责任事故。价格主管部门要探索建立科学合理的养老服务定价机制，依法确定适用政府定价和政府指导价的范围。有关部门要建立完善养老服务业统计制度。其他各有关部门要依照职责分工对养老服务业实施监督管理。要积极培育和发展养老服务行业协会，发挥行业自律作用。

（四）加强督促检查。各地要加强工作绩效考核，确保责任到位、任务落实。省级人民政府要根据本意见要求，结合实际抓紧制定实施意见。国务院相关部门要根据本部门职责，制定具体政策措施。民政部、发展改革委、财政部等部门要抓紧研究提出促进民间资本参与养老服务业的具体措施和意见。发展改革委、民政部和老龄工作机构要加强对本意见执行情况的监督检查，及时向国务院报告。国务院将适时组织专项督查。

国 务 院

2013 年 9 月 6 日

B.7 民政部关于建立养老服务协作与对口支援机制的意见

民发〔2013〕207号

各省、自治区、直辖市民政厅（局），各计划单列市民政局，新疆生产建设兵团民政局：

为了贯彻落实《国务院关于加快发展养老服务业的若干意见》（国发〔2013〕35号，以下简称《意见》），推动我国养老服务业全面、协调、可持续发展，现就建立养老服务业协作与对口支援机制提出如下意见。

一、指导思想

以邓小平理论、"三个代表"重要思想、科学发展观为指导，坚持辐射带动、以城带乡、优势互补、长期协作、共谋发展的工作方针，通过建立养老服务协作与对口支援机制，加快农村和欠发达地区养老服务业发展，确保到2020年，我国全面建成以居家为基础、社区为依托、机构为支撑，功能完善、规模适度、覆盖城乡的社会养老服务体系，《意见》确定的各项目标任务如期实现。

二、基本原则

（一）坚持尽力而为与主动作为相结合。根据经济社会发展和养老服务发展水平，因地制宜地选择开展养老服务协作与对口支援的内容、形式和方式方法，工作任务确定后，要积极行动，不等不靠，力求取得实实在在的成效。

（二）坚持政府引导与市场推动相结合。注重发挥政府和市场的双重作用，创新工作机制，加大工作力度，统筹实施人才、技术、设备等多种援助方式，在更宽领域、更深层次、更高水平上开展养老服务协作与对口支援机制，推动养老服务业城乡和区域全面协调发展。

（三）坚持立足当前与着眼长远相结合。支援方既要立足当前，帮助受援方解决在人员、技术、设施等方面的迫切现实需求，又要立足长远，帮助受援方解决其他影响长远发展的薄弱环节和关键问题，增强自我发展能力。

（四）坚持对口支援与共同发展相结合。既要通过建立协作与对口支援机制，提升受援方养老服务业发展水平，解决发展不平衡的问题，又要在协作与对口支援过程中，寻求双方共赢的结合点，实现优势互补、互惠互利、共同发展。

三、工作任务

各地可结合实际，因地制宜地在城乡之间、养老机构之间、跨地区之间建立养老服务协作与对口支援机制。协作与对口支援任务包含但不限于下列内容：

（一）开展人员培训。包括在辖区内不同区域确定一批示范性养老机构，承担本地区主要养老服务人才培训实训任务，为培训能力不足的养老机构或地区培训养老服务人员；支援方养老服务专业人才、社工组织、志愿者组织等前往受援方开展养老服务等。

（二）加强互助合作。包括入住率不同的养老机构建立合作关系，引导老年人从"一床难求"的养老机构入住床位有空余的养老机构；公办养老机构与民办养老机构建立合作关系，公办养老机构为民办养老机构扶养老年人提供帮助，民办养老机构通过购买服务方式承接公办养老机构的政府托底对象；养老机构合作开展异地养老、候鸟式养老等。

（三）分享管理经验。包括支援方为受援方提供规章制度、服务标准、工作流程、监督机制以及绩效评价体系等管理经验借鉴；支援方为受援方代培管理人员等。

（四）提供技术指导。包括支援方采取派员驻点帮扶、召开座谈会、信息通报等方式，为受援方提供技术指导；支援方专业团队通过委托管理等公建民营方式，参与受援方养老机构或社区养老服务设施的运营或管理；支援方重点围绕机构信息化建设、服务人员岗位操作技能、社区养老服务规范等方面对受援方给予指导；双方加强交流合作，相互借鉴经验做法等。

（五）加强设备支持。包括支援方通过资金捐助、物质捐赠、合作开展项目等方式，支持受援方养老服务基础设施建设、设备购置以及维修改造；支援方是社会力量的，可在受援方兴建养老服务设施，开展养老服务等。

四、保障措施

（一）健全机制，加强领导。各地要把建立健全养老服务协作与对口支援机制纳入重要议事日程，建立和完善工作机制，为推进协作和对口支援工作提供强有力的组织保障。要定期召开对口支援双方参加的工作协调会，交流工作情况，协调解决有关问题，督促有关目标任务落实，推动工作顺利实施。各地民政部门要发挥好业务主管职能，牵头履行好协作与对口支援工作的组织、协调、指导、服务职责。

（二）明确任务，落实责任。各地要合理制定养老服务协作与对口支援方案，编制年度工作计划，将目标任务分解成可操作、可落实、可评价的具体举措，分解到具体部门、单位和人员，明确内容、时间和工作要求。要争取将协作与对口支援资金纳入财政预算，建立长期稳定的资金渠道，满足正常工作的需要。要狠抓贯彻落实，做到任务到位、责任到位、工作到位。

（三）实行评估，加强监督。各地要建立养老服务协作与对口支援工作目标责任制度和监督评估制度，加强监督检查和评估分析，确保各项目标任务如期完成。要主动研究分析问题，认真开展调查研究，加大监督检查力度，认真落实协作与对口支援工作任务。对于领导有力、工作积极主动、效果明显的地区、部门和单位，要认真总结经验，及时予以表扬。

民 政 部

2013 年 12 月 13 日

B.8　民政部、发展改革委《关于开展养老服务业综合改革试点工作的通知》

民办发〔2013〕23 号

各省、自治区、直辖市民政厅（局）、发展改革委，各计划单列市民政局、发展改革委，新疆生产建设兵团民政局、发展改革委：

根据党的十八届三中全会精神和《国务院关于加快发展养老服务业的若干意见》（国发〔2013〕35 号，以下简称《意见》）要求，为进一步优化养老服务业发展的政策环境，完善体制机制，创新发展模式，拓宽民间资本参与渠道，现就开展养老服务业综合改革试点工作通知如下：

一、基本原则和主要目标

（一）基本原则

一是坚持深化改革。着力解决养老服务市场体系不完善、社会力量参与不足和市场监管不到位等突出问题，破除阻碍养老服务业发展的体制机制约束和政策障碍，使市场在养老服务资源配置中发挥决定性作用。

二是坚持地方为主。发挥好中央宏观指导作用和地方政府贴近基层的优势，鼓励和支持试点地区在地方事权范围内，创新服务供给方式，完善行业发展政策，营造平等参与、公平竞争的市场环境，开展先行先试。

三是坚持突出重点。支持试点地区根据当地养老服务业发展情况和地方实际，用好"比较优势"，找准试点"突破口"，带头将《意见》的主要任务落到实处，切实将《意见》的政策措施用好用足。

四是坚持统筹谋划。高度重视试点工作的系统性、整体性、协同性，促进养老服务业纳入试点地区的国民经济和社会发展规划以及服务业发展规划，发挥好各行业主管部门、各级地方政府和社会力量的积极性，形成多方参与、相互配合、互助共赢的良好发展格局，切实将试点工作引向深入。

（二）主要目标

通过开展养老服务业综合改革试点，促进试点地区率先建成功能完善、规模适度、覆盖城乡的养老服务体系，创造一批各具特色的典型经验和先进做法，出台一批可持续、可复制的政策措施和体制机制创新成果，形成一批竞争力强、经济社会效益显著的服务机构和产业集群，为全国养老服务业发展提供示范经验。

二、主要任务

根据《意见》要求，按照深化体制改革、坚持保障基本、注重统筹发展和完善市场机制的思路，重点围绕以下 8 个方面开展试点。

（一）健全养老服务体系。试点地区可依据地方实际，加快养老服务体系规划建设，重点发展社区居家养老便捷服务、拓展养老服务项目；办好公办保障性养老机构、制定公办机构入院评估标准等管理办法；增加护理型机构和床位比重；推进有条件的公办机构改制或公建民营；切实加强农村养老服务，建立对口支援和合作机制等。

（二）引导社会力量参与养老服务。试点地区要大力解放思想，更新观念，加快培育社会力量成为发展养老服务业的主体，重点开展公办养老机构改革试点，加大政府购买养老服务力度，提供便捷登记管理服务，支持社会力量运营公有产权养老服务设施，制定建设补贴、运营补贴等引导扶持政策。

（三）完善养老服务发展政策。试点地区要根据《意见》要求，以确保中央政策"落地"和完善地方配套政策为方向，重点加大财政投入、加强金融支持、强化土地供应、落实税费优惠，完善高龄津贴、养老服务补贴、护理补贴政策，探索建立长期护理保障制度，保障特殊困难老年人基本生活等。

（四）强化城市养老服务设施布局。试点地区可结合城市规划修订工作，重点落实人均规划用地指标、严格配建新建城区和居住（小）区养老服务设施、加快完善老城区和已建成居住（小）区养老服务设施布局、切实发挥社区综合设施为老服务功能、实施无障碍设施改造、加强老年人宜居环境建设等。

（五）创新养老服务供给方式。试点地区应着力推动服务观念、方式、技术创新，重点推动医养融合发展，促进养老与家政、保险、教育、健身、旅游等相关领域互动发展；运用互联网、物联网等技术手段，提高管理和服务信息化水平；鼓励老年人参与社会，拓展文化娱乐服务；引导公益慈善组织支持养老服务等。

（六）培育养老服务产业集群。试点地区要充分发挥养老服务业涉及领域广、产业链长、发展潜力大等特点，重点鼓励发展养老服务中小企业、扶持发展龙头企业和知名品牌、促进养老服务领域的研发设计、信息咨询、产品制造、商贸流通、电子商务、物流配送等上下游产业集聚化发展等。

（七）加强养老服务队伍建设。试点地区要将养老服务业作为重要的就业渠道，重点支持应届毕业生进入养老服务企业和机构就业，扶持就业困难群体就业、加强人才引进、强化职业培训、提高职业待遇、畅通职业发展通道等。

（八）强化养老服务市场监管。试点地区要重点做好准入和退出登记、加强价格监管、建立长效管理机制和部门联动机制，强化行业自律等。

三、申报要求

（一）试点地区。试点地区是地市级或县级行政区域，以地市级（含副省级城市）为主。

（二）任务要求。申报试点地区应根据地方实际，全面推进 8 项试点任务，在每项任务范围内，要选择重点突破的内容。试点任务包括但不限于《通知》列举的具体事项。

（三）试点方案。试点地区要制定试点方案，内容包括：试点地区概况，养老服务业发展情况，与试点任务相关的工作基础、有利条件和不利因素，试点主要目标、具体任务、重大项目、保障措施、时间安排等。试点方案要思路清晰、定位合理、目标明确、成果具体，重点突出地方特点和代表性，突出改革和创新意识。

（四）试点保障。试点方案需经试点地区地方人民政府审议同意，并建立由政府主要负责同志牵头的试点工作领导小组及其办公室，抽调得力人员专门负责实施，以协调解决试点过程中出现的问题，保障试点顺利实施。

四、组织实施

（一）方案申报。省级民政和发展改革部门要共同对本地区申报材料进行初审，于2014年2月20日前将申报材料联合上报民政部和发展改革委。申报材料包括：1. 省级民政和发展改革部门开展养老服务业综合改革试点的请示；2. 试点地区综合改革试点方案；3. 试点地区地方政府同意申报的会议纪要。各地申报的试点地区不超过2个。

（二）试点确定。民政部和发展改革委将根据申报情况，结合申报地区养老服务业发展实际，及时公布试点地区名单，与试点地区地方政府签订试点工作承诺书。

（三）试点实施。试点地区地方政府是养老服务业综合改革试点工作的责任主体，具体负责试点工作的组织领导和统筹协调；当地民政和发展改革部门要在地方政府的领导下，做好具体实施工作。省级民政和发展改革部门要加强政策指导，积极协调相关部门帮助解决存在的困难和问题。民政部和发展改革委会同相关部门，负责试点工作的宏观指导、方案审核、监督检查和总结评估，并及时向国务院报告进展情况。

（四）总结评估。试点地区要根据试点方案确定的工作计划，及时通报进展情况，每半年向民政部和发展改革委提交一份试点进展报告，并同时抄报省级民政和发展改革部门。民政部和发展改革委将建立试点工作评价机制，适时组织评估，对试点地区实行动态管理，确保试点工作取得实效。对试点过程中取得的有益经验将及时向全国推广。同时，鼓励其他地区主动深化改革，形成更多的改革举措和典型经验。

养老服务业综合改革试点是一项全新的工作，改革创新的任务十分艰巨。各地民政和发展改革部门要充分认识开展试点工作的重大意义，解放思想，真抓实干，切实加强组织领导和统筹安排，做好协调服务，调动各方面参与积极性，推动试点工作顺利开展。

民政部办公厅
发展改革委办公厅
2013 年 12 月 27 日

B.9　关于加强养老服务标准化工作的指导意见

民发〔2014〕17 号

各省、自治区、直辖市民政厅（局）、质量技术监督局、商务主管部门、老龄办，各计划单列市民政局、质量技术监督局、商务主管部门、老龄办，新疆生产建设兵团民政局、质量技术监督局、商务主管部门、老龄办：

近年来，各地积极推进实施《社会养老服务体系建设规划（2011～2015 年）》（国办发〔2011〕60 号）和《社会管理和公共服务标准化工作"十二五"行动纲要》（国标委服务联〔2012〕47 号），在养老服务领域积极实施标准化工作，不断完善市场规范，促进了养老服务业健康发展。但养老服务标准体系不完善，市场服务行为失范等问题仍然存在。为认真贯彻《中华人民共和国老年人权益保障法》（以下简称《老年人权益保障法》）关于建立健全养老服务业标准的规定，更好地落实《国务院关于加快发展养老服务业的若干意见》（国发〔2013〕35 号）要求，充分发挥标准化工作对发展养老服务业的技术支撑作用，积极营造安全、便利、诚信的养老服务消费环境，现提出如下意见：

一、充分认识加强养老服务标准化工作的重要意义

当前，我国已经进入人口老龄化快速发展阶段，养老服务需求迅速增长、养老服务消费市场亟待繁荣。行业标准和市场规范是推进养老服务工作的重要基石，是更好地提供为老服务、加强行业管理的准则和依据。加快行业标准化建设事关行业健康发展和广大老年人的切身利益，是关系养老服务业发展的长远性、基础性、战略性工程，是贯彻落实《老年人权益保障法》、《养老机构管理办法》的重要内容，是保障老年人合法权益和共享改革发展成果的必然要求。各级有关部门要将标准化建设作为创新社会管理，积极应对人口老龄化的重要方面，进一步提高认识、高度重视，切实增强责任感和紧迫感，采取有力措施，加紧制定完善养老服务标准，开展服务质量评估和服务行为监管，健全市场规范，促进养老服务业标准化、规范化发展。

二、总体要求

（一）指导思想。以党的十八大、十八届三中全会精神为统领，从国情出发，发挥政府引导作用，增强全行业标准化、规范化意识，调动各方面的积极性和主动性，共同参与标准化工作。以市场为导向，把更好地满足老年人日益增长的服务需求作为出发点和落脚点，坚持自主创新，全面实施技术标准战略。着力规范市场行为，提升养老服务业整体水平和综合竞争力，促进养老服务业科学发展。

（二）基本原则。

1. 坚持政府引导。各级有关部门要加强宏观指导和政策协调，加大引导和扶持力度，推动研究编制养老服务标准化建设规划，加强标准研究、制修订和宣传贯彻，推动养老服务标准在全社会得到广泛认同和普遍实施。积极推进标准化试点示范工作，切实发挥在标准化工作中的规范和引领作用。

2. 坚持突出重点。要以满足老年人服务需求，保障其合法权益为重点，着眼于养老服务标准化建设工作的整体性和协调性。要加强基础通用标准研究制定，优先制定和实施老年人服务需求评估、服务规范、服务质量满意度测评、服务质量监管和等级评定、养老服务安全管理等标准。

3. 坚持市场导向。要密切与市场的联系、体现行业特点，及时反映养老服务市场的需求和变化，增强标准的市场适用性，更好地为养老服务业的市场主体提供服务，为市场准入和规范市场秩序提供技术支撑。充分发挥企业和行业组织在标准需求、投入、制定和应用中的积极作用，支持企业加强标准化工作，鼓励企业制定联盟标准。

4. 坚持注重实效。坚持标准实施与规范市场行为相结合，提升服务质量水平，维护老年人、服务提供者和消费者的合法权益。要完善标准评价体系，通过对实施效果的评价，不断总结推广实施标准的方法经验。要将创建产品服务品牌、提高服务质量满意度作为衡量实施效果的重要指标，引导养老服务业向标准化、优质化和品牌化方向发展。

（三）总体目标。到 2020 年，基本建成涵盖养老服务基础通用标准，机构、居家、社区养老服务标准、管理标准和支撑保障标准，以及老年人产品用品标准，国家、行业、地方和企业标准相衔接，覆盖全面、重点突出、结构合理的养老服务标准体系；基本形成规范运转的养老服务标准化建设工作格局；标准制定、实施和监管水平明显提升；标准化试点示范工作和专业人才队伍建设逐步完善，行业标准化意识和规范化意识显著增强，安全、便利、诚信的养老服务消费市场环境基本形成。

三、主要任务

（一）加快健全养老服务标准体系。加紧完善包括养老服务基础通用标准、服务技能标准、服务机构管理标准、居家养老服务标准、社区养老服务标准、老年产品用品标准等在内的养老服务标准体系。在基础通用标准方面，要加紧制定养老机构分类与命名、养老服务基本术语、养老服务图形符号等标准。在养老机构管理服务方面，加紧制定养老机构设施设备配置规范、养老机构内设医疗机构服务质量控制规范等标准。在社区养老服务方面，加紧制定社区养老服务基本规范、社区老年人日间照料中心服务基本规范等标准。积极研究制定居家养老服务标准。在养老服务专业人才建设方面，加紧制定养老服务从业人员基本要求、养老服务人员职业培训规范等标准。研究制定养老服务信息化相关标准。建立和完善老年人用品产品标准，明确老年人用品行业分类。要根据养老服务标准制定重点和工作计划，按照《国家标准管理办法》、《行业标准管理办法》等有关规定，认真做好标准的起草、送审等工作。要加强对养老服务地方标准化工作的协调与指导，建立地方标准的信息报送制度，支持地方标准上升或转化为国家标准或行业标准。

（二）加强养老服务标准化研究。积极研究制定养老服务业标准化建设规划，深入分析研究养老服务领域国家标准、行业标准，以及地方标准等方面的现状和问题，进一步明确养老服务业标准在国家服务业标准体系中的定位和作用，确定推进养老服务业标准化建设的目标、任务和实施步骤。要加强养老服务业标准的基础研究和前期研究，加强信息通信技术和高新技术服务业的标准化成果在养老服务和产品上的应用。做好国外相关技术法规和标准的追踪研究，以科研带动标准化水平的提升，实现养老服务业标准化的跨越式发展。

（三）抓好养老服务标准的贯彻实施。要积极探索标准宣传贯彻的新途径和新方法，通过培训、论坛、讲座、展览等多种形式，加大养老服务标准化工作的宣传力度，力争使养老服务标准落实到行业管理和经营服务的各个环节，提高全行业实施标准的自觉性。要继续加大已发布标准的宣传贯彻力度，实施好《养老机构基本规范》、《老年人能力评估》等标准，以及养老护理员等国家职业技能标准。对不适应实际工作需要的标准进行调整和修订，增强标准的适用性和有效性。

（四）推进养老服务领域管理标准化。要认真贯彻落实《老年人权益保障法》关于建立健全养老机构分类管理和养老服务评估制度的要求，按照《民政部关于在民政范围内推进管理标准化建设的方案（试行）》（民发〔2010〕86号）和《国家质检总局国家标准委关于加强服务业质量标准化工作的指导意见》（国质检标联〔2013〕546号）要求，积极推进养老服务领域管理标准化。要加紧制定和实施养老机构等级划分与评定、养老服务质量评估和等级评定等标准，统筹推进等级评定、合格评定和标准示范建设工作。要按照职能转变要求，尽快启动养老服务机构与组织的等级评定，加强第三方评估，建立养老服务评估专家库，不断提高养老机构规范化建设水平。要积极借鉴国际及其他行业经验做法，积极开展服务质量满意度测评。鼓励相关养老机构开展质量管理体系建设，并积极申请第三方认证，以逐步提高内部管理的规范性和透明度。要在养老机构等服务单位开展认证认可和检验检测活动。

（五）健全规范养老服务市场秩序。要建立养老机构服务协议制度，明确养老机构与老年人或者其代理人之间的权利义务关系，规范服务行为和收费行为。各有关部门要进一步落实部门责任，对养老服务市场实行日常化、规范化管理。各级质量技术监督部门要加强养老服务质量体系建设，完善服务质量满意度测评管理，推动服务质量对比提升，组织开展"安全、诚信、优质"服务创建活动。各级有关部门要强化协调配合，建立定期会商通报、联合执法等管理机制，形成管理合力。要研究具体落实措施和管理办法，努力建立行政执法、行业自律、社会监督、群众参与的养老服务市场管理长效机制。

四、保障措施

（一）完善工作运行机制。养老服务标准化工作涉及领域多、覆盖面广，要按照国家标准管理的有关法律政策要求，充分发挥各有关部门、行业组织、科研机构以及社会研究力量，建立统筹协调、广泛参与的工作机制，规范的标准计划立项、起草、审查和发布程序，以及公开透明、协调一致的管理体制。要进一步加强全国社会福利服务标准化技术委员会等专业委员会建设，提高其标准化工作水平。支持和鼓励各相关专业标准化技术委员会分工协作、密切配合。要鼓励行业组织、科研机构、养老机构和相关企业参与国家和行业标准制订工作，形成政府、企事业单位、社会携手开展标准化工作的格局。各有关部门要各司其职，各负其责，进一步做好规范市场秩序工作，加大对违法违规行为的查处力度。

（二）推进标准化试点工作。认真贯彻落实国家标准委等部门《社会管理和公共服务综合标准化试点细则（试行）》（国标委服务联〔2013〕61号），以及《国务院关于加快发展养老服务业的若干意见》中关于开展综合改革试点的有关要求，按照由试点到示范的工作安排，扎实推进养老服务标准化试点示范建设。争取通过两至三年的时间，在养老服务领域形成一批具有辐射作用和推广价值的标准化建设试点示范地区和试点示范机构，为全面推进养老服务业标准化建设提供经验借鉴与示范引领。要加强调查研究，及时发现和解决试点工作出现的问题，完善相关措施，总结和推广试点的典型经验，逐步形成以人为本、诚实守信、管理规范、优质发展的养老服务市场秩序，提升养老服务业的规模和效益。

（三）加强人才和信息化建设。各地要大力开展养老服务标准化的教育培训工作，分层次培养行业组织、养老机构、养老服务组织、骨干企业中的技术人员，使其成为标准化工作的重要力量。要重点培养基层标准化管理人员，积极组织一批结构合理、德才兼备的养老服务标准化专家和研究团队，为养老服务业标准化工作提供人才保障。要探索建立标准化信息共享及服务机制，搭建标准化信息公共服务及工作平台，为各级有关部门、标准化技术委员会、企业以及利益相关方提供信息互通及资源共享的渠道，提升标准化工作的信息化水平。

2014 年 1 月 26 日

B. 10　住房城乡建设部等部门《关于加强养老服务设施规划建设工作的通知》

建标〔2014〕23 号

各省、自治区住房城乡建设厅、国土资源厅、民政厅、老龄办，直辖市建委（建交委）、规划委、国土局（国土房管局）、民政局、老龄办，新疆生产建设兵团建设局、国土资源局、民政局、老龄办：

根据《国务院关于加快发展养老服务业的若干意见》（国发〔2013〕35 号，以下简称《意见》）要求，为做好养老服务设施规划建设工作，现就有关事项通知如下：

一、提高对做好养老服务设施规划建设工作重要性的认识

养老服务设施是加快发展养老服务业的重要基础和保障，对促进经济社会科学发展，落实《老年人权益保障法》，实现老有所养、老有所医、老有所教、老有所学、老有所为、老有所乐"六个老有"的工作目标具有重要意义。在养老服务设施规划建设方面，各地做了大量工作，积累了不少好的经验和做法，为推进养老服务业发展发挥了积极作用。当前，人口老龄化已进入快速发展阶段，老年人对养老服务的需求呈现多元化趋势，养老服务类型和方式不断出现，养老服务设施无论从数量上还是从质量上都急需提高。各地住房城乡建设、国土资源、民政、老龄办等主管部门应对此高度重视，各司其职，密切配合，切实做好养老服务设施规划建设工作。

二、合理确定养老服务设施建设规划

各地住房城乡建设主管部门要按照"居家养老为基础、社区养老为依托、机构养老为支撑"的要求，结合老年人口规模、养老服务需求，明确养老服务设施建设规划，并将有关内容纳入城市、镇总体规划，加强区域养老服务设施统筹协调，推进城乡养老服务一体化。要按照一定规划期城镇老年人口构成、规模等因素，合理确定养老服务设施类型、布局和规模，实现养老服务设施的均衡配置。

在编制城市控制性详细规划时，要按照城市、镇总体规划要求落实养老服务设施布局、配套建设要求，因地制宜地确定养老服务设施的服务半径和规模；编制养老设施规划应与城市人口布局规划、建设用地规划、居住区或社区规划、医疗卫生规划等相关配套设施规划进行协调和衔接，积极推进相关设施的集中布局、功能互补和集约建设，充分发挥土地综合利用效益，并合理安排建设时序和规模。

三、严格执行养老服务设施建设标准

工程建设标准和土地使用标准是养老服务设施建设活动的技术依据，严格执行上述标准是保障工程项目质量和安全、实现工程设施功能和性能、促进土地节约集约利用的前提条件。各地住房城乡建设主管部门应当加强养老服务设施建设标准宣贯培训，从 2014 年起，将有关养老服务设施建设标准培训纳入执业注册师继续教育培训要求，使从业人员全面掌握、正确执行标准规定，提高从业人员技术能力。工程项目建设单位、咨询机构、设计单位、施工单位、监理单位应严格执行有关标准；建设项目土地供应、城市规划行政许可、工程设计文件审查、工程质量安全监管、工程项目竣工备案等职能部门和机构，应按照法律法规和有关标准的规定把好审查关、监督关。

各地住房城乡建设、国土资源、民政主管部门可根据当地实际和工作需要，开展有关养老服务设施建设地方标准编制工作，进一步补充和细化国家标准、行业标准，提高标准的适用性和可操作性，满足实际工作需要。

四、强化养老服务设施规划审查和建设监管

在城市总体规划、控制性详细规划编制和审查过程中，城乡规划编制单位和城乡规划主管部门应严格贯彻落实《意见》所提出的人均用地不低于 0.1 平方米的标准，依据规划要求，确定养老服务设施布局和建设标准，分区分级规划设置养老服务设施。对于单体建设的养老服务设施，应当将其所使用的土地单独划宗、单独办理供地手续并设置国有建设用地使用权。凡新建城区和新建居住（小）区，必须按照《城市公共设施规划规范》、《城镇老年人设施规划规范》、《城市居住区规划设计规范》等标准要求配套建设养老服务设施，并与住宅同步规划、同步建设。

在养老服务设施建设过程中，住房城乡建设主管部门应加强养老服务设施设计、施工、验收、备案等环节的管理，保证工程质量安全，新建居住（小）区的养老服务设施应与住宅同步验收、同步交付使用。国土资源主管部门应对建设项目依法用地和履行土地出让合同、划拨决定书的情况进行检查核验，并提出检查核验意见。

五、开展养老服务设施规划建设情况监督检查

各地住房城乡建设主管部门应加强养老服务设施规划建设情况监督检查，每年至少开展一次全面检查。养老服务设施规划建设情况监督检查主要内容包括：新建城区养老服务设施规划建设情况、新建居住（小）区养老服务设施实际配套情况、工程建设标准执行情况等。监督检查报告于当年 11 月底报送住房城乡建设部标准定额司。

各地住房城乡建设主管部门在城市、镇总体规划实施评估中，应加强养老服务设施规划建设情况评估，对养老服务设施规划滞后或总量不足的，应在城市、镇总体规划修编、修改时予以完善。

住房城乡建设部会同国土资源部、民政部、全国老龄办等部门，将对各地养老服务设施规划建设情况适时进行专项督查。

六、建立养老服务设施规划建设工作协作机制

各地住房城乡建设主管部门会同国土资源、民政和老龄办等部门，应按本通知要求做好沟通协调，建立协作机制，制定年度计划，明确工作任务，落实责任单位，共同推进养老服务设施建设工作，实现《意见》规定的发展目标，使符合标准的日间照料中心、老年人活动中心等服务设施覆盖所有城市社区，90% 以上的乡镇和 60% 以上的农村社区建立包括养老服务在内的社区综合服务设施和站点。全国社会养老床位数达到每千名老年人 35～40 张。

各地国土资源主管部门应将养老服务设施建设用地纳入土地利用总体规划和土地利用

年度计划，按照住房开发与养老服务设施同步建设的要求，对养老服务设施建设用地依法及时办理供地和用地手续。

各地民政主管部门应加强养老服务业务指导，对养老服务设施选址和布局提出建议。各地老龄办应发挥综合协调作用，对养老服务设施规划建设工作提供支持并给予指导。

七、做好养老服务设施规划建设宣传工作

各地住房城乡建设主管部门要通过多种形式大力宣传养老服务设施规划建设的重要意义和取得的成果，积极参与民政、老龄办等部门组织的涉老、为老、养老宣传活动，扩大养老服务设施规划建设工作的影响，营造全社会关心、支持、监督养老服务设施规划建设的良好氛围。

各地住房城乡建设主管部门要建立健全养老服务设施规划建设管理制度，加强养老服务设施规划建设情况统计，工作进展情况于每年 3 月、6 月、9 月和 12 月的 15 日前报送住房城乡建设部标准定额司，全年工作总结于每年 12 月 15 日前报送住房城乡建设部标准定额司。

请各地住房城乡建设主管部门确定养老服务设施规划建设工作负责处室及联系人，并填写《养老服务设施规划建设工作联系表》（见附件），于 2014 年 2 月 28 日前报送住房城乡建设部标准定额司。

联系人：余山川　　邮箱：yusc@ mail. cin. gov. cn

电话：010-58933319　　　传真：010-58933056

邮编：100835　　地址：北京市三里河路 9 号

中华人民共和国住房和城乡建设部
中华人民共和国国土资源部
中华人民共和国民政部
全国老龄工作委员会办公室
2014 年 1 月 28 日

B.11 关于印发《城乡养老保险制度衔接暂行办法》的通知

人社部发〔2014〕17 号

各省、自治区、直辖市人民政府，新疆生产建设兵团：

经国务院同意，现将《城乡养老保险制度衔接暂行办法》印发给你们，请认真贯彻执行。

实现城乡养老保险制度衔接，是贯彻落实党的十八届三中全会精神和社会保险法规定，进一步完善养老保险制度的重要内容。做好城乡养老保险制度衔接工作，有利于促进劳动力的合理流动，保障广大城乡参保人员的权益，对于健全和完善城乡统筹的社会保障体系具有重要意义。各地区要高度重视，加强组织领导，明确职责分工，密切协同配合，研究制定具体实施办法，深入开展政策宣传解释和培训，全力做好经办服务，抓好信息系统建设，确保城乡养老保险制度衔接工作平稳实施。

人力资源社会保障部　财政部
2014 年 2 月 24 日

B. 12　关于推进养老机构责任保险工作的指导意见

各省、自治区、直辖市民政厅（局）、老龄办，各计划单列市民政局、老龄办，新疆生产建设兵团民政局、老龄办，各保监局：

为贯彻落实《中华人民共和国老年人权益保障法》、《国务院关于加快发展养老服务业的若干意见》（国发〔2013〕35 号）等法律政策关于鼓励养老机构投保责任保险，鼓励保险公司承保责任保险的规定，现就推进养老机构责任保险工作提出以下意见：

一、充分认识推进养老机构责任保险工作的重要意义

推进养老机构责任保险工作，是构建养老服务业风险分担机制的重要内容，是提升养老机构责任意识和风险意识，强化养老机构内部管理，降低运营风险，维护老年人合法权益的重要手段，是加强服务环境建设，做好养老机构责任事故善后处理，维护社会和谐稳定大局的重要保障。各地各有关部门要从积极应对人口老龄化，加快养老服务业发展的高度，充分认识推进养老机构责任保险工作的重要意义，吸收借鉴先行地区的经验做法，广泛调动养老机构、保险公司、保险经纪公司等方面参与积极性，加快建立完善养老机构责任保险制度。

二、工作要求

（一）采取有效措施引导各方参与。积极争取通过补贴保险费等政策，鼓励和引导养老机构自愿参加责任保险，有效化解运营风险。吸引保险机构、社会组织等多方参与，充分整合现有资源，形成政府部门、养老机构、保险公司等合作共赢的发展格局。

（二）重视养老机构责任保险公益性。引导保险公司重视社会效益。发挥"大数法则"优势，形成保险价格、服务等多方面的竞争机制，努力使保障范围更加全面、保险费用更加合理。

（三）严格依照法定规程操作。保险方案设计、保险合同订立、承保与理赔等程序均应严格依照《中华人民共和国保险法》等法律法规和操作规范要求，恪守投保自愿和诚实守信原则。在险种设计上要明确保险范围，细化当事人权利义务。建立简便快捷的理赔服务通道，提高赔付效率。

（四）统筹谋划协调推进。各地要努力探索建立与当地经济社会发展、养老服务水平和保险经营水平相适应的养老机构责任保险工作格局。尚未开展养老机构责任保险的地区，可以选择部分地区或者部分养老机构先行试点，待取得一定经验后再逐步推广；已经启动的地区，要依据实施效果，及时调整稳步实施。

三、主要任务

（一）制定完善工作方案。各级民政、保险监管和老龄部门要积极推动养老机构责任保险工作，制定完善工作方案，广泛征求养老机构、保险公司以及相关部门的意见，并报告当地政府，积极争取政策支持。鼓励以省级为单位，由民政、保险监管和老龄部门共同制定统一投保的指导意见，探索对符合条件的养老机构采取统一保险合同、统一基准费率、统一服务标准，引导和鼓励养老机构投保，保险公司承保。

（二）合理确定保险产品。各地保险监管部门要引导保险公司积极进行产品创新，充分考虑养老服务的特点，按照公平公正、保本微利原则，合理设计保险产品条款、科学厘定费率，满足多样化养老机构责任保险需求。养老机构责任保险应当覆盖老年人从入住养老机构开始接受服务的全过程。要明确保险责任免除情形和除外责任，参考相关法律规定和司法实践，合理确定保费标准、赔付方式、责任限额和争议解决方式。鼓励各地根据实际，制定补充条款或扩大保险范围。要建立费率浮动机制，实施等级费率和经验费率，促进养老机构提高经营管理水平，避免责任事故发生。

（三）公开招标保险机构。各地通过招标或者竞争性谈判方式选择承保的保险公司，应具备经营管理规范、有充足的偿付能力、服务网点分布较广、能够支持异地理赔服务等优势。可选择有经验和能力的保险经纪公司提供保险经纪服务，协助做好保险条款设计、保险项目推广、风险评估等工作。

（四）强化内部风险管理。各级民政和老龄工作部门要把建立养老责任保险制度作为加强养老机构风险管理的重要举措，进一步提高养老机构的设施及管理质量标准，借助保险公司和保险经纪公司的风险管理经验，聘请专业人员参与制定风险管理计划，及时发现服务过程中存在的安全隐患，协助改进风险管理措施，做好赔偿案件数据统计分析工作。要加大督促检查力度，指导养老机构健全各项规章制度，加强行业自律管理。要坚持源头治理，明确养老机构负责人是安全服务第一责任人，以落实机构责任为重点，完善风险管理机制，最大限度地杜绝重大责任事故发生，提高行业服务水平。

四、保障措施

（一）明确部门责任。各级民政、老龄部门要充分发挥政策导向作用，加强业务指导和执行监管。要积极争取财政资金给予保费补贴。养老机构运营补贴中，应当确定一定比例专项用于支付保险费用。积极引导养老机构筹资参加责任保险。各级民政、保险监管和老龄部门要定期对保险方案、理赔服务等进行评估。各地保险监管部门要指导保险公司推进服务创新，加强诚信建设，增强为老年人和养老机构服务的意识。要引导保险公司加强养老责任保险业务管理和风险管理，充分利用专业化风险管理手段防范和化解养老机构服务风险。

（二）健全协作机制。各级民政、保险监管和老龄部门要加强沟通与协调，积极探索促进养老服务业和保险业深层次合作的有效方式，逐步建立有效的养老服务纠纷信息通报制度和定期会商制度，协商解决养老机构责任保险开展过程中出现的问题。要定期通报保险行业理赔相关数据及风险管理方面的意见建议，提出养老机构风险管理和安全服务改进措施。

（三）规范资金管理。对于财政部门给予的保费补贴、公办养老机构的保险费用应当列入预算管理，严格专款专用。各养老机构应当严格遵守保险协议约定，按期支付保险费，不得向入住老年人另行收取责任保险费，严禁截留挪用保险赔偿金。入住老年人发生保险责任事故后，保险公司应当按照协议约定，及时办理赔付手续，协助做好善后处理工作。

（四）加强宣传引导。各级民政、保险监管和老龄部门要进一步加强养老机构责任保险的宣传工作，积极开展相关保险知识的普及和培训，提高养老服务行业保险意识。要根据实际情况，逐步建立和完善促进养老机构责任保险发展的长效机制，及时研究解决工作中存在的问题，不断总结经验。有关工作进展情况及时报告民政部、中国保监会和全国老龄办。

民政部 中国保监会　全国老龄办

2014 年 2 月 28 日

B. 13   国土资源部关于印发《养老服务设施用地指导意见》的通知

各省、自治区、直辖市国土资源主管部门，新疆生产建设兵团国土资源局，计划单列市国土资源主管部门：

为贯彻落实《国务院关于加快发展养老服务业的若干意见》（国发〔2013〕35 号）文件精神，保障养老服务设施用地供应，规范养老服务设施用地开发利用管理，大力支持养老服务业发展，部制定了《养老服务设施用地指导意见》（以下简称"《意见》"），现予印发，请结合本地实际认真贯彻执行。

本通知自下发之日起执行，有效期五年。

2014 年 4 月 17 日

B.14　四部门《关于推进城镇养老服务设施建设工作的通知》

民发〔2014〕116 号

各省、自治区、直辖市民政厅（局）、国土资源厅（局）、财政厅（局）、住房城乡建设厅（局），各计划单列市民政局、国土资源局、财政局、住房城乡建设局，新疆生产建设兵团民政局、国土资源局、财务局、住房城乡建设局：

城镇养老服务设施是在城镇范围内建设的，专为老年人提供生活照料、康复护理、文体娱乐、精神慰藉、日间照料、短期托养、紧急救援等服务的设施，包括居家和社区养老服务设施、各类养老机构。近年来，随着城镇化进程的加快和城镇老年人口的增长，我国城镇养老服务设施建设用地紧张、总量不足、设施落后等问题不断突出，日益成为制约养老服务业发展的瓶颈因素。为了贯彻落实《国务院关于加快养老服务业发展的若干意见》（国发〔2013〕35 号，以下简称《意见》），加快推进城镇养老服务设施建设，现就有关问题通知如下。

一、充分认识推进城镇养老服务设施建设的重要意义

城镇养老服务设施是城镇公共服务设施的重要组成，是满足老年人养老服务需求的重要基础，是养老服务业发展的重要载体。加强城镇养老服务设施建设，有利于建立健全城镇养老服务网络，有利于提高城镇老年人生活质量，有利于拉动内需、扩大就业、推动经济转型升级。各地要充分认识推进城镇养老服务设施建设的重要意义，统筹规划，突出重点，落实责任，有效满足老年人多样化、多层次的养老服务需求。

二、加强规划，分类实施，统筹推进城镇养老服务设施建设

（一）完善养老服务和设施规划

要落实老年人权益保障法的规定，将养老服务、相关设施建设纳入经济社会发展规划、土地利用总体规划和相关城乡规划。要科学分析本地区老龄化趋势，按照城乡老年人口发展态势、所占比例和分布情况以及养老服务业发展需要，完善和优化城镇养老、医疗卫生、文化等各类公共服务体系，并将相关设施建设规划纳入城市总体规划、控制性详细规划，并严格实施，满足老年人生活需要。

（二）强化养老服务设施用地保障

要落实国务院《意见》的规定，按照人均用地不少于 0.1 平方米的标准，分区分级规划设置养老服务设施。老年人口较为集中或者老龄化程度较高的地方，要适当加大养老设施建设规模。要结合国务院《意见》提出的 2020 年养老服务业发展目标，合理确定本地区养老服务设施特别是居家和社区养老服务设施、各类养老机构建设具体目标，测算出建设规模、用地需求，按规划分解确定年度用地计划，逐年抓好落实。

（三）加强居家和社区养老服务设施建设

新建居住（小）区要将居家和社区养老服务设施与住宅同步规划、同步建设、同步验收、同步交付使用。大型住宅开发项目的居家和社区养老服务设施可以适当分散布局，小型住宅开发项目可在相邻附近适当集中配置。各地国土资源、住房城乡建设等部门要加强对项目规划、用地、建设和竣工验收等环节的监督。已建成居住（小）区要通过资源整合、购置、租赁、腾退、置换等方式，配置相应面积并符合建设使用标准的居家和社区养老服务配套设施。

本《通知》下发以前居住（小）区配建居家和社区养老服务设施的情况，由各地民政部门牵头，住房城乡建设、国土资源、财政等部门积极配合，进行一次全面的清理检查。各地要在 2014 年 12 月 20 日前完成清理检查工作，并将清理检查情况以省为单位上报民政部、住房城乡建设部、国土资源部、财政部。对未按规定配建居家和社区养老服务设施的，自本《通知》下发之日起 1 年内完成整改方案制定并启动整改工作，限期落实。

（四）推进各类养老机构建设与发展

要从经济社会发展水平和养老服务发展现状出发，结合人民群众实际需求，合理安排公办养老机构建设项目，逐步形成布局合理、种类齐全、功能多样的养老机构网络。各地公办养老机构要充分发挥托底作用，重点为"三无"（无劳动能力，无生活来源，无赡养人和扶养人或者其赡养人和扶养人确无赡养和扶养能力）老人、低收入老人、经济困难的失能半失能老人提供无偿或低收费的供养、护理服务。同时，进一步降低社会力量举办养老机构的门槛，支持社会力量举办养老机构。

三、推进城镇养老服务设施建设的保障措施

各级民政、财政、国土资源、住房城乡建设等部门要加强组织领导，密切沟通合作，定期开展督促检查，加快推进城镇养老服务设施建设。

（一）明确责任，分工负责。要落实工作责任，完善工作流程，形成政府统一领导、部门密切合作的良性工作机制。编制新建居住（小）区规划时，住房城乡建设、规划等部门要依据当地控制性详细规划和养老服务设施建设专项规划、建设年度计划等，按相关用地标准、设计规范提出养老服务设施规划要求；国土资源部门对规划可以分宗的养老服务设施用地，应按相关政策单独办理供地手续，对需要在其他建筑物内部配建或确实不具备单宗划宗条件的养老服务设施，国土资源部门可将规划确定的配建养老服务设施指标纳入所在宗地的土地供应条件，并在土地出让合同或划拨决定书中明确约定土地使用权人需要承担配建任务的具体内容。配建养老服务设施建成后，土地使用权人应按相关约定、规定交付相关单位或按国家相关规定严格使用管理。各地要采取有效措施，严格养老服务设施使用方向的管理，严禁改变用途。

（二）加强协调，提高效率。要建立起有效的沟通协调机制，发挥部门联动效应，共同做好城镇养老服务设施建设工作。对于条件成熟的养老服务设施项目，要及时跟进服务，开辟"绿色通道"；对于在建设过程中出现的情况，要及时沟通协调解决；要建立联合督查制度，定期对工作进展情况进行督促检查；要建立责任追究制度，明确各部门在工作推进中的责任分工。

（三）整合资源，发挥效益。要加强城镇养老服务设施与社区服务中心（服务站）及社区卫生、文化、体育等设施的功能衔接，做到资源整合，提高使用率，发挥综合效益。要研究制定政策措施，支持和引导各类社会主体参与城镇养老服务设施的建设、运营和管理，提供养老服务。城镇各类具有为老年人服务功能的设施都要向老年人开放。要按照无障碍设施工程建设相关标准和规范，推动和扶持老年人家庭无障碍设施的改造，加快推进坡道、电梯等与老年人日常生活密切相关的公共设施改造。

（四）落实政策，强化扶持。城镇养老服务设施建设按国家有关规定享受优惠政策，其建设过程中发生的规费按有关政策给予减免。城镇养老服务设施用电、用水、用气、用热按居民生活类价格执行。

（五）依法履职，加强监管。明确用于城镇养老服务设施建设的用地、用房，不得挪作他用。非经法定程序，不得改变养老服务设施的用途。严禁养老服务设施建设用地、用房改变用途、容积率等土地使用条件搞房地产开发。各地民政、住房城乡建设、国土资源、规划部门要依法加强监督管理。

各地如在贯彻执行本《通知》过程中遇到重大情况和问题，请及时报告。

民政部 国土资源部 财政部　住房城乡建设部

2014 年 5 月 28 日

B.15 教育部等九部门关于加快推进养老服务业人才培养的意见

教职成〔2014〕5号

各省、自治区、直辖市教育厅（教委）、民政厅（局）、发展改革委、财政厅（局）、人力资源社会保障厅（局）、卫生计生委（卫生厅、局）、文明办、团委、老龄办，新疆生产建设兵团教育局、民政局、发展改革委、财务局，人力资源社会保障局、卫生局、计生委、文明办、团委、老龄办：

加快发展养老服务业是应对人口老龄化、保障和改善民生的重要举措，对促进社会和谐，推动经济社会持续健康发展具有重要意义。现阶段我国养老服务业人才培养存在规模小、层次单一、质量参差不齐等问题，一定程度上制约了养老服务业的快速发展。为贯彻落实《国家中长期教育改革和发展规划纲要（2010～2020年)》和《国务院关于加快发展养老服务业的若干意见》，加快推进养老服务业人才培养，现提出以下意见。

一、总体思路

以邓小平理论、"三个代表"重要思想、科学发展观为指导，坚持以服务发展为宗旨，以促进就业为导向，按照"积极发展、多种形式、全面加强、突出重点"的原则，大力发展养老服务相关专业，不断扩大人才培养规模，加强养老服务相关专业建设，加快建立养老服务人才培养培训体系，全面提高养老服务业人才培养质量，适应养老服务业发展需求。

二、工作目标

到2020年，基本建立以职业教育为主体，应用型本科和研究生教育层次相互衔接，学历教育和职业培训并重的养老服务人才培养培训体系。培养一支数量充足、结构合理、质量较好的养老服务人才队伍，以适应和满足我国养老服务业发展需求。

——人才培养规模显著扩大。优化专业结构与布局，增设养老服务相关专业点，逐年扩大招生规模，为我国养老服务业培养和输送一大批各层次齐全的专门人才。

——人才培养质量不断提升。创新养老服务相关专业人才培养模式，推进课程改革和教材建设，加强师资队伍和实训基地建设，建成一批改革创新示范专业点，带动养老服务相关专业人才培养质量提升。

——从业人员素质明显提高。推进实施养老服务相关专业"双证书"制度，基本实现职业院校学生取得学历证书的同时获得相应职业资格证书。积极发展面向养老服务从业人员的各类学历和非学历继续教育，大力提升养老服务从业人员的受教育水平和职业能力。

三、任务措施

（一）加快推进养老服务相关专业教育体系建设

1. 扩大养老服务职业教育人才培养规模。发布养老服务业人才需求预测与专业设置指导报告，引导和鼓励职业院校增设老年服务与管理、社会工作、健康管理、康复治疗技术、康复辅助器具应用与服务等养老服务相关专业点。通过实行单独招生、增加招生计划等，逐步扩大人才培养规模。通过国家奖助学金、社会捐助等资金支持，吸引学生就读养老服务相关专业。鼓励社会资本举办养老服务类职业院校，规范并加快培养养老服务专门人才。

2. 加快发展养老服务本科教育。加大养老服务应用型本科人才培养工作力度，积极探索养老服务本科层次职业教育。鼓励引导高校主动适应国家经济社会发展需要，设置康复治疗学、护理学、应用心理学和社会工作等养老服务相关本科专业，开设老年社会工作、老年护理、老年人保健与营养、老年医学、老年心理学、生命伦理学等课程。

3. 积极发展养老服务研究生教育。适当增加社会工作等硕士专业学位授权点数量，鼓励和支持有条件的高校在社会学、老年学、人口学、康复治疗学、家庭发展等学科领域招收培养研究生，为养老机构和职业院校等输送业务骨干和高层次教学科研人员。鼓励高校加强相关学科建设，提升理论研究水平，为社会养老服务事业发展提供理论支撑与智力支持。

（二）全面提高养老服务相关专业教育教学质量

4. 支持养老服务实训基地建设。依托职业院校和养老机构重点建设一批养老服务实训基地。开发与行业企业技术要求、工作流程、管理规范同步的实训指导方案。强化实践性教学环节，促进教学过程与生产过程对接，提高学生的实际操作能力。推进实训装备的合理配置与共享，提高实训基地使用效益。

5. 推进养老服务相关专业点建设。重点支持一批有条件的学校开展养老服务相关专业改革试点。鼓励和引导学校在人才培养模式、课程、教材、教学方式、师资队伍等重点环节进行改革，建成一批教育观念先进、改革成效显著、特色鲜明的专业点，充分发挥示范引领作用，提升养老服务相关专业建设整体水平。

6. 加强养老服务相关专业教材建设。在国家规划教材建设等项目中，加大养老服务相关专业教材建设支持力度。组织遴选、开发一批养老服务相关专业职业教育改革创新示范教材。鼓励相关院校与行业、企事业单位联合编写养老服务相关专业特色校本教材。引入行企真实项目和案例，开发多种形式的数字化教学资源。

7. 加强养老服务相关专业师资队伍建设。在有行业特色的高等学校和行业、养老机构、企业建立一批养老服务相关专业师资培养培训基地。在职业院校教师素质提高计划中开展养老服务相关专业教师培训，并逐步扩大培训规模。开展养老服务相关专业带头人专题培训，促进教师之间教学改革、专业建设、课程开发等方面的交流，培养造就一批业务水平高、敬业精神强、创新能力突出的教学领军人才。

8. 广泛开展国际交流与合作。积极开展与养老服务业发达国家或地区教育合作，通过互派师生、交流研讨等形式，学习借鉴国外的先进经验。引进国外优秀课程和教材，结合国内养老服务业实际，合作开发一批具有国际水准的专业课程和教材，促进我国养老服务相关专业教育教学水平提高。

（三）大力加强养老服务从业人员继续教育

9. 提升养老服务从业人员整体素质。重点依托相关职业院校、开放大学和本科院校，开展多样化的学历和非学历继续教育；鼓励养老服务业业务骨干在职攻读相关专业学位。开放大学要充分发挥办学优势，开设养老服务相关专业，加快信息化学习资源和平台建设，积极发展现代远程教育，探索建立面向养老服务从业人员的教学及支持服务模式。积极开展养老机构从业人员、社区养老服务人员和社区工作者培训，提高从业人员专业能力和服务水平。

10. 推行养老服务相关专业"双证书"制度。推动职业院校与养老服务相关职业技能鉴定机构深入合作，实行专业相关课程的考试考核与职业技能鉴定统筹进行，推动职业院校学生在取得毕业证书的同时，获得相关职业资格证书。对于已取得养老服务业相关职业资格证书，且符合条件的从业人员，可由职业院校按相关规定择优免试录取，经考核合格后可获取相应学历证书。

（四）积极引导学生从事养老服务业

11. 推动开展社会养老事业志愿服务。积极组织职业院校、本科院校在校生到养老机构和城乡社区、家庭等进行志愿服务，开展社会实践活动，增强学生的社会责任意识，激发从事养老服务事业的热情。采取学校与城乡社区对口服务等形式，组织学生关爱、帮扶孤寡老人、空巢老人、农村留守老人。

12. 鼓励专业对口毕业生从事养老服务业。相关职业院校、本科院校要加强就业指导和就业服务，鼓励养老服务相关专业的高校和中等职业学校毕业生到养老机构就业。有关部门要将符合条件的高校和中等职业学校毕业生纳入现行就业服务和就业政策扶持范围，按规定落实相关优惠政策。积极改善养老服务从业人员工作条件，加强劳动保护和职业保护，逐步提高工资福利待遇，稳定养老服务从业人员队伍。

四、组织保障

（一）加强组织领导

建立教育部、民政部牵头，国家发展改革委、财政部、人力资源社会保障部、国家卫生计生委、中央文明办、共青团中央、全国老龄办等部门协同配合、各负其责的工作机制，加强养老服务业人才培养的宏观指导和政策保障。各地有关部门和有关单位要结合实际，高度重视养老服务业人才培养工作，做好养老服务业专业建设、人才培养、科学研究、基地建设、继续教育等有关工作。

（二）拓宽投入渠道

积极拓宽养老服务业人才培养投入渠道，建立政府、用人单位、社会筹措等多元化的投入机制。积极鼓励社会各界参与养老服务业人才培养或对养老服务业人才培养提供捐助或其他支持。

（三）制定配套政策

各地教育、民政、发展改革、财政、人力资源社会保障等部门要加大对养老服务业人才培养的政策支持力度，根据本地实际和养老服务业的特点，在专业建设、师资培训、招生就业、学生奖助、基地建设等方面制定并落实相应的优惠政策。

（四）健全监督机制

建立各项目标任务落实责任制，完善意见实施监督激励机制，切实推动各项任务按时保质完成。各地教育部门、民政部门要建立实施过程跟踪、执行监督、信息反馈机制和定期评估制度，对实施情况进行监督和指导。要根据反馈信息以及监督评估情况，对实施中出现的新情况、新问题及时采取有效措施加以应对。

（五）强化舆论宣传

通过各级各类媒体，广泛宣传养老服务业人才培养的重要性，积极引导社会舆论，营造全社会关心、尊重、认同和支持养老服务业人才培养的氛围，形成全社会尊重养老服务从业人员、支持养老服务业人才培养的良好环境。

教育部　民政部　国家发展改革委

财政部　人力资源社会保障部　国家卫生计生委

中央文明办　共青团　中央全国老龄办

2014 年 6 月 10 日

B.16 民政部《关于开展国家智能养老物联网应用示范工程的通知》

民办函〔2014〕222 号

北京、河北、江苏、安徽、河南、四川省（直辖市）民政厅（局）：

根据发展改革委等 14 部门《关于印发 10 个物联网发展专项行动计划的通知》（发改高技〔2013〕1718 号，以下简称《通知》）和《发展改革委办公厅财政部办公厅关于同意在警用装备管理等领域开展国家物联网应用示范工程的复函》（发改办高技〔2014〕1169 号）要求，发展改革委、财政部同意由民政部组织实施国家智能养老物联网应用示范工程。为做好实施组织工作，现通知如下：

一、试点单位

经研究决定，在北京市第一社会福利院、北京市大兴区新秋老年公寓、河北省优抚医院、江苏省无锡市失能老人托养中心、河南省社区老年服务中心中州颐养家园、安徽省合肥庐阳乐年长者之家、四川省资阳市社会福利院等 7 家养老机构开展国家智能养老物联网应用示范工程试点工作。

二、试点目标

深入贯彻落实党的十八大和十八届二中、三中全会精神，以满足人民群众养老服务需求，维护老年人合法权益为出发点，应用物联网技术，在养老机构开展老人定位求助、老人跌倒自动监测、老人卧床监测、痴呆老人防走失、老人行为智能分析、自助体检、运动计量评估、视频智能联动等服务。通过示范工程建设，依托养老机构对集中照料人员开展智能化服务，研究探索养老机构对周边社区老人开展社会化服务新模式，建立健全技术应用标准体系，形成一批技术应用成果，促进智能养老物联网相关产业健康发展。

三、试点任务

（一）建设养老机构智能养老物联网感知体系。为养老机构配置环境监控设备、老人健康护理设备、老人日常生活服务设备等，完成养老机构物联网感知体系建设。建设老人体征参数实时监测系统、老人健康障碍评估系统、专家远程建议和会诊系统、视频亲情沟通系统、物联网监控与管理系统等，提供入住老人实时定位、跌倒自动监测、卧床监测、痴呆老人防走失、行为智能分析、自助体检、运动计量评估、亲情视频沟通等智能服务。

（二）探索依托养老机构对周边社区老人开展服务新模式。依托养老机构建设养老机构物联网信息管理系统，对周边社区老人提供信息采集、医疗救助、健康体检等服务，探索对周边社区老人开展养老服务、医疗服务新模式。

（三）加快建立智能养老服务物联网技术标准体系。民政部组织 7 家养老机构，研究制定数据采集传输技术标准、业务数据交换标准等，推动建立智能养老物联网技术应用标准体系，指导和规范智能养老物联网技术应用和建设。

四、工作要求

（一）尽快启动试点。各试点单位要根据发展改革委等 14 部门《通知》和试点任务要求，结合 2013 年 12 月在北京召开的实施方案论证会评审意见，抓紧完善实施方案，落实建设条件，尽快启动示范工程建设。要注重对新型生产组织方式、产学研联动机制、商业应用模式的探索，充分发挥物联网在优化资源配置和促进产业升级等方面的作用，着力形成示范和引导效应。

（二）加强预算管理。示范工程建设以试点单位自筹资金为主，国家将视进展情况择优给予一定支持。各试点单位要按照《中华人民共和国政府采购法》和《中华人民共和国招标投标法》的有关规定，并本着经济适用、自主可控的原则，鼓励优先选用国产化设备、工程和服务。要加强对示范工程建设的监督管理，确保工程建设质量和进度。

（三）加强组织保障。部社会福利和慈善事业促进司负责统筹安排示范工程建设工作，联络协调有关专家、部门和企业，研究制定工作措施，监督落实示范工程建设条件等。各试点地区民政部门要建立分工明确、相互配合的工作机制，权责对称、目标清晰的考核机制，切实保障试点工作积极稳妥地推进。各试点地区要及时报告示范工程进展情况，做好示范工程实施经验总结，并于每年 10 月底将进展情况报部社会福利和慈善事业促进司。

（四）注重信息安全。各试点单位要探索建立养老物联网标准化协调和推进机制，加加强信息安全保障工作。完善信息安全保障技术方案，建立工作机制，加强信息安全等级保障和风险评估工作，选取自主可控的信息技术产品和专业服务队伍，确保信息系统安全可靠运行。快行业应用物联网标准的推进工作。

部社会福利和慈善事业促进司将适时召开工程启动会，并安排专家组现场指导培训，具体安排另行通知。

民政部办公厅

2014 年 6 月 20 日

B. 17　十部委《关于加快推进健康与养老服务工程建设的通知》

发改投资〔2014〕2091号

各省、自治区、直辖市人民政府，新疆生产建设兵团：

为加快推进健康服务体系、养老服务体系和体育健身设施建设，经报国务院同意，现就加快推进健康与养老服务工程建设有关工作通知如下。

一、充分认识加快推进健康与养老服务工程建设的重要意义

随着我国经济社会平稳较快发展，人民生活水平显著提升，健康与养老服务需求快速释放。健康、养老、体育健身事业经过多年发展，虽然具有一定基础，但总量普遍不足、布局与结构不合理，总体发展明显滞后。加快推进健康与养老服务工程，鼓励社会资本参与建设运营健康与养老服务项目，既有利于满足人民群众日益增长的多样化、多层次健康与养老服务需求，提升全民健康素质，也有利于扩大内需、拉动消费、增加就业，对稳增长、促改革、调结构、惠民生，全面建成小康社会具有重要意义。

各地方要高度重视加快推进健康与养老服务工程，根据国务院及有关部门已经出台的健康、养老、体育健身领域的指导意见，按照本通知提出的目标任务和政策措施，结合本地实际抓紧制定完善加快推进健康与养老服务工程的相关政策措施，积极做好项目组织实施、服务引导工作，促进社会资本愿意进、进得来、留得住、可流动。

二、加快推进健康与养老服务工程建设的目标和原则

（一）工程目标

健康与养老服务工程重点加强健康服务体系、养老服务体系和体育健身设施建设，大幅提升医疗服务能力，形成规模适度的养老服务体系和体育健身设施服务体系。

健康服务体系建设。到2015年，医疗卫生机构每千人口病床数（含住院护理）达到4.97张。到2020年，健康管理与促进服务的比重快速提高，护理、康复、临终关怀等接续性医疗服务能力大幅增强，医疗卫生机构每千人口病床数（含住院护理）达到6张，非公立医疗机构床位数占比达到25%，建立覆盖全生命周期、内涵更加丰富、结构更为合理的健康服务体系，形成以非营利性医疗机构为主体、营利性医疗机构为补充，公立医疗机构为主导、非公立医疗机构共同发展的多元办医格局［床位数指标与修改后的《全国医疗卫生服务体系规划纲要（2015～2020年）》保持衔接］。

养老服务体系建设。到2015年，基本形成规模适度、运营良好、可持续发展的养老服务体系，每千名老年人拥有养老床位数达到30张，社区服务网络基本健全。到2020年，全面建成以居家为基础、社区为依托、机构为支撑的，功能完善、规模适度、覆盖城乡的养老服务体系，每千名老年人拥有养老床位数达到35～40张。

体育健身设施建设。到2015年，人均体育场地面积达到1.5平方米以上，有条件的市、县（区）、街道（乡镇）、社区（行政村）普遍建有体育场地，初步形成布局合理、广覆盖的体育健身设施体系。到 2020 年，人均体育场地面积达到 1.8 平方米以上，城市公共体育场、群众户外健身场地和公众健身活动中心普及，每个社区都有便捷的体育健身设施，每个行政村都有适合老年人的农民体育健身设施。

（二）实施原则

坚持以人为本、统筹推进。努力满足广大人民群众日益增长的多样化、多层次的健康与养老服务需求，统筹城乡、区域服务资源配置，促进均衡发展。

坚持政府引导、市场发力。强化政府保基本的责任以及在制度、标准、规划、服务、监管等方面的职责，充分发挥市场在资源配置中的决定性作用，激发社会活力、鼓励社会投资。

坚持深化改革、创新发展。继续深化医药卫生体制改革和养老、体育改革创新，结合公立机构转制改革引入民间资本，鼓励发展新兴业态，加快建立完善可持续发展的体制机制。

坚持顶层设计、项目落地。加强顶层设计和政策引导，各级地方政府要注重政策配套和项目落地，共同采取有效扶持措施，营造健康与养老服务业健康发展的良好环境。

三、加快推进健康与养老服务工程建设的实施安排

（一）主要任务

健康服务体系主要任务包括公共卫生和疾病诊断与治疗综合性或专科性医疗卫生服务设施，慢性疾病管理、术后康复、失能失智人员长期护理、临终关怀等接续性医疗服务设施，以及健康管理与咨询、健康体检、中医药等特色养生保健等健康管理与促进服务设施建设。

养老服务体系主要任务包括为老年人提供膳食供应、个人照顾、保健康复、娱乐和交通接送等日间服务的社区老年人日间照料中心，主要为失能、半失能老人提供生活照料、健康护理、康复娱乐等服务的老年养护院等专业养老服务设施，具备餐饮、清洁卫生、文化娱乐等服务的养老院和医养结合服务设施，以及为农村老年人提供养老服务的农村养老服务设施建设。

体育健身设施主要任务包括开展田径、游泳、滑冰、球类等体育运动和培训服务的体育场地和设施，向公众提供健身服务、能够开展多项体育运动的公众健身活动中心，健身步道、健身器械场地、球类场地及社区小型体育设施等户外健身场地，以及提供健身设施场地及培训服务的健身房（馆）建设。

（二）有关项目

根据上述总体任务，各级地方政府要抓紧推出 3 个领域 15 类项目（详见附件），鼓励和吸引社会资本特别是民间投资参与建设和运营。

1. 健康服务体系建设。包括综合医院、中医医院、专科医院、康复医院和护理院、临终关怀机构、健康服务新兴业态以及基层医疗卫生服务设施等 6 类项目。

2. 养老服务体系建设。包括社区老年人日间照料中心、老年养护院、养老院和医养结合服务设施、农村养老服务设施等 4 类项目。

3. 体育健身设施建设。包括体育场地和设施、公众健身活动中心、户外健身场地、学校体育设施以及健身房（馆）等 5 类项目。

四、加快推进健康与养老服务工程建设的政策措施

（一）放宽市场准入，积极鼓励社会资本投资健康与养老服务工程

新增健康与养老服务项目优先考虑社会资本。在公立资源丰富的地区，鼓励社会资本通过独资、合资、合作、联营、参股、租赁等途径，采取政府和社会资本合作（PPP）等方式，参与医疗、养老、体育健身设施建设和公立机构改革。结合党政机关和国有企事业单位培训疗养机构改革工作，将符合条件的培训疗养机构转变为养老机构。进一步放宽市场准入，凡是法律法规没有明令禁入的领域都要向社会资本开放并不断扩大开放领域。中央和地方对健康与养老服务项目的资金支持政策，对包括民间投资主体在内的各类投资主体都予以支持。

（二）充分发挥规划引领作用，切实推进健康与养老服务项目布局落地

发展改革、卫生计生、中医药、民政、体育等部门将加强行业发展规划引导；住房城乡建设部门在制定修订《城市居住区规划设计规范》等城市规划相关标准时，将完善医疗、养老、体育健身设施规划内容；各地方要制定本地区区域健康与养老服务专项设施规划，分解落实建设任务；各城市（区、县、乡镇）在编制城市总体规划、控制性详细规划、重要地块修建性详细规划以及有关专项规划时，要统筹规划各类公共服务设施，把医疗、养老、体育健身设施作为重要内容科学布局。

（三）加大政府投入和土地、金融等政策支持力度，加快建设健康与养老服务工程

中央和地方政府通过基建投资加大对医疗、养老、体育健身设施建设的支持引导力度，按投资补助、贷款贴息等方式给予支持。加大福利彩票和体育彩票公益金对养老和体育健身设施建设的支持力度。建立项目申报和机构设立"绿色通道"，采取网上申报、集中办理等形式提高行政效率。医疗、养老、体育健身设施用地纳入土地利用总体规划和年度用地计划。非营利项目用地可按《划拨用地目录》实行划拨；营利性项目按照相关政策优先安排供应。强化对医疗、养老、体育健身设施建设用地的监管，严禁改变用途。各地方要减免城市基础设施配套费等规费。通过扩大银行贷款抵押担保范围、上市、发行债券、融资租赁等方式，加大金融支持力度。政府引导、推动设立由金融和产业资本共同筹资的健康产业投资基金。

（四）发挥价格、税收、政府购买服务等支持作用，促进健康与养老服务项目市场化运营

地方财政资金可对养老机构按床位给予运营补贴。各级政府逐步扩大医疗、养老、体育健身政府购买服务范围，各类经营主体平等参与。民办医疗机构用电、用水、用气、用热与公办医疗机构执行相同的价格政策；养老机构用电、用水、用气、用热按居民生活类价格执行。除公立医疗、养老机构提供的基本服务按照政府规定的价格政策执行外，其他服务主要实行经营者自主定价。同时加强对服务价格行为的监管。医疗、养老、体育健身机构可以按照税收法律法规的规定，享受相关税收优惠政策。对非营利性医疗、养老机构建设要免予征收有关行政事业性收费，对营利性医疗、养老机构建设要减半征收有关行政

事业性收费，对养老机构提供养老服务要适当减免行政事业性收费。将符合条件的各类医疗机构纳入医疗保险定点范围。建立各类医疗机构之间转诊机制。放宽对非公立医疗机构的数量、规模以及大型医用设备配置的限制。

（五）加强人才培养交流，规范执业行为，创造健康与养老服务业良好的发展环境

高等院校和中等职业学校增设健康与养老服务相关专业和课程，加大人才培养力度。建立人才充分有序流动的机制，各类机构工作人员在职称评定、科研立项、技能鉴定、职业培训等方面享受同等待遇。推进和规范医师多点执业。非营利性机构原则上不得转变为营利性机构，确需转变的，需依法办理相关手续。建立商业保险公司与医疗、养老机构的合作机制。加强对医疗、养老、体育健身机构服务质量、服务行为、收费标准等方面的约束和监管。维护各类投资主体合法权益，营造良好环境，促进健康与养老服务业健康发展。

各地方要按照本通知精神，抓紧部署加快推进健康与养老服务工程有关工作。各级地方政府要依据有关规划布局制定项目实施方案，提出项目清单及吸引社会资本的具体安排，纳入项目库并明确办理程序、支持政策等向社会发布，定期采取业主招标等方式实现与社会资本对接，并及时调整项目库和项目条件等，力促项目尽快实施。建立健康与养老服务工程信息报送制度，各地方要在每年 7 月和下年 1 月分两次将上半年、上年度项目实施进展情况报送国家发展改革委、民政部、卫生计生委、体育总局。报送信息的主要内容包括：出台的配套政策措施情况、制定的实施方案情况、项目实施进展情况、吸引社会资本情况以及改进工作的意见建议等。有关部门将加强工程建设进展跟踪分析，及时研究解决问题，推动工程顺利实施。

国家发展改革委　民政部　财政部

国土资源部　住房和城乡建设部　国家卫生计生委

人民银行　税务总局　体育总局　银监会

2014 年 9 月 12 日